Contemporary topics
in mathematics and informatics

現代数理入門

宮西正宜　茨木俊秀　編著

関西学院大学出版会

はじめに

　大学における数学は抽象的であり，その論理は形而上学的であるとして知識人の中にも数学を避ける風潮は根強くある．また，数学は公理系から出発して論理的思考で展開するから，現実離れをした問題，すなわち，形而上学に属する問題を扱う分野と考えている人も少なくない．ひどい誤解の場合には，数学は理系の学問というより文系と同じ学問だという人さえいる．このような誤解は，数学の本質が具体的な問題に立脚していることを見落としていることから生じている．具体的問題とは，数の性質や空間の性質の解明を含み，自然現象の記述を含んでいる．自然科学の分野では数学的記述を用いずには，何ら論理的展開が出来ない分野が大部分である．数学の成果は自然現象に止まらず，社会経済現象を記述するのにも有効である．

　例えば，2次式 $f(x) = ax^2 + bx + c \, (a \neq 0)$ を考えてみよう．2次方程式 $f(x) = 0$ の解の公式や2次関数 $y = f(x)$ のグラフが放物線を表すことなどは高等学校で学んでいる．さらに，2次関数のグラフを利用した最大・最小や極値の考え方や求め方も知っている．実は3次式や3次関数も学習して，おおよその性質を知っている．この知識に基づいて大学の受験問題が提出されているので，複雑で難解な応用問題も繰り返し考えたことであろう．大学の数学科や数学に深く関係した学科に進学したのでなければ，このような知識は大学に合格してしまえば忘れ去られていく．しかし，多項式のもつ性質は数学だけでなく広く現実的な問題を取り扱う上で不可欠の道具である．しかも，使われている性質はそれほど難しくない，強いていえば，高等学校で獲得した理解の範囲の延長線上にあるといってよい．

　また，自然数を2で割ったときの余りは0か1であることも常識の範囲である．しかし，0と1を用いて展開される論理が現代の情報科学の基礎を支えていることを理解している人は少ないのではなかろうか．

具体的にいえば，情報伝達の基礎である符号理論はまさに 0 と 1 によって記述される世界である．また，あらゆる社会生産活動はエネルギーを最小化して効果を最大化する方向でなされる．与えられた条件でその解を見出すのは最適化理論である．また，現在の情報化社会を動かす複雑なデータ交換は，点と辺からなるグラフの解析と応用に基づいている．例えば，多項式の計算は次数が大きくなると急に複雑になる．ましてや，そのグラフを書くことは容易ではない．しかし，計算アルゴリズムの進歩によって種々の実用的な計算ソフトが利用できるようになっている．本書では，そのような道具として Maple にその役割を委ね，解説を与えている．

我々にとって身近な存在となっているコンピュータは数学の成果を具体的に適用し解を求めるためになくてはならない道具である．しかし，コンピュータを利用するには，解を計算するための手順をプログラムして提供しておかなければならない．そのため，数学の成果を計算という観点から見直す努力が進行しており，計算の理論，アルゴリズム理論といった分野が発展している．

本書の目的は，数学が如何に現実的問題に関係しているかを，数学と情報科学の立場から解説しようとするものである．数学科の学生にはその応用の広さと深さを理解することを，情報学科の学生には既知の数学的理論が如何に巧みに組合されて応用されていくかを理解してもらいたい．数学的なキーワードは多項式と合同関係，近似である．情報科学のキーワードは最適化，符号理論，暗号理論，ネットワークである．習得することを期待するのは，数学の理論が形而上学でなく現実の問題の解決に深く貢献していることを理解してもらい，何事も理論的なメカニズムを無視して応用するという態度を取らないことを身に付けてもらうことである．簡潔にいえば，如何に数学が社会に役立っているかを理解してもらうことである．

本書の出版の経緯について記しておく．関西学院大学理工学部には 2009 年度より数理科学科という新学科が開設される．同学科には「数学コース」と「応用数理コース」があって，純粋数学を基礎として，その応用も学修できるようになっている．どのような教育研究が展開できるかを具体的に検討

する場として「数理科学研究センター」という学内研究センターを2008年度から開設したが，本書は同センターにおける検討結果の一部を含めた報告になっている．理工学部には情報科学科があって，その中に理論的な分野が設けられているが，その理念は数理科学科のものに共通するところが大きい．今後も，数理科学科と情報学科の理論系が協力し合って発展する努力が求められている．

　最後に，本書の目的を理解して，出版に尽力された関西学院大学出版会と同会の田中直哉氏に深い感謝の意を表す．また，講義録の作成や TeX 原稿の作成に当たって，関西学院大学理工学研究科博士課程の田中幹也氏に尽力して頂いた．ここにその貢献を記しておく．

　　2009年3月

編集著す

目 次

はじめに …………………………………………………………… i

第1章　暗号の数理 …………………………… 川中　宣明 …1
1. 暗号入門 ……………………………………………………… 1
2. 巨大な素数 …………………………………………………… 8
3. 因数分解－RSA法の破り方 ……………………………… 12
4. 群論暗号 ……………………………………………………… 15
5. 量子論から量子暗号へ ……………………………………… 20
6. 量子暗号 ……………………………………………………… 27
7. 量子コンピュータ …………………………………………… 29

第2章　情報と通信の数理 ………………………… 井坂　元彦 …33
1. 情報理論とその応用 ………………………………………… 33
2. 情報量とは …………………………………………………… 35
3. データ圧縮の手法 …………………………………………… 43
4. 誤り訂正符号の原理 ………………………………………… 49

第3章　ネットワーク構造の数理 ………… 巳波　弘佳 …61
1. はじめに ……………………………………………………… 61
2. グラフ ………………………………………………………… 65
3. 実世界のネットワークが持つ性質 ………………………… 67
4. ネットワーク生成モデル …………………………………… 71
5. ネットワークの信頼性 ……………………………………… 79

第4章　グレブナー基底入門 ………… 日比　孝之 …87
1. 多変数の多項式の割り算とグレブナー基底 …………87
2. Dicksonの補題 …………………………………………91
3. 単項式順序 ………………………………………………92
4. イニシャル単項式 ………………………………………94
5. イニシャルイデアル ……………………………………94
6. Hilbertの基底定理 ………………………………………97
7. 割り算アルゴリズム ……………………………………98
8. Buchberger判定法 ……………………………………100
9. Buchbergerアルゴリズム ……………………………101
10. 整数計画とグレブナー基底 …………………………103

第5章　判別式と終結式 …… 宮西　正宜・増田　佳代 …113
1. 判別式 …………………………………………………114
2. 終結式 …………………………………………………125
3. 初歩的な体論 …………………………………………142

第6章　ベジエ曲線とベジエ曲面 ……… 坂根　由昌 …147
1. ベジエ曲線 ……………………………………………149
2. 有理ベジエ曲線 ………………………………………165
3. ベジエ曲面 ……………………………………………176

第7章　アルゴリズムとその複雑さ …… 茨木　俊秀 …187
1. はじめに ………………………………………………187
2. 代表的な組合せ最適化問題 …………………………190
3. 組合せ最適化問題の困難さ …………………………197
4. 困難さの克服 …………………………………………203

第8章　数式処理ソフト MAPLE による数学教育
　　　　　………………………………… 西谷　滋人 …211
1. はじめに …………………………………………………211
2. シングルステップの式変形：数式処理ソフトで簡単にできること …212
3. マルチステップの式変形：数式処理ソフトでも簡単にできないこと …216
4. 数値計算と視覚化：非線形最小二乗法を例に ……………222
5. 数式処理ソフトスキル向上の方策の提案 …………………228

第9章　多項式による準補間　……………… 影山　康夫 …233
1. はじめに …………………………………………………233
2. Lagrange 補間多項式 ……………………………………234
3. 収束性・数値的安定性について …………………………236
4. Bernstein 多項式 …………………………………………239
5. 修正 Bernstein 多項式 ……………………………………243
6. 数値積分への応用 …………………………………………246
7. おわりに …………………………………………………248

第10章　ある多項式の零点分布について　小谷　眞一 …251
1. はじめに …………………………………………………251
2. p_n 零点：n 固定 ……………………………………253
3. 単葉関数 …………………………………………………258
4. p_n の零点の極限分布：Szegö の定理 …………………260
5. Riemann 予想と p_n の零点 ……………………………263
6. 一般化 ……………………………………………………264
7. 極値的多項式の視点から …………………………………274

第1章　暗号の数理

川中　宣明

1　暗号入門

1.1　暗号とは？

　暗号の仕組みを理解するために，まず，A, B, E の3人の登場人物を考えよう．A は送信者，B は受信者で，A は B に情報を送る．E は盗聴者で，情報を途中で盗もうとしている人である．A は平文を暗号文に変えて送信する．この平文を暗号文に変える過程を**暗号化プロセス**といい，F と名付けておこう．この暗号文はある送信路によって B の側に送られて，**復号化プロセス**を経て再び平文に変換される．この復号化プロセスを G と名付けておく．E は A から B に送る送信路に干渉して情報を盗もうとするものである．

　過程 F は平文を書く文字と暗号文を書く文字の間に対応を付けることで，数学の概念を使うと，**平文文字**の集合から**暗号文文字**の集合に写像を与えることに対応するが，厳密な意味での写像でなくてもよい．しかし，過程 G は暗号文文字の集合から平文文字の集合への写像を与えることで，G による結果はただ一通りに決まらなければならない．これを図示すると次のようになる．

第1章 暗号の数理

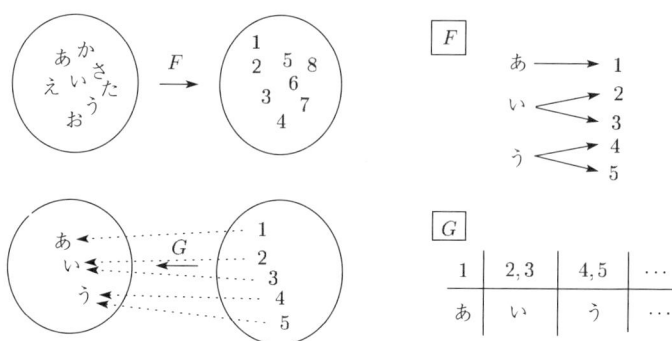

　図示された例で見ると，**あいう**という文字列を124, 125, 134, 135 という数字の列で4通りに表すことが可能である．しかし，復号化の過程では，これら4通りの表し方は，もとの**あいう**の文字列に戻らなければならない．すなわち，G は写像でなければならない．このような暗号表を **key**（鍵）という．この key は受信者に伝えねばならないうえに，第三者に推測されることを警戒してしばしば変更しなければならない．つまり，暗号の安全性を守るために別の暗号通信が必要になってしまう．ここに暗号特有のジレンマがある．このジレンマの解決法として考案されたのが**公開鍵暗号**と呼ばれる方式である．ここでは，そのなかから Diffie-Hellman（1976）の**鍵交換法**と Rivest-Shamir-Adleman（1977）の **RSA 暗号**を紹介する．RSA 暗号は，現在もっとも標準的な方式で，発明者の3人はこの功績により，情報科学の最高栄誉であるチューリング賞を2002年に授与されている．

1.2 予備知識

　最初に自然数 m を一つ決めて，m を法とする計算について解説しよう．$m=12$ ならば時刻の表し方になり，$m=7$ ならば曜日の表し方になる．このような具体的イメージをもって読むのも理解する一方法である．さて，$\{0, 1, 2, \ldots, m-1\}$ という m 個の元をもつ集合を $\mathbb{Z}_m$ と表すことにする．

　2つの整数 a, b について，$a-b$ が m の倍数であるとき，$a \equiv b \pmod{m}$ と表す．例えば，午前1時と午後1時は $13 \equiv 1 \pmod{12}$ だから，時計の文

— 2 —

字盤では長短針は同じ位置にある．任意の整数 a について，

$$a \equiv c \pmod{m} \iff a - c \text{ が } m \text{ の倍数}$$

となる $\mathbb{Z}_m$ の元 c がただ 1 つ定まる．$a, b \in \mathbb{Z}_m$ のとき，$a + b \equiv c \pmod{m}$ となる $c \in \mathbb{Z}_m$ が必ず取れるから，$a \oplus b = c$ とかくことにする．同様に，$a - b \equiv d \pmod{m}$, $ab \equiv e \pmod{m}$ となる $d, e \in \mathbb{Z}_m$ が存在するから，$a \ominus b = d$, $a \otimes b = e$ と書く．よって，$\mathbb{Z}_m$ の中で加法 $\oplus$, 減法 $\ominus$, 乗法 $\otimes$ が定義できることになる．さらに，$a, b \in \mathbb{Z}_m$ のとき，$a^b \equiv c \pmod{m}$ となる $c \in \mathbb{Z}_m$ を取り，$a^{\otimes b} = c$ とかく．すなわち，$\mathbb{Z}_m$ の中で累乗も定義できる．とくに，m が素数 p に等しいときは，

$$ab \equiv 0 \pmod{p} \iff a \equiv 0 \pmod{p} \text{ または } b \equiv 0 \pmod{p}$$

が成立するから，$a, b \in \mathbb{Z}_p$ について，$a \otimes b = 0 \iff a = 0$ または $b = 0$ が成立する．

定理 1.1 (Fermat の小定理) p を素数とすると，自然数 a に対して

$$a^p \equiv a \pmod{p}$$

とくに $a \not\equiv 0 \pmod{p}$ ならば, $a^{p-1} \equiv 1 \pmod{p}$.

証明. もし $a^p \equiv a \pmod{p}$ が成立すれば，$a^p - a = a(a^{p-1} - 1) \equiv 0 \pmod{p}$. よって $a \equiv 0 \pmod{p}$ または $a^{p-1} \equiv 1 \pmod{p}$. もし $a \not\equiv 0 \pmod{p}$ ならば，$a^{p-1} \equiv 1 \pmod{p}$.

さて，二項定理により

$$(x+y)^p = x^p + \left(\sum_{r=1}^{p-1} {}_pC_r x^{p-r} y^r\right) + y^p$$

が成立する．ここで二項係数 ${}_pC_r = \dfrac{p!}{r!(p-r)!}$ は自然数であるが，$1 \leq r \leq p-1$ ならば，分母に現れる数は p より小さく，分子に現れる p とは消去し

合わない．よって $_pC_r$ は p の倍数である．そこで（$\mathrm{mod}\, p$）で考えると，$(x+y)^p \equiv x^p + y^p$ が成立する．$((x+y)+z)^p \equiv (x+y)^p + z^p \equiv x^p + y^p + z^p$ となるので，一般に

$$(x_1 + x_2 + \cdots + x_n)^p \equiv x_1^p + x_2^p + \cdots + x_n^p$$

ここで $x_1 = x_2 = \cdots = x_n = 1$ と置くと，$n^p \equiv n\, (\mathrm{mod}\, p)$ を得る． □

$\mathbb{Z}_p$ には，$p-1$ の任意の約数 $q\, (q \neq p-1)$ に対して $a^q \not\equiv 1\, (\mathrm{mod}\, p)$ となる元 a が存在することが知られている．このような元 a を p **を法とする1の $p-1$ 次原始根**という．$p=7$ ならば，$3^1 \equiv 3,\, 3^2 \equiv 2,\, 3^3 \equiv 6,\, 3^4 \equiv 4,\, 3^5 \equiv 5,\, 3^6 \equiv 1$ となるので，3 は 7 を法とする 1 の原始 6 乗根である．

1.3　Diffie－Hellman の鍵交換法（key-exchange）

鍵交換法の要領は次の通りである．

(1)　大きな素数 p と $\mathbb{Z}_p$ の $p-1$ 次の原始根 a を公開する（**public key** という）．

(2)　A（送信者）は $x \in \mathbb{Z}_p\, (x \neq 1,\, x \neq p-1)$ を一つ選んで秘密にする（**secret key**）．

(3)　B（受信者）も同様に $p-1$ 次原始根 $y \in \mathbb{Z}_p$ を選んで秘密にする（**secret key**）．

(4)　A は $a^{\otimes x}$ を B に送信し，B は $a^{\otimes y}$ を A に送信する．

(5)　A は受信した $a^{\otimes y}$ と自分の key x から $(a^{\otimes y})^{\otimes x} = a^{\otimes yx}$ を計算する．B も受信した $a^{\otimes x}$ と自分の key y から $(a^{\otimes x})^{\otimes y} = a^{\otimes xy}$ を計算する．

(6)　この結果 $A,\, B$ はともに同じ key $a^{\otimes yx} = a^{\otimes xy}$ を手に入れた．これを key として本来の通信を行う．

この場合 **E（盗聴者）**の立場はどうなるであろうか．入手できる情報は $a,\, p,\, a^{\otimes x},\, a^{\otimes y}$ だけであり，x や y が分からない $a^{\otimes xy}$ の計算は無理に見える．$a^{\otimes x}$ から x を，$a^{\otimes y}$ から y を計算する問題は p が大きければ，計算機で 1000 年

かかっても解けそうにない．ただし，この方法の安全性は経験的に保障されたもので数学的に証明された事実ではない．また，巨大素数 p が必要である．

1.4 RSA 暗号

この暗号の要領は次の通りである．

(1) B は大きな素数 $p, q (p \neq q)$ を選び秘密にする（**secret key**）．ここで $m = pq$ とおく．e を $(p-1)(q-1)$ と互いに素な自然数として，m と e を公開する（**public key**）．

(2) A は送信したい情報を $x \in \mathbb{Z}_m$ で表し，$x^{\otimes e}$ を B に送る．ここで，情報を数字 x だけで表せるように，m を巨大な数としている．

(3) B は受信した $x^{\otimes e}$ と自分の key p, q を用いて，次のようにして元の情報 x を回復する．e と $(p-1)(q-1)$ は互いに素（すなわち，最大公約数が 1）より，$se + t(p-1)(q-1) = 1$ となるような自然数 s，整数 t がある．（後述するように，s と t は Euclid の互除法で求められる．）この s を使って

$$(x^{\otimes e})^{\otimes s} = x^{\otimes se} = x^{\otimes \{1-t(p-1)(q-1)\}} = x.$$

ここで，$x^{\otimes\{-t(p-1)(q-1)\}} = 1$ となることを用いたが，これは次のようにして分かる．いま $m = pq$ なので，$x^{-t(p-1)(q-1)} - 1 \equiv 0 \pmod{pq}$ を示せばよい．p と q は異なる素数なので，

$$\begin{cases} x^{-t(p-1)(q-1)} - 1 \equiv 0 \pmod{p} \\ x^{-t(p-1)(q-1)} - 1 \equiv 0 \pmod{q} \end{cases}$$

が分かればよい．$x \not\equiv 0 \pmod{p}$ とすると，Fermat の小定理により，$x^{p-1} - 1 \equiv 0 \pmod{p}$．よって，$(x^{p-1})^{-t(q-1)} \equiv 1^{-t(q-1)} \equiv 1 \pmod{p}$．$q$ についても同様に計算すればよい．

E の立場から見るとどうなるであろうか．入手できる情報は $m = pq, e, x^{\otimes e}$ である．これから x を求めるには p と q を知らないと無理にみえる．そのためには，大きな自然数 m を約数の積に分解する必要があるようにみえ

る．（これらはすべて経験的事実である．）さらに，大きな数の因数分解は最速のコンピュータを使っても p, q が大きく選んであれば 1000 年くらいかかる．（これも経験的事実であるが．）[*1]

1.5 Euclid の互除法

前節で用いた Euclid の互除法について振り返って考えよう．以下に述べる方法はすでに 2300 年前には知られていたものである．a, b を相異なる自然数として，$a > b$ と仮定しよう．a と b の最大公約数 (a, b) は，次のようにすると，非常に速く計算できる．a を b で割ったときの商を q_1，余りを r_1 とする．すなわち，

$$a = q_1 b + r_1, \quad 0 \leq r_1 < b \tag{1}$$

$r_1 = 0$ ならば $b = (a, b)$ である．また，(1)より $r_1 \neq 0$ ならば $(a, b) = (b, r_1)$ である．b を r_1 で割った商を q_2，余りを r_2 とすると，

$$b = q_2 r_1 + r_2, \quad 0 \leq r_2 < r_1 \tag{2}$$

$r_2 = 0$ ならば $(b, r_1) = r_1$ であり，$r_2 \neq 0$ ならば $(b, r_1) = (r_1, r_2)$．これを繰り返していくと

$$(a, b) \xrightarrow{r \neq 0} (b, r_1) \xrightarrow{r_1 \neq 0} (r_1, r_2) \xrightarrow{r_2 \neq 0} \cdots \xrightarrow{r_k \neq 0} (r_k, r_{k+1}) = r_k$$

となり，ある k に対して $r_{k+1} = 0$ となっている．このとき $r_k = (a, b)$ である．

しかも，$r_k = sa + tb$ とかけて s が自然数で t が負数とすることも，s が負数で t が自然数とすることもできる．なぜならば，(1)より $r_1 = a - q_1 b$．(2)より

$$r_2 = b - q_2 r_1$$
$$= b - q_2(a - q_1 b) = -q_2 a + (1 + q_1 q_2) b$$

[*1] RSA Security 社は，もう中止されているが，RSA factoring challenge として 2 進法で表すと 576 桁とか 640 桁という大きな数字を 2 つの素数に分解するという懸賞金付問題を提供していた．RSA 576 は 10,000 US ドルの賞金で 2003 年 12 月に解かれた．また，RSA 640 は 20,000 ドルの賞金で 2005 年 11 月に解かれた．

以下同様に，$r_k = sa+tb$，(s, t 整数)とできる．$s>0$ としたいならば，$r_k = sa+tb$ と $0 = ba-ab$ の関係式から，

$$r_k = (b+s)a + (t-a)b$$
$$= (nb+s)a + (t-na)b, \quad n=1, 2, 3, \cdots$$

ここで，n を十分大きくすると $nb+s>0$ となる．$t>0$ とするときも同様である．

1.6 高速累乗計算法

RSA 暗号には大きな数 x の累乗が使われている．一般に，a の累乗 a^N は次のような方法で速く計算できる．まず，N を2進法で

$$N = 2^{s_1} + 2^{s_2} + \cdots + 2^{s_k}, \quad 0 \leq s_1 < s_2 < \cdots < s_k$$

と展開する．このとき $a^{2^{s_1}}, a^{2^{s_2}}, \cdots, a^{2^{s_k}}$ は次のように前の数の平方を順次取っていくことにより求められる．

$$a \longrightarrow a^2 \longrightarrow (a^2)^2 = a^{2^2} \longrightarrow (a^{2^2})^2 = a^{2^2 \times 2} = a^{2^3}$$
$$\longrightarrow (a^{2^3})^2 = a^{2^4} \longrightarrow a^{2^5} \longrightarrow \cdots$$
$$\longrightarrow \cdots \longrightarrow a^{2^{s_1}} \longrightarrow \cdots \longrightarrow a^{2^{s_k}}$$

すると，a^N はこれらの積で表される．

$$a^N = a^{2^{s_1} + 2^{s_2} + \cdots + 2^{s_k}} = a^{2^{s_1}} \times a^{2^{s_2}} \times \cdots \times a^{2^{s_k}}.$$

101 は素数なので，Fermat の小定理により $2^{100} \equiv 1 \pmod{101}$ である．これを実際に確かめてみよう．まず 100 を 2 進法展開すると，

$$100 = 2^2 + 2^5 + 2^6$$

上に説明した高速冪乗計算法を実行すると

第1章　暗号の数理

$$2 \longrightarrow 2^2 = 4 \longrightarrow 2^{2^2} = 16 \longrightarrow 2^{2^3} = 256$$
$$\longrightarrow 2^{2^4} = (256)^2 = 65536 = 648 \times 101 + 88 \equiv 88 \pmod{101}$$
$$\longrightarrow 2^{2^5} \equiv (88)^2 = 7744 = 76 \times 101 + 68 \equiv 68 \pmod{101}$$
$$\longrightarrow 2^{2^6} \equiv (68)^2 = 4624 = 45 \times 101 + 79 \equiv 79 \pmod{101}$$
$$2^{100} \equiv 16 \times 68 \times 79 = 85952 = 851 \times 101 + 1 \equiv 1 \pmod{101}$$

となって，この場合に Fermat の小定理が成り立つことが確かめられた．

2　巨大な素数

2.1　素数定理

　RSA 暗号で secret key として実際に使われるのは数百桁程度の素数である．これより小さいと安全性の上で問題があり，これより大きいと暗号化や復号化に時間がかかり過ぎて効率性が失われる．ところで，数百桁程度の素数は十分多く存在するのであろうか？　もし secret key の候補が（未来の）超巨大コンピュータでリストアップが可能なほど「少ない」と，秘密が保てなくなるわけだから，これは重大な問題である．

　ガウスやルジャンドル達によって，次の**素数定理**が知られている．

与えられた自然数 N が素数である確率は $\dfrac{1}{\log N}$ くらいである.

N を 10 進法で 100 桁の整数とすると，$N \sim 10^{100}$ と考えて[*2]

$$100\text{桁の素数の個数} \sim 10^{100} \times \frac{1}{\log 10^{100}} = 10^{100} \times \frac{1}{100 \log 10}$$
$$\fallingdotseq 10^{100} \times \frac{1}{250} > 10^{90}$$

よって 100 桁程度の素数は十分多く存在することがわかる．（太陽に含まれ

[*2] 自然数 N に依存して定まる 2 つの量 $f(N)$ と $g(N)$ が，N が大きくなるにつれて同程度に無限小になったり無限大になるとき，$f(N) \sim g(N)$ と表す．もう少し詳しくいうと $N \to \infty$ のとき，$\dfrac{f(N)}{g(N)}$ の絶対値が定数で押さえられることを意味する．

2 巨大な素数

る原子の個数ですら 10^{57} 程度である．）ちなみに，現在のところ，具体的に知られている最大の素数は数百万桁の数字である．100万桁以上の素数は10個程度しか知られていない．素数定理から

$$n \text{ 番目の素数 } p_n \sim n \log n$$

ということが分かる．実は $p_n > n \log n$ である．例えば，

$$p_{100} \sim 100 \log 100 = 200 \log 10 \fallingdotseq 500, \qquad p_{100} = 541$$

$$p_{1000000} \sim 10^6 \times 6 \log 10 \fallingdotseq 15 \times 10^6, \qquad p_{1000000} = 15485683$$

2.2 巨大な素数の見つけ方

RSA暗号のsecret keyの候補となる素数は十分に多く存在することは分かった．それではそのような素数を具体的に見つけるにはどうしたらよいであろうか？ 2.1節で述べたように，100桁の自然数をでたらめに選んだとしても，250個に1個は素数であると期待できる．よって与えられた100桁の自然数が素数かどうかを判定する方法があるなら，それを250回程度，繰り返せば100桁の素数を1個見つけられることになる．（実際には，偶数や5の倍数などは，最初から候補から除いておくから，100回程度の試行で十分である．）

Fermatの小定理によれば，

$$p \text{ が素数で } a \text{ が } (a, p) = 1 \text{ となる自然数ならば, } a^{p-1} \equiv 1 \pmod{p}$$

という結果が成立する．残念ながら，その逆は成立しない．すなわち

$$p \text{ を自然数とし, } (a, p) = 1 \text{ となるすべての自然数} a \text{ について } a^{p-1} \equiv 1 \pmod{p}$$

が成立したとしても，p は素数とはかぎらない．そのような自然数 p の一番小さい例は $p = 561 (= 3 \times 11 \times 17)$ である．この p に対して，どんな自然数 a についても $a^{p-1} \equiv 1 \pmod{p}$ となってしまうことが示されている[*3]．その

[*3] このような性質をもつ自然数をCarmichael（カーマイケル）数と呼ぶ．

次に小さい p の例は $1105(=5\times 211)$, $1729(=13\times 133)$ と続く.

ここで視点を変えて，N を正の奇数として N が素数であるかどうかを判定することを考える．$N=2d+1$ とかくとき，d が偶数ならば $d=2c$ とかいて $N=2^2c+1$ となる．さらに，c が偶数ならば，$c=2e$ として $N=2^3e+1$ となる．結局，$N=2^kt+1$ で t が奇数であるように表される．このとき，$a^{N-1}-1=a^{2^kt}-1$ で，N が素数なら Fermat の小定理により $a^{2^kt}-1\equiv 0$ $(\bmod N)$ となるはずである．このとき

$$\begin{aligned} a^{2^kt}-1 &= (a^{2^{k-1}t}+1)(a^{2^{k-1}t}-1) \\ &= (a^{2^{k-1}t}+1)(a^{2^{k-2}t}+1)\cdots(a^t+1)(a^t-1) \\ &\equiv 0 \ (\bmod N) \end{aligned}$$

と因数分解されるから，N が素数ならば，

$$a^{2^{k-1}t}+1,\ a^{2^{k-2}t}+1,\ldots,\ a^t+1,\ a^t-1$$

のどれか少なくとも一つは N で割れることになる．実は，次の定理が成立する．

定理 2.1 N を正の奇数として，$N=2^kt+1$ (t は奇数) とかく．$1<a<N$, $(a,N)=1$ となるすべての自然数 a について

$$a^{2^{k-1}t}+1,\ a^{2^{k-2}t}+1,\ldots,\ a^t+1,\ a^t-1$$

のどれかが N で割れるならば，N は素数である．

この結果は素数の判定に使える．上の定理で $a=2$, $N=561$ と取ると，$561=2^4\cdot 35+1$ と表されるので，

$$2^{2^3\times 35}+1,\ 2^{2^2\times 35}+1,\ 2^{2^1\times 35}+1,\ 2^{35}+1,\ 2^{35}-1$$

を $(\bmod 561)$ で計算してみると，順番に，2, 68, 167, 264, 262 となって，いずれも 561 では割れない．よって，上の定理により 561 は素数ではない．

(この場合は，561 を直接，分解した方が速いので，あまり適切な例ではないが．)

N が巨大になると，上の定理を使って「N が素数」と判定するのは時間がかかりすぎて現実的ではない．実際，$1 < a < N$, $(a, N) = 1$ となる整数 a すべてについて計算を繰り返さねばならないからである．

このような障害は次の**確率的判定法**によって緩和される．これは**決定的方法**ではないが，十分に実用的な方法と考えられている．

定理 2.2　自然数 N を定理 2.1 のように取る．$1 < a_i < N$, $(a_i, N) = 1$ となる整数 $a_1, \ldots, a_k$ を取って定理 2.1 の素数判定基準をこれらの a_i に適用する．すべての a_i が基準を満たせば

$$N が素数である確率 \geq 1 - \left(\frac{1}{4}\right)^k$$

である．

2004 年になって，Agrawal-Kayal-Saxena によって，時間を多く取らない[*4]決定論的方法である**素数判定アルゴリズム**が発見された．それは次の結果によっている（定理 1.1 の証明を参照）．

定理 2.3[*5]　p を 2 以上の自然数とすると，p が素数である必要十分条件は，X を変数とするとき，$(a, p) = 1$ となるすべての正整数 a について

$$(X+a)^p \equiv X^p + a \pmod{p}$$

が成立することである．

[*4] 入力サイズ N に対して，計算を修了するまでの必要ステップ数が N の多項式によって押さえられるアルゴリズムが存在することを意味する．このような計算時間をもつ問題をクラス P の問題という．計算の複雑さを取り扱う理論計算機科学において $P \neq NP$ **予想**は最も重要な問題の一つとされている．

[*5] M.Agrawal, N.Kayal and N.Saxena, Primes is in P, Ann. of Math. **160** (2004), 781−793.

第 1 章　暗号の数理

3　因数分解 – RSA 法の破り方

3.1　素朴な方法

与えられた自然数 N を約数の積に分解することを考える．もし $N=n\cdot m$ ($n\leq m$) と分解されれば，$N\geq n^2$ だから，$n\leq \sqrt{N}$．つまり，N に N と異なる約数があれば，必ず $\sqrt{N}$ 以下の約数がある．よって，N が与えられたとき，$\sqrt{N}$ より小さい素数全部のリストを用意しておいて，その中から N の約数を探せばよい．

例えば，$N=561=3\times 187$ で，$\sqrt{187}\doteqdot 13.6\cdots$ だから，187 の約数は 2, 3, 5, 7, 11, 13 から探せばよい．実際，11 が約数で，$187=11\times 17$ となる．

3.2　別の方法

大きな N の場合には，この方法では $\sqrt{N}$ も大きくなり，それだけ素数のリストも大きくしなければならないので役に立たない．別の方法を考えてみよう．N は 2 で割れるだけ割っておいて，始めから N を奇数と仮定してもよい．$N=ab\,(a\neq b)$ と分解すると，a も b も奇数である．すると $x=\dfrac{a+b}{2}$ は自然数であり，$a>b$ ならば $y=\dfrac{a-b}{2}$ も自然数である．また $a=x+y$, $b=x-y$ だから，$N=(x+y)(x-y)=x^2-y^2$ となる．つまり，奇数 N が素数でなく平方数[*6]でなければ，$N=x^2-y^2$ とかけて，$N=(x+y)\times(x-y)$ と分解できる．

例 3.1　$N=221, \sqrt{N}\doteqdot 14.8, N=225-4=15^2-2^2=(15+2)(15-2)=17\times 13$.
$N=323, \sqrt{N}\doteqdot 17.9, N=324-1=18^2-1=(18+1)(18-1)=19\times 17$.
$N=11009, \sqrt{N}\doteqdot 104.9, N=11025-16=105^2-4^2$
$=(105+4)(105-4)=109\times 101$.

例のように，与えられた数をいきなり平方数の差として表そうとするのは運に頼りすぎである．そこで次のようなアイデアで約数を求める．

[*6] 自然数 a がある整数 b の平方 b^2 と表されるとき，a を **平方数** という．

$N=x^2-y^2$ という等式のかわりに，$x^2-y^2\equiv 0 \pmod{N}$ という合同式を考えると，$(x+y)(x-y)\equiv 0 \pmod{N}$ が得られる．もし $x+y\not\equiv 0 \pmod{N}$ かつ $x-y\not\equiv 0 \pmod{N}$ ならば，最大公約数 $(x+y, N)$ と $(x-y, N)$ のどちらも N と異なる N の約数である．

具体的には次のような手順で約数を求める．

(i) N を与えられた自然数として，$\sqrt{N}$ の近くの自然数 $x_1, x_2, \ldots, x_t$ を取る．t は適当な自然数である．

(ii) $x_1^2-N=\pm p_1^{e_1}p_2^{e_2}\cdots$ と素因数に分解する．$x_2^2-N, x_3^2-N, \ldots, x_t^2-N$ についても同様に素因数分解する．ここで，x_i は $\sqrt{N}$ に近い数なので，素因数分解に現れる素数も小さい．

(iii) 異なる i, j で，$x_i^2\equiv a_i \pmod{N}$，$x_j^2\equiv a_j \pmod{N}$ とかいたとき，ある整数 α に対して $a_ia_j\equiv \alpha^2 \pmod{N}$ となるものを探す．

(iv) ここで

$$x_i^2 x_j^2 - \alpha^2 = (x_ix_j+\alpha)(x_ix_j-\alpha)\equiv 0 \pmod{N}$$

となる．さらに

$$x_ix_j+\alpha \not\equiv 0 \pmod{N}, \quad x_ix_j-\alpha \not\equiv 0 \pmod{N}$$

となるかどうかを調べる．

(v) もしステップ(iv)の条件を満たしていれば，$(x_ix_j+\alpha, N)$，$(x_ix_j-\alpha, N)$ が N の約数である．

(vi) ステップ(i)で選んだ $x_1, \ldots, x_t$ の中から，上の条件を満たす x_i, x_j を見つけることができなければ，範囲を広げて自然数を選び，同じ手順を繰り返す．

第 1 章　暗号の数理

例 3.2　$N = 1649$, $\sqrt{N} \fallingdotseq 40.6$.

	$x_i^2 - N$	因数分解	$x_i^2 \equiv x_i^2 - N \pmod{1649}$
$x_1 = 39$	-128	-2^7	$39^2 \equiv -2^7$
$x_2 = 40$	-49	-7^2	$40^2 \equiv -7^2$
$x_3 = 41$	32	2^5	$41^2 \equiv 2^5$
$x_4 = 42$	115	5×23	$42^2 \equiv 5 \times 23$
$x_5 = 43$	200	$2^3 \times 5^2$	$43^2 \equiv 2^3 \times 5^2$

ここで $x_3 = 41$ と $x_5 = 43$ を取ると，$(41 \times 43)^2 \equiv 2^8 \times 5^2 \pmod{1649}$ となり，合同式の右辺は平方数である．この式を $(41 \times 43)^2 - (2^4 \times 5)^2 \equiv 0 \pmod{1649}$ と表して，上のステップ(iv)の条件 $41 \times 43 + 2^4 \times 5 = 1843 \not\equiv 0 \pmod{1649}$，$41 \times 43 - 2^4 \times 5 = 1683 \not\equiv 0 \pmod{1649}$ が満たされていることが確かめられる．そこで最大公約数 $(1843, 1649), (1683, 1649)$ を求めると，それぞれ，97, 17 となる．実際，$1649 = 97 \times 17$ と因数分解される．

次のように異なる 3 つの値を用いて因数分解を求めることもできる．$x_1 = 39, x_2 = 40, x_3 = 41$ について $x_i^2 \pmod{1649}$ を取ると，

$$39^2 \equiv (-1) \times 2^7,\ 40^2 \equiv (-1) \times 7^2,\ 41^2 \equiv 2^5$$

だから，$(39 \times 40 \times 41)^2 \equiv 2^{12} \times 7^2 \pmod{1649}$ となる．これは

$$(39 \times 40 \times 41 + 2^6 \times 7)(39 \times 40 \times 41 - 2^6 \times 7) \equiv 0 \pmod{1649}$$

と分解できて，$39 \times 40 \times 41 - 2^6 \times 7 = 63960 - 448 = 63512 \equiv 850 \not\equiv 0 \pmod{1649}$ だから，最大公約数 $(850, 1649) = 17$ は 1649 の約数となる．

問 3.3　$N = 24961$, $\sqrt{N} \fallingdotseq 157$ について，次の表が得られる．

	$x_i^2 - N$	因数分解	$x_i^2 \equiv x_i^2 - N \pmod{1649}$
$x_1 = 151$	-2160	$-2^4 \times 3^3 \times 5$	$151^2 \equiv -2^4 \times 3^3 \times 5$
$x_2 = 156$	-625	-5^4	$156^2 \equiv -5^4$
$x_3 = 157$	-312	$-2^3 \times 3 \times 13$	$157^2 \equiv -2^3 \times 3 \times 13$
$x_4 = 158$	3	3	$158^2 \equiv 3$
$x_5 = 159$	320	$2^6 \times 5$	$159^2 \equiv 2^6 \times 5$
$x_6 = 160$	639	$3^2 \times 71$	$160^2 \equiv 3^2 \times 71$
$x_7 = 161$	960	$2^6 \times 3 \times 5$	$161^2 \equiv 2^6 \times 3 \times 5$

このとき x_1, x_2, x_7 を使って 24961 を因数分解せよ．

この節で述べた因数分解法は現在の最も速い分解法の基礎になっている．RSA 暗号は今のところ安泰だが，将来さらに高速の分解法が発見されると安全でなくなるかもしれない．

4　群論暗号

4.1　Braid 群

ここまで紹介した暗号は整数論を基礎にした暗号で**数論暗号**と呼ばれる．この暗号では絶対に安全だとはいい切れず，つねに別種の暗号も研究しておく必要がある．これから述べる **braid（ブレイド）暗号**は 2004 年に特許が認められたものであるが，使用する braid 群の研究の歴史は整数論に比べて極めて浅く，その分，安全であるかどうか心配される．

数論暗号で $\mathbb{Z}_n$ を使った代わりに，braid 群[*7] B_n ($n = 1, 2, 3, \cdots$) を使う．

[*7] 群とは，集合に**積**と呼ばれる演算が定義されていて**結合法則**を満たし，積に関して**単位元**と**逆元**が存在するものである．少し詳しく述べれば，集合 G に任意の 2 つの元 x, y を掛け合わせる積の演算 $x \cdot y$ が定義されていて，結合法則 $(x \cdot y) \cdot z = x \cdot (y \cdot z)$ が成立する．さらに，任意の元 x と掛け合わせても積が x に等しいような ($x \cdot e = e \cdot x = x$) が成立する単位元と呼ばれる元 e が存在し，また，$x \cdot x^{-1} = x^{-1} \cdot x = e$ となる逆元 x^{-1} が存在する．結合法則を使うと，3 つの元の積 xyz を $(xy)z$ で定義してもよいことが分る．n 個の元 $x_1, \ldots, x_n$ の積 $x_1 x_2 \cdots x_n$ は，同様に，$(\cdots((x_1 x_2) x_3) \cdots x_{n-1}) x_n$ として定義できる．

第1章 暗号の数理

集合 B_n の元は，次のような n 本の上から下にのびる，**ひも**である．

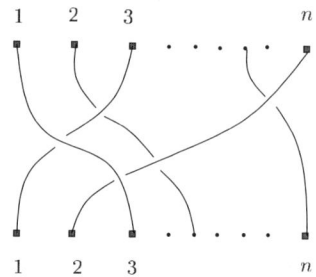

このような図の全体の集合を B_n とかく．ただし，ひもを連結的[*8]に動かして移りあう図は同じと考える．

積は図をつなぐことによって定義する．

[*8]途中で断ち切ることなく

4 群論暗号

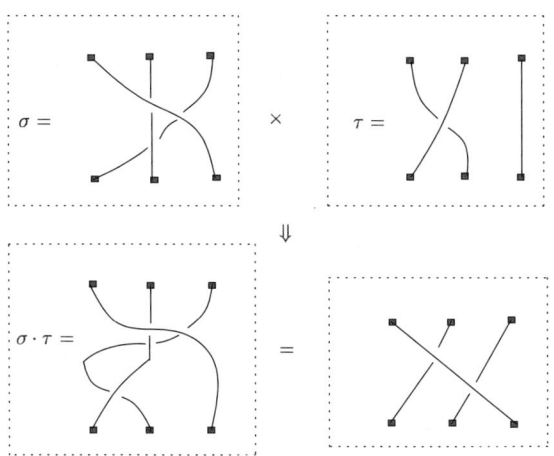

単位元 e は

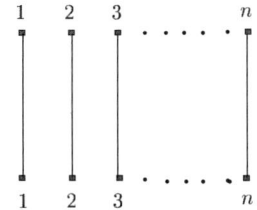

である. $\sigma \in B_n$ に対し, $\sigma \cdot e = e \cdot \sigma = \sigma$ が成り立つ. σ の逆元とは $\sigma \cdot \gamma = \gamma \cdot \sigma = e$ となる元 γ のことで, $\gamma = \sigma^{-1}$ とかく.

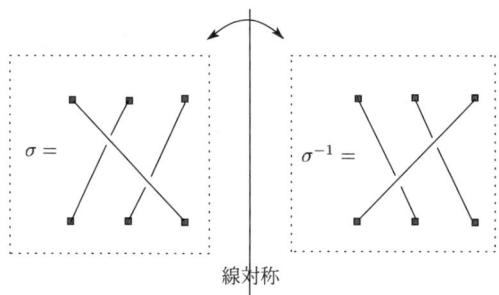

このようにして集合 B_n は群になる.

4.2 群論暗号の概要

G を群(例えば B_n)とする.

(1) A は G の元 $p_1,\ldots,p_\ell$ を選んで公開する.同様に B も G の元 $q_1,\ldots,q_k$ を選んで公開する (**public key**).

(2) A は 1 から ℓ までの間の数からなる列 $i_1,\ldots,i_s$ を選んで秘密にする.B も 1 から k までの間の数からなる列 $j_1,\ldots,j_t$ を選んで秘密にする (**secret key**).

(3) A は $x=p_{i_1}\cdots p_{i_s}$ (G の中での積) を計算し,$xq_1x^{-1},\ldots,xq_kx^{-1}$ を B に送信する.B は $y=q_{j_1}\cdots q_{j_t}$ を計算し,$yp_1y^{-1},\ldots,yp_\ell y^{-1}$ を A に送信する.

(4) A は受信した $yp_1y^{-1},\ldots,yp_\ell y^{-1}$ を用いて,$x\{(yp_{i_1}y^{-1})\cdots(yp_{i_s}y^{-1})\}^{-1}$ を計算する.B は受信した $xq_1x^{-1},\ldots,xq_kx^{-1}$ を用いて,$\{(xq_{j_1}x^{-1})(xq_{j_2}x^{-1})\cdots(xq_{j_t}x^{-1})\}y^{-1}$ を計算する.

このとき A が計算したものは

$$x(yp_{i_1}p_{i_2}\cdots p_{i_s}y^{-1})^{-1}=x(yxy^{-1})^{-1}=xyx^{-1}y^{-1}$$

であり,B の計算したものも,同じく

$$(xq_{j_1}q_{j_2}\cdots q_{j_t}x^{-1})y^{-1}=xyx^{-1}y^{-1}$$

である.これで A と B が同じ key である $xyx^{-1}y^{-1}$ を共有できた.

上の(1)〜(4)のプロセスはどんな群を使っても可能である.コンピュータが 2 つの元の同一性などを認識できるかどうかなどの問題があるが,braid 群 B_n を使うと,このような問題が解決できるので暗号として成立する.

4.3 Braid 群暗号

n 本のひもによる braid 群においては,任意の元はひもの交わり方を見て

簡単な元の積として表される．次の図に示すような i 番目のひもと $i+1$ 番目のひもの交わりをもつ元を σ_i とかく．ただし，$i=1,2,\ldots,n-1$ だけ i は動く．σ_i とその逆元 σ_i^{-1} においては，i 番目と $i+1$ 番目を結ぶひもの上下関係が逆になっていることに注意しよう．その次の図はひもの交叉関係を見て B_n の元が $\sigma_1,\ldots,\sigma_{n-1}$ と逆元 $\sigma_1^{-1},\ldots,\sigma_{n-1}^{-1}$ の積として表すことができることを示す例である．

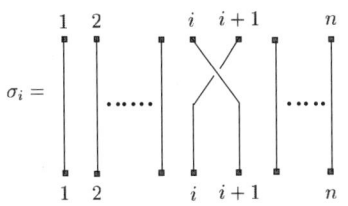 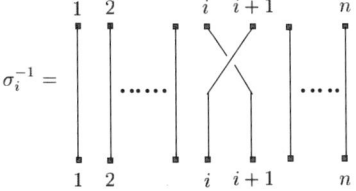

i 番目と $i+1$ 番目を結ぶひもが**上**を通る　　i 番目と $i+1$ 番目を結ぶひもが**下**を通る

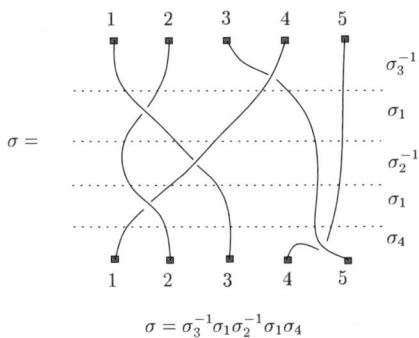

$\sigma = \sigma_3^{-1}\sigma_1\sigma_2^{-1}\sigma_1\sigma_4$

つまり，B_n の任意の元は $2(n-1)$ 個の**アルファベット** $\sigma_1,\ldots,\sigma_{n-1},\sigma_1^{-1},\ldots,\sigma_{n-1}^{-1}$ を用いてかける**単語**と考える．単位元は $\sigma_1^{-1}\sigma_1$ または空（$\emptyset$）な単語と考える．したがって，$\sigma_i \longleftrightarrow i, \sigma_i^{-1} \longleftrightarrow -i$ と対応させると，B_n の元は $-(n-1),\ldots,-1,1,\ldots,n-1$ という数からなる数列と考えてよく，コンピュータに自然に入力することが可能である．さらに B_n の元（＝単語）には**同義語**がある．単位元を表す同義語として

第1章 暗号の数理

$$\sigma_1^{-1}\sigma_1,\ \sigma_1\sigma_1^{-1},\ \sigma_1^{-1}\sigma_2^{-1}\sigma_2\sigma_1,\ \emptyset,\ \cdots$$

があるが，その他にも $\sigma_1\sigma_2\sigma_1$ と $\sigma_2\sigma_1\sigma_2$ は同義語である．

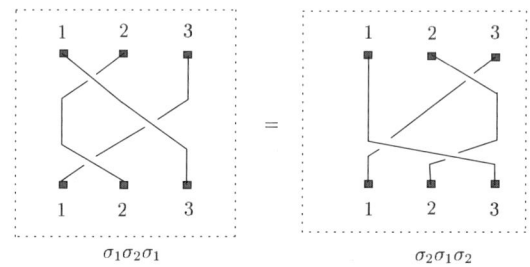

braid 暗号通信で A と B が共有 key である $xyx^{-1}y^{-1}$ を得たとする．この単語に多くの同義語があると key の役目をなさない．実は，B_n の各元には**標準語**（標準形）がある．そこで B_n の元を単語として表すときは最終的に必ず標準語にしておくというルールを付けておけばよい．とくに key は標準語としておけばたった一通りに決まる．

braid 群を暗号用の群として選ぶ理由は，一つには適度に群が複雑であること，二つにはすべての B_n の元があるアルファベットの単語で表せて，しかも，標準語への書き換えが機械的に行える，という点にある．

5 量子論から量子暗号へ

5.1 量子論の考え方

偏光（polarization）を例にとって考えてみよう．19 世紀以前の**古典論**では光を電磁波としてとらえているが，20 世紀以降の**量子論**においては光を**光子**という粒子の集まりとしてとらえている．光子1個のもつ属性（光子を区別する量）には次のようなものがある．

- 方向（動いている方向）．
- エネルギー（光の色に相当する）．

- 偏光と呼ばれるもう一つの属性.

光の強さは光子の個数の多さなので光子1個の属性ではない.

自然光はいろいろな偏光を持つ光子の集まりである．**偏光フィルター（ポラロイド）** はそれを通過した光はある一定の偏光の光子ばかりの集まりになるという機能をもつ．偏光は↕や↔などの向き付き矢印で表されることが多い．

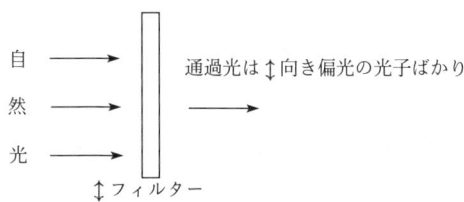

ここで，光子は方向とエネルギーは一定で偏光のみ違うと仮定すると，次のような振る舞いがある．

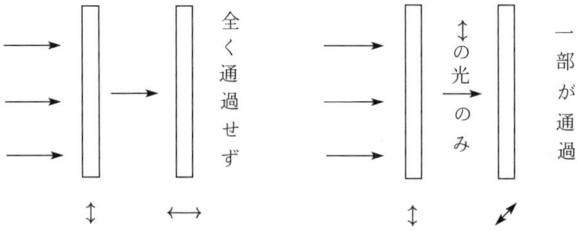

2番目の図は↕光子は⤢偏光フィルターを通過するときもあり，そうでないときもあることを示している．しかし，量子論（現代物理学）は常識に反している．すぐ上の左側の実験で2つのフィルターの間に⤢偏光の第3のフィルターを入れてみよう．

第1章 暗号の数理

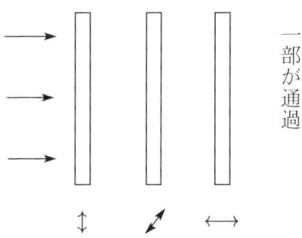

　常識的に考えると，中央のフィルターを追加したから，すぐ上の左側の実験以上に光を通さないはずである．実際は，一部の光が通過する．同じ実験で光子を1個ずつ入射していくことも可能である．そのとき，たとえば↘偏光の光子のうち，およそ半分程度は↕フィルターを通過し，残りの半分は遮断される．どちらになるか事前には判らない．

　さらに次のような実験もある．次頁の図でスプリッタと呼ばれる装置は，上の経路だけを見れば↘フィルターに，下の経路だけ見れば↗フィルターに相当する装置で，最後に両方の経路を通過した光子が合流するように設計されている．この装置に↕偏光の光子を1個ずつ入射すると，上下2つの経路のどちらかを進み，最後に合流する．上下の経路を通過する光子を観測すると，上の経路を通過する光子は必ず↘偏光であり，下の経路を通過する光子を観測すると必ず↗偏光になっている．しかも左端から入射した光子のうちおよそ半分は上の経路を，残りの半分は下の経路を進むことも観測される．↘や↗偏光の光子の半分程度は↕フィルターで遮断されるはずである．ところが，途中経路での観測を行わず，最後の合流点を通過してくる光子だけを観測すると，左端から1個ずつ入射させた↕偏光の光子と同数の光子がすべて↕偏光の光子として観測されるのである．これは，途中での観測の有無が最後の結果に影響するということを意味し，やはり常識に反する結果である．

— 22 —

5 量子論から量子暗号へ

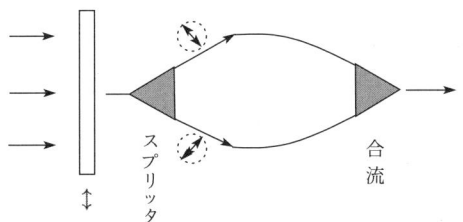

　このような現象は光子の偏光をベクトルと考えると数学の言葉に直すことができて理解しやすくなる．$\updownarrow$偏光の光子を$\uparrow$というベクトルで表す．ただし，$\downarrow$というベクトルも同一の偏光光子を表す．$\leftrightarrow$偏光の光子は$\rightarrow$（または$\leftarrow$）のベクトルで表す．また，**観測**とはあるベクトルの別のベクトルへの**射影**と考える．

　ベクトル$\mathbf{u}$をベクトル$\mathbf{v}$に射影するとは，右図において$\mathbf{u}$をベクトル$\mathbf{v}$向きの成分$\mathbf{w}$と$\mathbf{v}$に直行する成分に分解して，$\mathbf{u}$を$\mathbf{w}$で置き換えることである．内積を使うと，$(\mathbf{v}, \mathbf{v})=1$のときは，$\mathbf{u}$の$\mathbf{v}$への射影は$(\mathbf{u}, \mathbf{v})\mathbf{v}$に等しい．

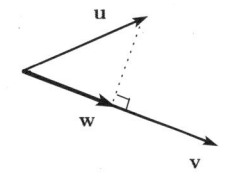

　フィルターを光が通過するかどうかを見ることも観測である．

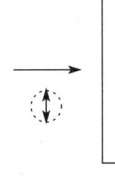

は$\uparrow$ベクトルを$\rightarrow$ベクトルに射影することである．2つのベクトルが直行しているから，結果は$\mathbf{0}$ベクトルである．これはフィルターを通過する確率0と理解する．

第1章 暗号の数理

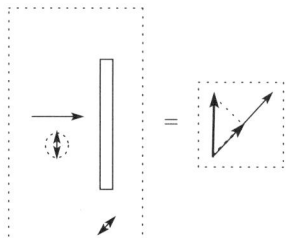

は↕ベクトルを↗ベクトルに射影することだから，結果は短い↗ベクトルになる．フィルターを通過する確率は0より大きく1より小さい．

下の図は光子が2枚の偏光フィルターを通過するときの状態をベクトルの射影を2度重ねて説明したものである．

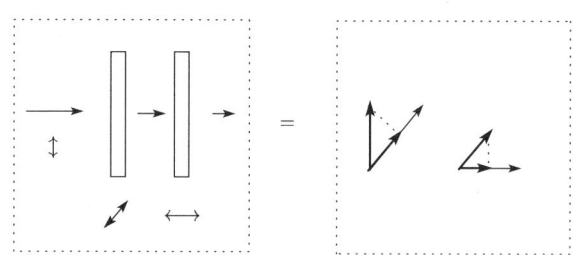

ここまでは↕, ↗, ↔などの直線偏光のみを取り扱ってきたが，実際には円偏光（◯）や楕円偏光（⬯）と呼ばれるものが存在するので，2次元実ベクトル空間 $\mathbb{R}^2$ のベクトルだけでは足りない．偏光は複素2次元ベクトル空間 $\mathbb{C}^2$ のベクトルで表される．$\mathbb{C}^2$ のベクトル $\mathbf{v} \neq \mathbf{0}$ で偏光を表す．ただし $\mathbf{v}$ と $c\mathbf{v}$ （$c \in \mathbb{C}, c \neq 0$）は同じ偏光を表す[*9]．$\mathbb{C}^2$ の内積は次のエルミート内積で決める．

$$\left(\begin{pmatrix}a\\b\end{pmatrix}, \begin{pmatrix}c\\d\end{pmatrix}\right) = a\bar{c} + b\bar{d}, \quad \begin{pmatrix}c\\d\end{pmatrix} \text{の長さ} 1 \iff |c|^2 + |d|^2 = 1$$

ベクトルの長さは適当に変えても同じ偏光なので構わない．ベクトル $\mathbf{u} = \begin{pmatrix}a\\b\end{pmatrix}$ のベクトル $\mathbf{v} = \begin{pmatrix}c\\d\end{pmatrix}$ への射影は，$\mathbf{v}$ の長さが1のとき，

[*9] $\mathbb{C}^2$ の $\mathbf{0}$ でないベクトルを偏光と考えて，$\mathbf{v}$ と $c\mathbf{v}$（$c \in \mathbb{C}, c \neq 0$）を同一視するのは，つまり，複素射影直線 $\mathbb{P}^1(\mathbb{C})$ の点全体（リーマン球面ともいう．）と偏光の種類全体が1対1に対応するということである．

$(\mathbf{u}, \mathbf{v})\mathbf{v}$ と決める．ベクトル $\begin{pmatrix} 1 \\ 0 \end{pmatrix}$ で↔を，ベクトル $\begin{pmatrix} 0 \\ 1 \end{pmatrix}$ で↕を表すとすると，$\begin{pmatrix} 1 \\ 1 \end{pmatrix}$ で⤢，$\begin{pmatrix} 1 \\ -1 \end{pmatrix}$ で⤡を表せる．また，$\begin{pmatrix} 1 \\ i \end{pmatrix}$，$\begin{pmatrix} 1 \\ -i \end{pmatrix}$ でその他の偏光が表せる．

5.2 量子論のまとめ

(1) **状態**は複素ベクトル空間 V（例えば $\mathbb{C}^n$）の $\mathbf{0}$ でないベクトルで表される．$\mathbf{0}$ は**状態**に対応しない．ベクトル $\mathbf{v}(\neq \mathbf{0})$ と $c\mathbf{v}(c \in \mathbb{C}, c \neq 0)$ は同じ**状態**を表す．とくに**状態ベクトル** $\mathbf{v}$ は $(\mathbf{v}, \mathbf{v})=1$（すなわち，長さ＝1）[*10] を満たすように取ってもかまわない．

(2) **観測**とは状態ベクトル $\mathbf{v}$ から別の状態ベクトル $\mathbf{w}$ への**射影**で表される．$(\mathbf{w}, \mathbf{w})=1$ ならば，$\mathbf{v}$ を $(\mathbf{v}, \mathbf{w})\mathbf{w}$ で置き換えることである．
- $(\mathbf{v}, \mathbf{w}) \neq 0$ のとき $\mathbf{v}$ はある確率で $\mathbf{w}$ として観測され，
- $(\mathbf{v}, \mathbf{w})=0$ のときは $\mathbf{v}$ は $\mathbf{w}$ としては決して観測されない．

とくに**観測**によってもとの状態 $\mathbf{v}$ は新しい状態 $\mathbf{w}$ に移ってしまう．すなわち，観測によってもとの状態が変化する．一般に，1回の観測結果からはもとの状態は分らない．

(3) 状態 $\mathbf{v}$ が状態 $\mathbf{w}$ として観測される確率は，$(\mathbf{v}, \mathbf{v})=1$，$(\mathbf{w}, \mathbf{w})=1$ と取っておいたとき，$|(\mathbf{v}, \mathbf{w})|^2$ で与えられる．下の図の実験において，↕ に対応するベクトルを $\mathbf{v}=\begin{pmatrix} 1 \\ 0 \end{pmatrix}$，⤢ に対応するベクトルを $\mathbf{w}=\dfrac{1}{\sqrt{2}}\begin{pmatrix} 1 \\ 1 \end{pmatrix}$ と取れば，↕ 偏光の光子が ⤢ として観測される確率は

$$\left| \left(\begin{pmatrix} 1 \\ 0 \end{pmatrix}, \frac{1}{\sqrt{2}} \begin{pmatrix} 1 \\ 1 \end{pmatrix} \right) \right|^2 = \left(\frac{1}{\sqrt{2}} \right)^2 = \frac{1}{2}$$

である．$(\mathbf{v}, \mathbf{w})$ を $\mathbf{v}$ と $\mathbf{w}$ の **amplitude** という．値は複素数である．

[*10] $(\ ,\ )$ は V におけるエルミート内積を表す．$V=\mathbb{C}^n$ ならば，$\mathbf{a}={}^t(a_1, \ldots, a_n)$，$\mathbf{b}={}^t(b_1, \ldots, b_n)$ に対して，$(\mathbf{a}, \mathbf{b})=a_1\overline{b_1}+\cdots+a_n\overline{b_n}$ と考えてよい．これから $(\mathbf{b}, \mathbf{a})=\overline{(\mathbf{a}, \mathbf{b})}$ がしたがう．

第1章　暗号の数理

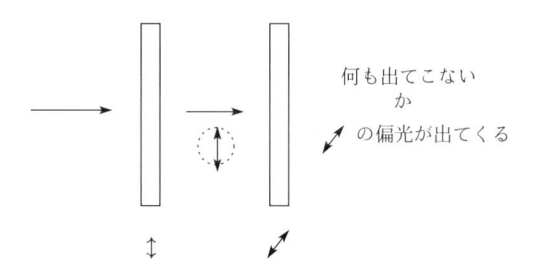

(4) 2つの状態 **v**, **w** は (**v**, **w**) = 0 のとき**直交している**という．n 個の状態 **v**$_1$, **v**$_2$, ..., **v**$_n$ が互いに直交していて，これらすべてに直交する状態ベクトル ($\neq \mathbf{0}$) がないとき，これらを**基本状態**という．V に含まれる状態は $c_1\mathbf{v}_1 + \cdots + c_n\mathbf{v}_n$ と表される．**v**$_1$, ..., **v**$_n$ が基本状態で (**v**$_1$, **v**$_1$) = 1, ..., (**v**$_n$, **v**$_n$) = 1 を満たすとき，数学では，{**v**$_1$, ..., **v**$_n$} は V の**正規直交基底**であるという．このとき，任意の **v** は

$$\mathbf{v} = (\mathbf{v}, \mathbf{v}_1)\mathbf{v}_1 + (\mathbf{v}, \mathbf{v}_2)\mathbf{v}_2 + \cdots + (\mathbf{v}, \mathbf{v}_n)\mathbf{v}_n$$

と表せる[*11]．この物理的意味を考えてみよう．**v**$_1$, ..., **v**$_n$ が基本状態とする．$i \neq j$ ならば (**v**$_i$, **v**$_j$) = 0 だから，**v**$_i$ は決して **v**$_j$ として観測されない．いま考えている範囲（すなわち，ベクトル空間 V）の任意の状態 $\mathbf{v} \neq \mathbf{0}$ は必ずどれかの **v**$_i$ として観測される．**v** を任意の状態とし，(**v**, **v**) = 1, (**v**$_1$, **v**$_1$) = 1, ..., (**v**$_n$, **v**$_n$) = 1 としておくと，$\mathbf{v} = (\mathbf{v}, \mathbf{v}_1)\mathbf{v}_1 + \cdots + (\mathbf{v}, \mathbf{v}_n)\mathbf{v}_n$ とかける．よって，**v** が **v**$_i$ として観測される確率は $|(\mathbf{v}, \mathbf{v}_i)|^2$．仮定の (**v**, **v**) = 1 より $\sum_{i=1}^{n}|(\mathbf{v}, \mathbf{v}_i)|^2 = 1$ となっている．すなわち，起こりうるすべての確率の和は 1 に等しい．

{**v**$_1$, ..., **v**$_n$} が正規直交基底のとき，**v**, **w** を 2 つの状態ベクトルとすると

[*11]**証明．** **v**$_1$, ..., **v**$_n$ が基底なので，$\mathbf{v} = c_1\mathbf{v}_1 + \cdots + c_n\mathbf{v}_n$ とかける．ただし $c_i \in \mathbb{C}$ である．すると，(**v**$_1$, **v**$_1$) = 1, (**v**$_2$, **v**$_1$) = ⋯ = (**v**$_n$, **v**$_1$) = 0 だから，

$$(\mathbf{v}, \mathbf{v}_1) = c_1(\mathbf{v}_1, \mathbf{v}_1) + c_2(\mathbf{v}_2, \mathbf{v}_1) + \cdots + c_n(\mathbf{v}_n, \mathbf{v}_1) = c_1.$$

同様にして，$c_i = (\mathbf{v}, \mathbf{v}_i)$ $(i = 2, ..., n)$．

$$(\mathbf{v},\ \mathbf{w}) = \sum_{i=1}^{n} (\mathbf{v},\ \mathbf{v}_i)(\mathbf{v}_i,\ \mathbf{w})$$

である[*12]. この物理的意味は，もとの状態 $\mathbf{v}$ が n 通りの経路 $\mathbf{v}_1, \ldots, \mathbf{v}_n$ を通って，最終的に $\mathbf{w}$ として観測される確率は $|(\mathbf{v},\ \mathbf{w})|^2 = |\sum_{i=1}^{n}(\mathbf{v},\ \mathbf{v}_i)(\mathbf{v}_i,\ \mathbf{w})|^2$ で与えられる．ただし経路の途中では観測しない．これは 5.1 節であげたスプリッターを使う実験を説明する式でもある．

6 量子暗号

6.1 量子暗号の仕組み

A が送信者，B が受信者，E が盗聴者という設定はこれまでの暗号と同じである．A は B に 0 と 1 からなる列（**ビット列**）を送信する．A と B は 2 種類の偏光発生装置（これらを**イ**と**ロ**と呼ぶ．）を用意する．イは↕偏光と↔偏光の光子を発生し，↕を 0，↔を 1 と対応させる．ロは↘偏光と↗偏光の光子を発生し，↘を 0，↗を 1 に対応させる．よって，例えばイでは次の上段のビット列を送るには下段の偏光した光子の列を送ることになる．

$$\begin{array}{cccccccc} 1 & 0 & 0 & 1 & 0 & 1 & 1 & 0 \\ \leftrightarrow & \updownarrow & \updownarrow & \leftrightarrow & \updownarrow & \leftrightarrow & \leftrightarrow & \updownarrow \end{array}$$

暗号通信をするときは，さらに，ロロイロイロイイ…というようなイとロからなる，**でたらめ列**を用意しておいて，これに合わせてビット列 10010110 を

↗ ↘ ↕ ↗ ↕ ↗ ↔ ↕
ロ1 ロ0 イ0 ロ1 イ0 ロ1 イ1 イ0

と送信する．B はイとロに対応する 2 種類の受信機をもっている．さらに，B はイとロからなる独自のでたらめ列ロイロロイロロイを用意している．A

[*12]**証明**．上で示したように，$\mathbf{v}=c_1\mathbf{v}_1+\cdots+c_n\mathbf{v}_n$, $\mathbf{w}=d_1\mathbf{v}_1+\cdots+d_n\mathbf{v}_n$, $c_i=(\mathbf{v},\ \mathbf{v}_i)$, $d_j=(\mathbf{w},\ \mathbf{v}_j)$ と表される．よって，$(\mathbf{v},\ \mathbf{w})=\sum_{i,j=1}^{n}c_i\overline{d_j}(\mathbf{v}_i,\ \mathbf{v}_j)=\sum_{i=1}^{n}(\mathbf{v},\ \mathbf{v}_i)\overline{(\mathbf{w},\ \mathbf{v}_i)}$ $=\sum_{i=1}^{n}(\mathbf{v},\ \mathbf{v}_i)(\mathbf{v}_i,\ \mathbf{w})$．ここで，最後の等式はエルミート内積の性質，$\overline{(\mathbf{w},\ \mathbf{v}_i)}=(\mathbf{v}_i,\ \mathbf{w})$ から導かれている．

第1章　暗号の数理

の送信時に，B は自分で定めたでたらめ列にあわせた機械で受信する．送信終了後に A と B はそれぞれのイとロからなるでたらめ列を相手に通知する．これは盗聴されるかもしれないが，次のように，お互いの一致した場合はいつであったか分る．

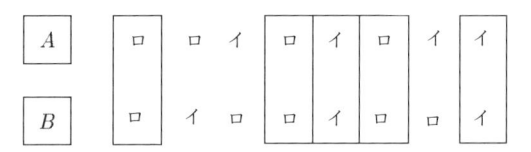

A	ロ	ロ	イ	ロ	イ	ロ	イ	イ
B	ロ	イ	イ	ロ	イ	ロ	ロ	イ

　一致した場合は正しく受信できているので，その場合だけを取り出した部分列 **10010110**，つまり，11010 という列は A, B で共有された **key** とできる．

　E の立場から検討してみよう．A と B の通信を盗聴すること自体が光子を観測することになっている．E は A と B の通信方法，すなわち A のイ，ロからなるでたらめ列と B のでたらめ列を盗聴により知ることができるとしよう．ただし，でたらめ列については A, B 間の通信後に知ることになる．E は B と同様にイ，ロの2種類の受信装置を用意するが，事前には A と B のでたらめ列は知りようがないので，E 独自のイ，ロのでたらめ列を使うしかない．A から送信されてくる光子↕を E が装置イで受信すると↕と正しく受信できるが，量子論では1回の観測からもとの状態は分らない．実際，A の光子が↗か↘であっても，イの装置で↕と受信することは，確率は小さくなるが，ありうる．よって，E はもとの偏光が↕，↗，↘のどれであるか判別できない．E が測定後そのまま光子を放つと，光子は A の発信と同じ状態のまま B に届くとは限らない．例えば，A が発信したのが↗のときは E が↕受信して，そのまま放つと，↕に状態を変えて B に届く．この時点では，↕と↗のどちらが起こったのかは E には分らない．通信がすべて終了して A, B のでたらめ列が分ったときに，E は A, B のでたらめ列が一致する箇所と，さらに E のでたらめ列の一致する箇所のみ，自分の得たビットが A, B が共有したものと同じと分る．よって key の一部分（半分ぐらい）は E に読み取れる．

このままでは E にいくらか情報を読まれるので，A と B の**通信方法を少しだけ変更する**．上で説明した通りの方法で通信を終えて A と B の共有 key を得た後，**共有 key の一部について本当に正しく共有されているかを互いに連絡しあって確認する**．同一のビット列が得られているときは盗聴を免れているとして，共有 key の残りの部分を**真の共有 key** として用いる．残りの部分を使うのは，確認し合った部分は盗聴されているかもしれないからである．同一のビット列が得られていないときは，途中で誰かが盗聴していたと推定される．盗聴者の観測により偏光の方向が変化すると考えられるからである．このとき共有 key は全面的に廃棄してやり直す．

6.2 量子暗号の特徴

(1) 量子の状態が観測によって変化を受けるという物理法則を用いた暗号で，RSA 暗号のような数学的暗号とは異なる．
(2) RSA 暗号などと違って将来の技術的進歩によって解読されるようになるという心配がない．**究極の暗号**の一つと考えられる．
(3) RSA 暗号などの根本的な懸念は次のようなことである．現在の暗号通信の内容を盗聴して巨大コンピュータに全て記憶させておく．仮に20年後に量子コンピュータ（後述）でRSA暗号が破られると，過去の情報が解読されてしまう．その点，この心配が量子暗号にはない．E はそもそも確定的なことは何も得られず，記憶しておく内容すらない．
(4) 現在，量子暗号は実用化寸前にまで来ている．

7 量子コンピュータ

量子コンピュータは量子状態を用いるコンピュータである．現在のコンピュータは 0 と 1 からなる列を入力して，別の 0 と 1 からなる列を出力する．

第1章 暗号の数理

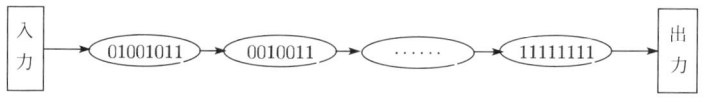

ビット列を書き換えながら進んで最後に出力する

　量子コンピュータでは↕を 0，↔を 1 の代わりに使い，例えば，ビット列 01001011 を偏光の列 ↕↔↕↕↕↔↕↔ に置き換えている．ここまでは従来のコンピュータの考え方と変わらず目新しくない．そこで，こういう偏光を並べた列自体を一つの状態ベクトルと考えることができる．例えば長さ 3 のビット列全体は全部で 8 個の状態ベクトルからなる．それらの複素数係数の 1 次結合全体は 8 次元複素ベクトル空間をなすと考えられる．一般に長さ n のビット列に対応する状態ベクトルは 2^n 次元複素ベクトル空間に含まれる．長さ 3 の場合に戻って考えれば，次のベクトルも状態ベクトルと考えられる．

$$|000\rangle+|001\rangle+|010\rangle+|011\rangle+|100\rangle+|101\rangle+|110\rangle+|111\rangle$$

これも一つの量子状態をあらわすと考えて，8 個の**重ね合わせ状態**という．重ね合わせ状態を操作して計算するのが**量子コンピュータ**である．現在のコンピュータでは，例えば，000, 001, 010, …, 111 の 8 個のビット列を使って計算すれば，1 個のときよりも 8 倍の時間が必要である．量子コンピュータでは，これら 8 個のビット列をまとめて 1 回で処理しようとするもので，上の重ね合わせベクトルを使えばできるものと考えられる．これが量子コンピュータの**基本原理**である．

　現在のコンピュータ能力を大幅に超えるような量子コンピュータ用のアルゴリズムは僅かしか知られていないのだが，たとえば，整数の因数分解を量子状態の操作によって確率的に求める方法（Shor のアルゴリズム）が知られている．確率的な方法であっても，本当に合っているかどうかは容易に確認できるので問題はない．本格的な量子コンピュータが実現すれば，RSA 暗号は安全でなくなる．

　量子コンピュータは実現できるとしても，まだ 10 年以上先のことと考え

られる．実際 20 年経っても実現していないかもしれない．

参考文献

[1] C. K. Caldwell,『素数大百科』, 共立出版, 2004 年.
[2] 結城 浩,『暗号技術入門－秘密の国のアリス』, ソフトバンククリエイティブ, 2003 年.
[3] 西野哲朗,『量子コンピュータと量子暗号』, 岩波書店, 2002 年.

第2章　情報と通信の数理

井坂　元彦

1　情報理論とその応用

1.1　快適に通信するには？

　読者の皆さんのうち多くは日常的に携帯電話で通話をしたり，メールや画像を送受信しているでしょう．そのときに次のようなことが起きたとしたらどう感じるでしょうか？

1. データのサイズが大きすぎるために，送受信に長時間を要してしまう．
2. 通信路上の雑音のため，送ったはずのデータが正確に相手に届かない．
3. プライベートな内容の通話やメールが，誰かに盗み見，盗聴されている．

　これらの事態に直面して不便や不満を感じない人は少ないと思いますが，それぞれ以下のような技術を用いることで解決できます：

1. 大きなサイズのデータは圧縮をして送受信すれば通信時間を削減できる（通信の**効率の向上**）
2. 通信路で生じる誤りを訂正できるようにデータに細工を施す（通信の**信頼性の向上**）
3. データを暗号化することで，通信をしている2人以外の人には通信内容がわからないようにする（通信の**安全性の向上**）

第2章　情報と通信の数理

これらの問題を数学的に扱うことで解決を試みる学問分野は**情報理論**と呼ばれています．やや詳しく述べると，

- 通信における以下の理論的な限界を明らかにする：
  - データはどれだけ圧縮できるのか？
  - 通信路で生じる誤りはどの程度まで正しく訂正できるのか？
  - 盗聴者に与える情報をどの程度少なくできるのか？
- 上で求めた理論的な限界を達成する（またはそれに近い性能を与える）具体的な情報の変換の仕方（これを**符号化**といいます）を開発する，

ことが情報理論の課題です．これらの符号化の手法はいずれも現在の情報通信システムにおいて不可欠な技術になっています．例えば，通信路で生じた誤りを訂正するための符号がなければ携帯電話で高品質の通話などできていないでしょう．

この章では，情報と通信の数理について厳密さにはこだわらず，できるだけわかりやすく説明します．特に前者の課題を考える上では，「情報を定量的に扱う」ことが必要となりますので，これを2節で述べることにします．次に，情報の圧縮に関する理論の基本を3節で説明します．さらに，誤り訂正符号に関して4節で具体例を交えて触れています．なお，暗号技術に関しては第1章で述べられていますので，そちらを参照して下さい．

本文に入る前に，情報理論の起源と発展について少し触れておきましょう．

1.2 シャノンと情報理論

情報理論という分野は1948年に**クロード・シャノン**という研究者の"A Mathematical Theory of Communication"という論文により切り拓かれました．この章で触れる内容は，その多くがシャノンが導き出した結果に他なりません．また，翌1949年には"Communication Theory of Secrecy Systems"という論文で情報理論の立場から暗号を数学的に扱っています．双方の研究ともに論文として発表する数年前には完成していたそ

うですが，特に後者については第2次世界大戦中に多くの優れた数学者が暗号の研究に駆り出されたことが背景にあったようです．また，シャノンの業績は情報理論のみにとどまらず広範な分野にわたっています．たとえば大学院生時代の研究をまとめた修士論文では，現在のコンピュータで行われている演算と電気回路の関係を見出し，計算を行う機械としてのコンピュータの発展に大きく寄与しました．また，人工知能に関しても業績を残しており，迷路の模型とその中を彷徨う機械じかけのマウスとともに収まった写真も残っています．

シャノンが情報理論の成果を発表して以来，多くの後続の研究が行われ，それらは現在の情報通信システムの基礎として大きな役割を果たしています．ただ，必ずしも順調に理論が進展してきたわけではなく，研究がやり尽くされたと考えられて「情報理論は死んだ」と言われたこともあったようです．しかし，現在でも情報理論は活発に研究されていますし，応用面でも多くの情報通信システムでその成果が活かされています．仮にシャノンが情報通信の研究者になっていなければ，後世の情報通信技術の発展は10年，20年またはそれ以上の単位で遅れていた可能性すらあります．携帯電話やインターネットが本格的に普及したのは1990年代中頃からですから，皆さんの生活も現在とは少し違ったものになっていたかも知れません．

そのようなことを頭の片隅に置いて，以下を読み進めてみて下さい．

2 情報量とは

この章では情報を定量的に扱うことを考えますが，まずは次の問題について考えてみて下さい．

問題1 以下のうち，<u>どちらの方がどのくらい難しい</u>でしょうか？
- サイコロを振るとき，その目を予想すること，
- 来年のプロ野球（たとえばパ・リーグ）の優勝チームを予想すること．

サイコロの目は1〜6の6通りありますし，プロ野球のリーグにも6球団

が所属しています．しかし，公平なサイコロはどの目も同じ確率で出るのに対して，プロ野球の場合は強い球団もあれば戦力が乏しくて優勝には手の届きそうもない球団もあるでしょう．そのため常識的に考えて，サイコロの目を予測する方が難しそうです．しかし，「どのくらい難しい？」と聞かれると答えに窮してしまう人も多いのではないでしょうか．

この問いに答えるため，「情報の量」を考えてみます．少し天下り的ですが，確率 p の事象が実際に生起したことを知ることで得られる情報量を

$$I(p) = -\log_2 p \text{（ビット）} \tag{1}$$

と定義することにします．ここで対数の底は 2 としていますが，このときの情報量の単位は「ビット」です．例を挙げましょう：

- 表と裏がともに確率 0.5 で出るコイン投げを考えます．ここでコインを実際に投げた結果，表が上側を向いたのを見ることで得られる情報量は

$$I(0.5) = -\log_2 0.5 = 1 \text{（ビット）}$$

です．
- 太陽は朝に東の方向から昇ります．これを（無理矢理ですが）確率的に生起する事象と考えることにして，東から昇る確率は 1，西から昇る確率は 0 であるとします．さて，ある朝に早起きをして太陽の現れる方角を確認してみると，やはり「東」であることがわかりました．この観察により得られる情報量は

$$I(1) = -\log_2 1 = 0 \text{（ビット）}$$

と計算されます．すなわち，太陽が昇った方角を知ることで得られる情報量は一切ないことになります．早起きは三文の得と言いますが，この問題に限っては何の役にも立たなかったことになりますね．

コンピュータに関連して，0 と 1 の個数を数えるときに「ビット」という

単位が使われます．一方，数学的には式(1)のような意味があるのです．以下では，両方の意味の「ビット」という言葉が出てきますので，注意して下さい．

ここで，式(1)の $I(p)$ についてもう少し詳しく見ておきましょう．p の関数としてグラフに描くと図1のようになります．これから理解できるように，確率の小さい事象が実際に起こった場合に得られる情報量は大きくなりますし，確率が大きくなるにつれて情報量は小さくなる一方です．このような性質を**情報量の単調性**と呼びます．

大相撲の本場所で横綱がある日の取り組みで勝つのを目撃しても，そもそも強いことがわかっているため事前に予想がつきやすく，得られる情報量は大したものにはなりません．一方，番付の低い力士が横綱に勝つ番狂わせは小さな確率でしか起こりませんから，それが実際に起こると多くの情報量が得られることになります．実際，観客が土俵に向けて座布団を投げ入れるのもそのためともいえるでしょうか．

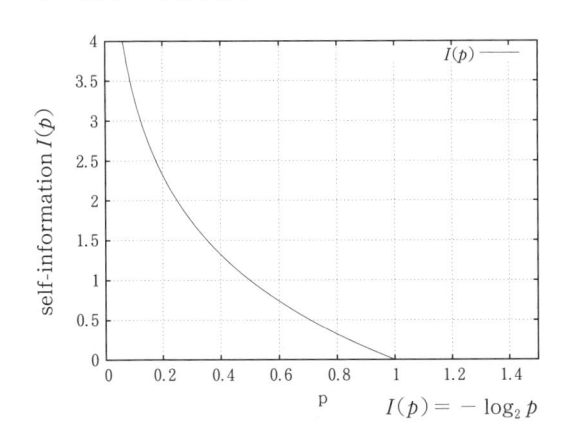

図1 情報量

2.1 エントロピー

さて，ここでサイコロとプロ野球の優勝チームの問題1に戻りましょう．公平なサイコロの目が出る確率は言うまでもなく以下の表のように与えられます．

第 2 章　情報と通信の数理

目	1	2	3	4	5	6
確率	$\frac{1}{6}$	$\frac{1}{6}$	$\frac{1}{6}$	$\frac{1}{6}$	$\frac{1}{6}$	$\frac{1}{6}$

　では，サイコロの目を振って出た目を見ることで何ビットの情報量を得られるのか計算してみましょう．ここで，1 の目が出た場合を考えると，$I\left(\frac{1}{6}\right) = \log_2 6$ ビットの情報量が得られますが，2 の目が出る場合，3 の目が出る場合，…も同様です．さて，それぞれの目が出る確率は $\frac{1}{6}$ であり，その目を見ることで $\log_2 6$ ビットの情報量が得られるわけですから，サイコロの目を1回観察することで得られる情報量の平均は

$$\frac{1}{6} \times \log_2 6 + \cdots + \frac{1}{6} \times \log_2 6 = \frac{1}{6} \times \log_2 6 \times 6 = 2.58 \text{（ビット）}$$

ということになります．この数値はサイコロの目の**エントロピー**と呼ばれています．

　さて，プロ野球の球団の優勝確率が以下のようであったと仮定しましょう．

球団	A	B	C	D	E	F
確率	$\frac{1}{32}$	$\frac{1}{8}$	$\frac{1}{4}$	$\frac{1}{2}$	$\frac{1}{32}$	$\frac{1}{16}$

チーム力にかなり偏りがあるようで，優勝確率が $\frac{1}{2}$ である D 球団から，$\frac{1}{32}$ しかない A 球団や E 球団まで様々です．さて，シーズンが終わって優勝チームが判明したとき，この情報によりもたらされる情報量はどれほどでしょうか．

　A 球団が優勝したことを知って得られる情報量は $-\log_2 \frac{1}{32} = 5$（ビット）ですが，このような事象が生起する確率は $\frac{1}{32}$ です．同様に A 球団から順に考えていくと，

- 確率 $\frac{1}{32}$ で $-\log_2 \frac{1}{32} = 5$ ビットの情報量が得られる

- 確率 $\frac{1}{8}$ で $-\log_2 \frac{1}{8} = 3$ ビットの情報量が得られる

- 確率 $\frac{1}{4}$ で $-\log_2 \frac{1}{4} = 2$ ビットの情報量が得られる

- 確率 $\frac{1}{2}$ で $-\log_2 \frac{1}{2} = 1$ ビットの情報量が得られる

- 確率 $\frac{1}{32}$ で $-\log_2 \frac{1}{32} = 5$ ビットの情報量が得られる

- 確率 $\frac{1}{16}$ で $-\log_2 \frac{1}{16} = 4$ ビットの情報量が得られる

ことになります．

したがって，このプロ野球のリーグの優勝チームを知ることで得られる情報量は平均的には

$$\frac{1}{32} \times 5 + \frac{1}{8} \times 3 + \frac{1}{4} \times 2 + \frac{1}{2} \times 1 + \frac{1}{32} \times 5 + \frac{1}{16} \times 4 = 1.9375 \text{（ビット）}$$

です．これを優勝チームのエントロピーといいます．サイコロのエントロピーより小さい値となっており，得られる情報量が少ないことがわかります．

さて，以上からエントロピーは数学的には「**事象が生起したことを知ることで得られる情報量の期待値（平均）**」です．ここで見方を変えてみると，その事象が生起することを知る以前には，エントロピーに相当する量の**不確実さ（あいまいさ）**があることになります．すなわち，エントロピーの値が大きいほど，事前に結果を予測することが難しくなると考えられるのです．

以上により，問題1の答えが得られます．サイコロの目のあいまいさは約 2.58 ビット，優勝チームのあいまいさは約 1.94 ビットですから，サイコロの目の予想はプロ野球の優勝チームの予想より

$$2.58 - 1.94 = 0.64 \text{（ビット）}$$

第2章　情報と通信の数理

だけ難しいことになるのです．情報理論でいうところの「情報を定量的に扱う」という意味がわかってきたでしょうか．

なお，一般に事象が全部で M 個あり，それぞれが生起する確率が $p_i(i=1, \cdots, M)$ であるとするとき，エントロピーは

$$\sum_{i=1}^{M} -p_i \log_2 p_i \text{（ビット）} \tag{2}$$

と定義されます．なお，$p_i=0$ である場合には $0\log_2 0 = 0$ と考えることにします．

2.2　条件つきエントロピー

ここで少し進んだ問題を扱いましょう．

問題2　大阪の今日の天気を教えてもらったとします．この知識を前提としたとき，東京の今日の天気のあいまいさは何ビット程度でしょうか？

この問題は「大阪の天気を知っているとき，東京の天気を教えられることで新たに得られる情報量は何ビットでしょうか？」とも言い換えられます．

簡単のため，東京と大阪の天気が晴と雨のみに分類されるとして，その天気が以下のような確率で生起すると考えることにします．

		東京	
		晴	雨
大阪	晴	$\frac{9}{16}$	$\frac{1}{8}$
	雨	$\frac{1}{16}$	$\frac{1}{4}$

この表によると，東京が晴で大阪も晴である確率は $\frac{9}{16}$ であり，東京が

雨だが大阪が晴である確率は $\frac{1}{8}$ となります．

以下では，大阪の天気を X，東京の天気を Y とおくことにします．

まずは，東京の天気 Y のエントロピー H_Y を求めてみましょう[*1]．大阪の天気は晴であれ雨であれ気にしないとき，東京の天気は上の表の各列の確率を足し合わせることで

東京

晴	雨
$\frac{5}{8}$	$\frac{3}{8}$

という確率分布に従うことになります．このため，2.1 項の話を思い出すと，

$$H_Y = -\frac{5}{8}\log_2\frac{5}{8} - \frac{3}{8}\log_2\frac{3}{8} = 0.954 \text{（ビット）} \tag{3}$$

と計算されます．

次に，大阪の天気について知っている場合の東京の天気のエントロピーについて，場合分けをして考えてみましょう．

- 大阪の天気が晴であることを知っているのならば，雨の場合は忘れて構いません．したがって，条件つき確率を考えると，

	晴	雨
大阪：晴	$\frac{9}{11}$	$\frac{2}{11}$

となります．したがって，大阪が晴である条件の下での東京の天気のエントロピーは

$$-\frac{9}{11}\log_2\frac{9}{11} - \frac{2}{11}\log_2\frac{2}{11} = 0.684 \text{（ビット）}$$

です．

[*1]情報理論の教科書では，Y のエントロピーに対して通常 $H(Y)$ という表記が用いられますが，Y の関数であるとの誤解を防ぐために本章では H_Y としています．

第2章　情報と通信の数理

- 大阪の天気が雨であるならば，条件つき確率は

	晴	雨
大阪：雨	$\frac{1}{5}$	$\frac{4}{5}$

となります．したがって，大阪が雨である条件の下での東京の天気のエントロピーは

$$-\frac{1}{5}\log_2\frac{1}{5}-\frac{4}{5}\log_2\frac{4}{5}=0.722\,(\text{ビット})$$

です．

以上をまとめると，

- 大阪が晴れる確率は $\frac{11}{16}$ で，そのときの東京の天気のエントロピーは 0.684（ビット），

- 大阪が雨である確率は $\frac{5}{16}$ で，そのときの東京の天気のエントロピーは 0.722（ビット）

です．したがって，大阪の天気について知っているときの東京の天気のエントロピーは平均的に

$$\frac{11}{16}\times 0.684+\frac{5}{16}\times 0.722=0.696\,(\text{ビット}) \tag{4}$$

と計算するとよいでしょう．これを大阪の天気 X が与えられたときの東京の天気 Y の**条件つきエントロピー**と呼び，$H_{Y|X}$ と記すことにしましょう．

さて，式(3)で求めたように東京の天気のエントロピーは $H_Y=0.954$（ビット）でした．ところが，大阪の天気を教えてもらうことにより，東京の天気のあいまいさは式(4)のように $H_{Y|X}=0.696$（ビット）に減少したため，この差

$$I_{X;Y}=H_Y-H_{Y|X}=0.954-0.696=0.258\,(\text{ビット})$$

の分だけ東京の天気の予測がしやすくなりました．つまり，大阪の天気に関

する情報が，東京の天気に関して0.258ビット分の情報をもたらしたのです．この$I_{X;Y}$はXとYの**相互情報量**と呼ばれています．

なお，相互情報量は大阪の天気のエントロピーH_X，東京の天気が与えられたときの大阪の天気の条件つきエントロピー$H_{X|Y}$から$I_{X;Y}=H_X-H_{X|Y}$として計算することもできます．これは読者が自分で確認して下さい．

さて，大阪と東京は地理的にそれほど遠く離れているわけではありませんので，大阪の天気がわかればある程度東京の天気が予想しやすくなり，したがって相互情報量は比較的大きな値となります．一方，これが大阪とニューヨークだったらどうなるでしょうか．大阪の天気について教えてもらってもニューヨークの天気の予測に役に立つとは考えにくいので，相互情報量は小さい値になると考えられます．

3 データ圧縮の手法

データ圧縮は大きく2種類に分類されます．ひとつは，**可逆符号化**とよばれるもので，圧縮されたデータを復元（パソコン用語では「解凍」）するときに，元のデータが忠実に再現されなければならないという制約を課すものです．例えば，書類や成績表，契約書などの文書を圧縮する場合には，復元したときに一部のデータが誤って表示されてしまうようでは困るので，この可逆符号化を行わねばなりません．

これに対して，画像，映像や音声，音楽などのマルチメディア情報は，圧縮前のデータが必ずしも忠実に復元される必要はありません．というのは，人間の視覚や聴覚で感知できない範囲でならばひずみが生じても実際上は問題にならないからです．このような圧縮の方法を**非可逆符号化**といいます．少々誤って復元しても構わないというのですから，よりデータのサイズを小さくできることが期待されます．

以下ではひずみを許さない可逆符号化について簡単な例を通して学ぶことにしましょう．

第2章 情報と通信の数理

3.1 可逆符号化について

ディジタルの世界ではすべての情報を"0"と"1"の列（たとえば，010010110…や11011011…など）で表現します．ここでは，何らかの**記号**を0と1のビット列で表現する方法を考えることにします．なお，2.2項の例で言えば，サイコロを振ったときの目である1〜6の目はそれぞれ記号と考えられますし，プロ野球の各球団も記号ととらえます．

ここで，記号の集合{A, B, C, D}を**符号語**と呼ばれるビットの列に対応づけましょう．

表1　符号の例1

記号	A	B	C	D
符号語	0	10	110	111

表1のような記号と符号語の組み合わせのことを**符号**といいます．この符号の例では，たとえば

ABDBC

という記号の列に対して，表を参照することでA→0，B→10，D→111，B→10，C→110と変換をすることで

01011110110

というビット列に変換されます．この操作のことを**符号化**といいます．逆にこのビット列が与えられたときには，0,10,111,10,110のように区切ることで正しくA, B, D, B, Cを復元することができますが，この操作を**復号**といいます．

これら以外の場合でも，0が現れるまでに何個の1が出てくるかを調べることで復号を行うことができます．ある時点まで復号が完了しているとしたとき，その先に進んではじめて0が現れるまでに1が出てこなければ，Aとすればよいわけです．また，はじめて0が現れる前に1が1個見られるのならば10ですから，Bとします．2個の1が続いたあとに0が現れればC

とすればよく，1が3個連続して現れたとすれば，これはDの場合しかありません．このように，どのような記号の列を符号化したビット列に対しても，復号を行うと元の記号の列が正しく復号されることが確認できますので，表1の符号を用いる限りは可逆符号化が実現されています．

表2 符号の例2

記号	A	B	C	D
符号語	0	10	01	111

さて，表2の符号の場合はどうでしょう．表1と比べて記号Cに割り当てられている符号語が短くなっています．ここで，ある記号の列が符号化された結果，

01011110

というビット列に変換されたとします．これに対して，0, 10, 111, 10という区切り方をすると

A, B, D, B

が復号結果として得られますし，01, 01, 111, 0という区切り方をすると

C, C, D, A

が出てしまいます．すなわち，同一のビット列に対して元の記号の列がどのようなものであったかを一通りに特定することができません．これでは，可逆符号化にならないため，表2のような符号を作ってはならないのです．

3.2 データ圧縮の簡単な例

では，2.1項のプロ野球の優勝チームを0と1の列で符号化してみましょう．データ圧縮を考えていますので，可逆符号化であるという条件を満たしながら，できるだけ短いビットの列で情報を表現することが求められます．

データ圧縮を行うときの基本原理を簡単に述べると，「確率の大きい記号

第2章　情報と通信の数理

が生起したら少ないビット数で表し，確率の小さな記号は多めのビット数を割り当てても構わない」というものです．確率が大きいということは頻繁に出現するわけですから，それには比較的短いビット列を割り当てるべきであることは直感的にも理解できますね．この原理に従って，表3のような符号語の割り当てを考えてみましょう．

表3　符号の例3

記号	1	2	3	4	5	6
確率 p_i	$\frac{1}{32}$	$\frac{1}{8}$	$\frac{1}{4}$	$\frac{1}{2}$	$\frac{1}{32}$	$\frac{1}{16}$
符号語	11110	110	10	0	11111	1110
符号語長	5	3	2	1	5	4

表には各符号語の長さ（ビット）も併せて記しています．（ここでは，プロ野球の球団 A～F を後の都合により記号1～6と置き換えています）．ここで，

- 確率 $\frac{1}{32}$ で 11110 の5ビットの符号語が用いられ，

- 確率 $\frac{1}{8}$ で 110 の3ビットの符号語が用いられ，

ということを考えると，符号語の長さは平均的に

$$\overline{L} = \frac{1}{32}\times 5 + \frac{1}{8}\times 3 + \frac{1}{4}\times 2 + \frac{1}{2}\times 1 + \frac{1}{32}\times 5 + \frac{1}{16}\times 4 = 1.9375 \text{（ビット）}$$

ビットとなります．これを**平均符号長**と呼ぶことにしますが，2.1項でも行った計算と比較するとわかる通り優勝チームのエントロピーと一致しています．

なお，一般に記号が全部で M 個あり，i 番目の記号が生起する確率が $p_i(i=1, \cdots, M)$ であり，$l_i(i=1, \cdots, M)$ ビットの長さの符号語が割り当てられているとき，平均符号長は

$$\overline{L} = \sum_{i=1}^{M} p_i l_i \tag{5}$$

と定義されます．

さて，データ圧縮の立場からは，できるだけ小さい平均符号長が実現されることが好ましいのですが，平均符号長 $\overline{L}$ をエントロピー $H_X = 1.9375$ ビットより小さくすることは可能なのでしょうか？実は以下のような定理が知られています．

定理1 圧縮する対象 X のエントロピーを H_X，可逆符号化を行う場合の1記号あたりの平均符号長を $\overline{L}$ とすると，以下が成立する．

$$H_X \leq \overline{L} \tag{6}$$

すなわち元のデータが忠実に復元されなければならないという可逆符号化の制約の下では，どのような工夫をしたとしても，平均符号長をエントロピーよりも小さくすることはできないのです．仮に平均符号長がエントロピーより小さい符号を考えたとすると，すべての記号を誤りなく復元することはできなくなるのです．

さて，上の例では各記号 i の符号語にちょうど $l_i = -\log_2 p_i$（ビット）の長さを割り当てていたので，式(6)が等号で成立しました．その意味で，上の符号は最適な符号語の割り当てができていたのですが，一般にはそのようにはうまくいきません．なぜなら $-\log_2 p_i$ が整数になるとは限らないからです．例えば，$p_i = 0.15$ のときには $l_i = -\log_2 p_i = 2.74$ となりますが，そもそも符号語の長さは整数でなければなりませんから"2.74 ビットの符号語を割り当てよ"と言われてもそれはできません．この場合は仕方がないので符号語長が整数となるように切り上げを行うことにして，$l_i = \lceil -\log_2 p_i \rceil$

表4　符号の例4

記号	1	2	3	4	5	6
p_i	$\frac{3}{20}$	$\frac{1}{5}$	$\frac{7}{20}$	$\frac{1}{10}$	$\frac{3}{20}$	$\frac{1}{20}$
$-\log_2 p_i$	2.74	2.32	1.51	3.32	2.74	4.32
$\lceil -\log_2 p_i \rceil$	3	3	2	4	3	5
符号語	100	010	00	1101	101	11110

第 2 章　情報と通信の数理

（ビット）とします．ただし，$\lceil x \rceil$ は x 以上の整数の中で最小のものを表します．

例として，表 4 の符号を考えます．この符号の平均符号長は

$$\frac{3}{20} \times 3 + \frac{1}{5} \times 3 + \frac{7}{20} \times 2 + \frac{1}{10} \times 4 + \frac{3}{20} \times 3 + \frac{1}{20} \times 5 = 2.85 \text{（ビット）}$$

となります．
一方，エントロピーは

$$\sum_{i=1}^{6} -p_i \log_2 p_i = 2.36 \text{（ビット）}$$

ですから，エントロピーよりも $2.85 - 2.36 = 0.49$ ビットだけ長くなってしまいました．この 0.49 ビットは，まさに $-\log_2 p_i$ が整数とならないために切り上げを行った結果として生じたものです．表 4 には，符号語の割り当て方の一例も示してありますが，これが可逆符号化になっていることは，表 1 の場合と同じ理屈で確認できます．

さて，一般の場合には，平均符号長 $\overline{L}$ はエントロピー H_X よりどの程度大きくなるのでしょうか．式(5)の定義をもとに計算を行ってみると，式(2)を思い出して，

$$\overline{L} = \sum_{i=1}^{M} p_i l_i = \sum_{i=1}^{M} p_i \lceil -\log_2 p_i \rceil$$

$$< \sum_{i=1}^{M} p_i (-\log_2 p_i + 1) = \sum_{i=1}^{M} -p_i \log_2 p_i + \sum_{i=1}^{M} p_i$$

$$= H_X + 1$$

となります．ここで，$\lceil x \rceil < x+1$ と全確率が $1 (\sum_{i=1}^{M} p_i = 1)$ であるという事実を用いました．以上から，切り上げして符号語の長さを $l_i = \lceil -\log_2 p_i \rceil$ とすることによる平均符号長の増加分は高々 1 ビットで済むことがわかります．先の例を見ると，$H_X = 2.36$（ビット），$\overline{L} = 2.85$（ビット）であったので，確かに

$$H_X \leq \overline{L} < H_X + 1$$

が成立していることが確認できます．

なお，本書の水準を超えるので詳しくは述べませんが，実はこの「+1 ビット」をいくらでも小さくすることができます．サイコロの目を例として述べると，ここまではサイコロを振る度にその目を符号語に対応づけていましたが，n 回連続してサイコロを振って出た目に対してまとめて表4のような符号を作るのです（当然表は大きなものになります）．その符号の平均符号長を n で割った値を $\overline{L'}$ とするとこれは<u>1記号あたりの</u>平均符号長と考えられますが，このときどのような正の実数（例えば非常に小さな）ϵ に対しても

$$H_X \leq \overline{L'} < H_X + \epsilon$$

を満たすような符号化を行うことができ，平均符号長はいくらでもエントロピーに近づけることができることが示されます．

したがって，エントロピーには「**確率的に生起する記号（事象）を記述するのに必要なビット数**」という意味があることがわかりました．2.1項では，たいして説明のないままエントロピーを定義しましたが，以上のような意味があることを理解すると，その定義が妥当であったことがわかると思います．

4 誤り訂正符号の原理

4.1 繰り返し符号

ある用件に関して，イエスかノーの返答を相手に対してしなければならない場合を考えて下さい．返答がイエスの場合は "0" を，ノーであれば "1" を相手に送ることを取り決めているとします．

しかし，困ったことに，通信路上には雑音が存在するのが普通ですから，0 を送ったのに1 が届いてしまったり，逆に1 を送ったのに0 が届いてしまう恐れがあります．一体どのようにしたら情報を相手に正しく伝えられるで

しょうか？

　もっとも簡単な方法は，0または1を何回か繰り返して送ることです．例えば5回繰り返す場合，返答がイエスなら (0, 0, 0, 0, 0) を，ノーならば (1, 1, 1, 1, 1) を送るのです．

　このとき，受信者は届いた5ビットに対して多数決を行うことで，送信者からのメッセージがイエスかノーかを推測することができます．例えば，受信語が (0, 0, 1, 0, 0) であれば，0の方が多いため，送られた符号語は (0, 0, 0, 0, 0) であると推定されます．したがって，相手のメッセージはイエスであると考えればよいでしょう．5ビットに関して多数決をしますので，通信路上で加わる誤りが2ビット以内であるとすれば，送信者のメッセージは正しく受信者に伝わることになります．もっとも3ビット以上の誤りが通信路で起こるならばメッセージは正しく伝わりません．

　より多くの誤りを訂正したい場合は，繰り返して送る回数を増やせばよいですが，通信に多くの時間を要してしまいます．上の例のように5回繰り返して送る場合であっても，本来なら10秒で終わるはずの受信がその5倍の50秒もかかってしまうような事態になり，不便で仕方がありません．せっかく3節のようにデータ圧縮を行ってデータのサイズを小さくしたとしても台無しになってしまいます．

　そこで，できるだけ効率的に誤りを訂正する方法を検討しようというのが（広い意味での）情報理論の一分野である**符号理論**が扱う課題なのです．

4.2　通信のモデル

　前節の例からわかるように，通信路で生じる誤りを訂正するには，送信側で本来送りたい情報に対して余分な成分を付加してから，それを通信路に送り出す必要があります．

　ここで，もう少し一般的な通信のモデルを考えてみましょう．

- 送信者が送りたい情報を K ビットの列 $\boldsymbol{u} = (u_1, u_2, \cdots, u_K)$ とし，これを**情報語**と呼びます．

4 誤り訂正符号の原理

- 送信者は K ビットの情報語を N ビットの符号語 $\boldsymbol{c} = (c_1, c_2, \cdots, c_N)$ に変換します．この操作を**符号化**と呼びます．もちろん $N \geq K$ でなくてはなりません．
- 送信者は符号語を通信路に送り出します．
- 受信者が受け取る系列を受信語 $\boldsymbol{r} = (r_1, r_2, \cdots, r_N)$ とします．ここで，通信路で誤りが生じるなら受信語 $\boldsymbol{r}$ は送られた符号語 $\boldsymbol{c}$ とは異なるものとなります．
- 受信者は受信語 $\boldsymbol{r}$ を基に，送信者が送った符号語を推定しますが，この操作を**復号**といいます．符号語に対する推定値を $\hat{\boldsymbol{c}} = (\hat{c_1}, \hat{c_2}, \cdots, \hat{c_N})$ と書くことにします．これは情報語 $\boldsymbol{u}$ の推定値 $\hat{\boldsymbol{u}}$ を求めることと同じです．

図 2 には，$K=4$，$N=7$ に対して情報語が $\boldsymbol{u} = (0, 1, 0, 1)$，符号語が $\boldsymbol{c} = (0, 1, 0, 1, 1, 1, 0)$，受信語が $\boldsymbol{r} = (0, \underline{0}, 0, 1, 1, 1, 0)$，符号語の推定値が $\hat{\boldsymbol{c}} = (0, 1, 0, 1, 1, 1, 0)$（情報語の推定値が $\hat{\boldsymbol{u}} = (0, 1, 0, 1)$）の場合を示しています（この数値例は，次項で用いるものです）．受信語の中でアンダーラインを引いた 2 ビット目に誤りが生じていることに注意して下さい．

ここで，K ビットの情報を伝えるのに，N 個の通信路記号を用いているため，情報速度を $R = \dfrac{K}{N}$（ビット/通信路記号）と定義します．すなわち，R は通信路へ記号を 1 回送り出すごとに通信されている情報のビット数を指しており，$0 < R \leq 1$ の範囲の値をとります．もちろん，R の値が大きいほうが，通信の効率はよいことになります．

また，復号を行うとき，送られた送信語とは異なるものが推定値とされてしまうこと，すなわち $\hat{\boldsymbol{c}} \neq \boldsymbol{c}$ となる事象を**復号誤り**といいます．また，そのような事象が起こる確率を**復号誤り確率**といい，P_E と書くことにしましょう．もちろん復号誤り確率はできるだけ小さいことが望まれます．

ところで通信路で生じる誤りにはどのようなものがあるのでしょうか．ここでは 2 つの簡単な通信路のモデルを考えてみます．

第2章　情報と通信の数理

u → 符号化 → c → 通信路 → r → 復号 → $\hat{c}, \hat{u}$

雑音（誤り）↓（通信路へ）

$u = 0101 \quad c = 0101110 \quad r = 0\underline{0}01110 \quad \hat{u} = 0101$
$\hat{c} = 0101110$

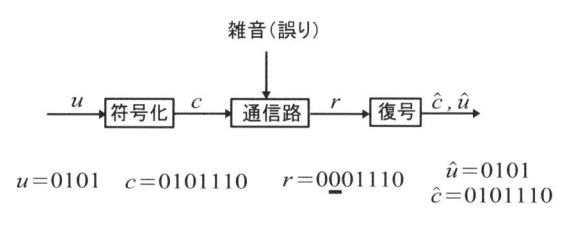

図2 通信のモデル

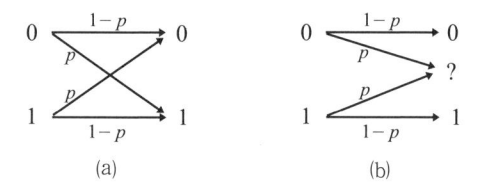

(a)　(b)

図3 (a) 2元対称通信路，(b) 2元消失通信路

図3(a)に示されているのは，通信路の入力と出力がともに0または1であるが，送られた記号が確率pで反転（0→1, 1→0）してしまう**2元対称通信路**と呼ばれる通信路です．

一方，図3(b)には確率pで消失が生じるような**2元消失通信路**を示しています．消失とは，文字通り送られた記号が受信側に届けられずに消えて失われることです．例えば，インターネットでは，経路上の中継機器においてバッファのオーバフローが生じた場合などには，パケットが廃棄されてしまいますが，記号が反転して誤ってしまうことは滅多にありません．このため2元消失通信路でモデル化するのが適当であると考えられています．

4.3　ハミング符号

4.1項で述べた繰り返し符号よりも高い情報速度で，1ビットの誤りを必ず正しく訂正できる符号化法として，**ハミング符号**が知られています．ここでは，$K=4$，$N=7$のハミング符号について考えましょう．情報語$\boldsymbol{u} = (u_1, u_2, u_3, u_4)$が与えられたとき，以下の演算を行います．

$$p_1 = (u_1 \oplus u_2) \oplus u_3$$
$$p_2 = (u_1 \oplus u_3) \oplus u_4 \tag{7}$$
$$p_3 = (u_2 \oplus u_3) \oplus u_4$$

ここで，$\oplus$ は排他的論理和と呼ばれる演算で，$0 \oplus 0 = 0$，$0 \oplus 1 = 1$，$1 \oplus 0 = 1$，$1 \oplus 1 = 0$ という規則に基づいて計算を行います．そして，これらの 3 ビットを情報語に付加した $c = (u_1, u_2, u_3, u_4, p_1, p_2, p_3)$ を符号語とするのです．

例として，情報語が $u = (u_1, u_2, u_3, u_4) = (0, 1, 0, 1)$ である場合を考えます．式(7)によれば，

$$p_1 = (u_1 \oplus u_2) \oplus u_3 = (0 \oplus 1) \oplus 0 = 1$$
$$p_2 = (u_1 \oplus u_3) \oplus u_4 = (0 \oplus 0) \oplus 1 = 1,$$
$$p_3 = (u_2 \oplus u_3) \oplus u_4 = (1 \oplus 0) \oplus 1 = 0,$$

という計算を行います．したがって，$c = (0, 1, 0, 1, 1, 1, 0)$ となることを確認して下さい．

以上の規則から，例えば式(7)について，(u_1, u_2, u_3, p_1) の 4 つの記号に含まれる"1"の個数は偶数個になるよう p_1 の値が定められていることがわかります．すなわち 0 個か 2 個か，もしくは 4 個のいずれかになっているはずです．同じことが，(u_1, u_3, u_4, p_2) や (u_2, u_3, u_4, p_3) についてもいえるはずです．この様子は図 4(a)のベン図を使うと理解しやすくなります．符号語の 7 個の記号を図 4(a)のように対応させると，3 個の円の中には，1 の数が偶数個含まれていなければなりません．この事実を用いて，誤り訂正をしてみましょう．

第 2 章　情報と通信の数理

図 4　ハミング符号の復号

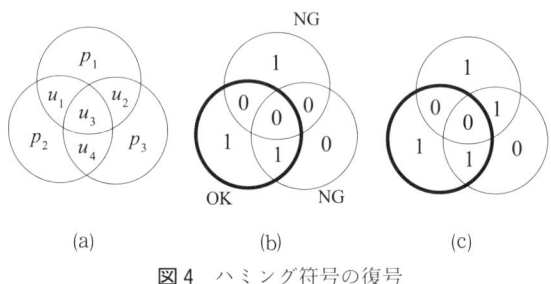

　先ほどの符号語に対して 2 番目の記号で誤りが生じ，$r = (0, \underline{0}, 0, 1, 1, 1, 0)$ が受信された場合を考えます．この受信語の各記号を図 4 (a) に対応する位置に書き込むと，図 4 (b) のようになります．ここで 3 つの円に何個の 1 が含まれるかを数えてみると，

- 上の円（u_1, u_2, u_3, p_1 を含む）には 1 が奇数個（1 個）含まれます．
- 左下の円（u_1, u_3, u_4, p_2 を含む）には 1 が偶数個（2 個）含まれます．
- 右下の円（u_2, u_3, u_4, p_3 を含む）には 1 が奇数個（1 個）含まれます．

以上から，上の円と右下の円に誤りが含まれ，左下の円には誤りが含まれないようです．ということは，図 4 (a) より u_2 に対応する受信値に誤りがあると結論づけるのがもっとも自然です．そこで，$r = (0, \underline{0}, 0, 1, 1, 1, 0)$ の 2 ビット目を反転させることで，図 4 (c) のように $\hat{c} = (0, \underline{1}, 0, 1, 1, 1, 0)$ を得ることができました．

　ここでは，もちろん受信語 r のみを見ることで推定語 $\hat{c}$ を出力したのですが，実際に送られた符号語を推定しており，正しく誤りが訂正されていることがわかります．このように，ハミング符号では 1 ビットまでの誤りを必ず正しく訂正できるのです．ただし，通信路で 2 ビットの誤りが生じた場合には，正しい符号語を復号結果として出力することができず，誤った訂正をしてしまいます．このことは，読者に確認してもらうことにします．

　さて，図 3 (a) に示した 2 元対称通信路で，このハミング符号を用いる場

— 54 —

合の復号誤り確率を計算してみましょう．まず，通信路で1個も誤りが加わらない確率は各記号が正しく受信される確率が $1-p$ であることから，$(1-p)^7$ と計算されます．したがって，誤り訂正の復号を行う前（$\hat{\boldsymbol{c}}=\boldsymbol{r}$ とする場合）の誤り確率は，

$$P_B = 1-(1-p)^7$$

となります．

一方，誤り訂正のための復号を行うことで，1個までの誤りを正しく訂正できることは既に説明しました．1個の誤りが通信路で加わる確率は，$7p(1-p)^6$ と計算されます．この分だけ復号誤り確率は小さくなるはずですから，

$$P_E = 1-(1-p)^7-7p(1-p)^6$$

となります．横軸に通信路での反転確率 p，縦軸を復号誤り確率 P_E と復号を行う前の誤り確率 P_B をプロットしたグラフを図5に示します．

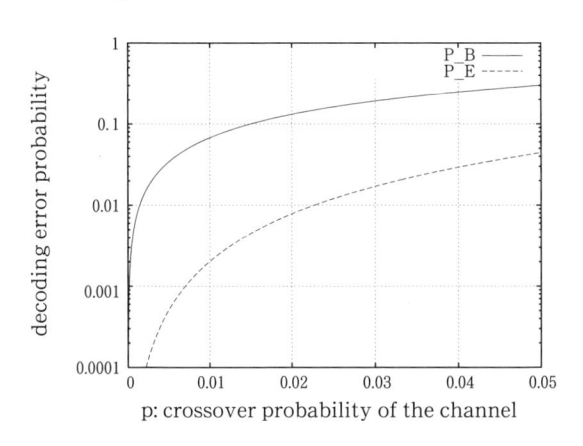

図5 2元対称通信路におけるハミング符号の復号誤り確率

$p=0.05$ を代入して計算してみると，受信語の誤り確率が $P_B=0.30$ であるのに対して誤り訂正のための復号を行うと $P_E=0.044$ となりますのでハミン

グ符号を用いた効果が確認できます．同様に $p=0.005$ のときには，$P_B=3.5\times10^{-2}$ に対して $P_E=5.2\times10^{-3}$ となりますから，ハミング符号の復号を行うことで，復号誤り確率が1桁以上小さくなっています．

さて，ベン図による復号を，図3(b)の2元消失通信路に対しても適用できます．例として，1番目，4番目，7番目の記号に消失が生じ，$r=(?, 1, 0, ?, 1, 1, ?)$ が受信されたとしましょう．ただし，"?"は消失を表します．ここで，各記号をベン図に記入すると，図6(a)のようになります．復号は，各円に含まれる "1" の数が偶数個になるように，消失した記号を確定していけばよいわけです．この例では，$u_1=0$，$u_4=1$，$p_3=0$ の順番に決まっていき，その様子を図6(b)(c)に示しました．さて，この例では，3個の消失を訂正することができましたが，3個の消失であればどのようなパターンでも訂正できるのでしょうか．あるいは4個以上の消失ではどうでしょうか．このときは訂正できる場合もそうでない場合もありますが，これは読者への課題にしておきましょう．

4.4 信頼性の限界

4.3項で述べたように，ハミング符号では1ビットの誤りしか訂正できませんでした．また，復号を行うことで復号誤り率は1桁程度は改善しましたが，符号化の仕方によってはまだまだ性能を改善する余地はありそうです．

ここで，通信の信頼性向上を考えるとき，情報理論における基本的問題は「情報速度 $R=\dfrac{K}{N}$ を固定したとき，復号誤り確率はどこまで小さくすることができるのか？」ということです．

4 誤り訂正符号の原理

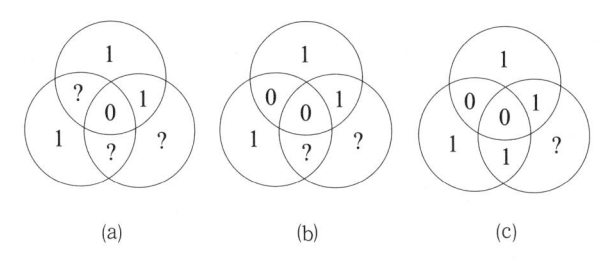

図6 ハミング符号の消失復号

この問題を考えるため，2元対称通信路で送信する記号を X，受信される記号を Y とおきましょう．また，通信路へそれぞれ確率 0.5 で 0 と 1 を送信することを考えると，表5のような確率分布に従います．このとき，X と Y の相互情報量は

表5　2元対称通信路の送信記号と受信記号の確率分布

		\multicolumn{2}{c}{Y}
		0	1
X	0	$0.5(1-p)$	$0.5p$
	1	$0.5p$	$0.5(1-p)$

$$C = I_{X;Y} = 1 + p\log_2 p + (1-p)\log_2(1-p) \tag{8}$$

と計算されます．これは通信路容量と呼ばれますが，その意味は次の定理を見ると納得できるでしょう．

定理2　2元対称通信路の通信路容量が C であるとき，情報速度 $R = \dfrac{K}{N}$ が C より小さければ，いかなる正の数に対してもそれより小さな復号誤り確率を実現する符号化と復号の方法が**存在する**．一方，$R > C$ であるとき，そのような符号化と復号の方法は存在しない．

第2章　情報と通信の数理

　このように通信路容量 C より速く情報を送るかどうかで，ほとんど誤りが起こらない通信ができるかできないかが決まることになります．この定理は 1948 年にシャノンが示したものですが，「どのような符号化をすればよいのか」については実は何の示唆も与えていません．そのような「符号化法が存在する」と言っているだけなのです．これが符号理論という分野が生まれるきっかけとなりました．4.3 項のハミング符号は，その直後である 1950 年にリチャード・ハミングが計算機で生じる誤りに悩まされたことから考え出した誤り訂正符号なのです．

　一方，定理 2 では「いくらでも小さな復号誤り確率でも達成できる」と主張されているのですが，非常に小さな復号誤り確率（たとえば，10^{-10} や 10^{-100} など）を達成するためには，N も非常に大きな値にしなければならないことも示されます．ハミング符号は簡単に符号化と復号ができましたが，$N=7$ とかなり短い符号であるためそれほど大きな誤り訂正効果が得られているわけではないのです．

　この後も，様々な研究が行われて携帯電話やコンパクトディスクなどで誤り訂正符号は役に立ってきましたが，定理にあるような通信路容量に近い情報速度を達成する符号化法は，長年知られていませんでした．しかし，1990 年代の半ばになってターボ符号や低密度パリティ検査（LDPC）符号と呼ばれる符号化法が知られるようなり，現実に用いられている通信機器でも実装できる水準の計算量で処理ができることから，多くの応用でこれらの符号が使われ出しています．

　ここまで，通信の効率・信頼性・安全性を向上するための情報理論について述べてきました．さらに進んだ学習をしたい人のために，大学の情報理論に関する講義でも使われる教科書を挙げておきます．いずれも，高校レベルの数学がわかればほとんどの内容は理解できると思います．

参考文献

[1] 大石進一,『例にもとづく情報理論入門』,講談社,1993年.
[2] 今井秀樹,『情報・符号・暗号の理論』,コロナ社,2004年.
[3] 横尾英俊,『情報理論の基礎』,共立出版,2004年.

「読者への課題」の解答:ハミング符号を用いるとき,どのような3個の消失も訂正できるのでしょうか.実はそうではありません.例えば,(u_1, p_1, p_2)に消失が起きたときには,訂正することができません.このほかにも,(u_2, p_1, p_3)の3個の記号に消失が生じたとき,および(u_4, p_2, p_3)に消失が生じた場合には訂正することはできないのです.

4個の消失が発生するときはどうでしょうか.残念ながら,このときは本文で述べた手法で訂正できるものは存在しません.

第3章 ネットワーク構造の数理

巳波　弘佳

1　はじめに

　インターネットが誕生してから約40年が経過した．初期の頃は，研究者達の小規模な情報交換に利用されているに過ぎなかったが，2008年1月時点では5億台以上もの機器が接続され，今や私たちの普段の生活に入り込み，なくてはならぬ社会基盤となるまでに大きく発展した．

　しかし，インターネットを日常的に利用する人々すべてが，インターネットというものがどのような姿をしているのか知っているわけではない．図1に，それを示してみよう[*1]．

[*1] インターネットにおける AS（Autonomous System, 自律システム）間の隣接関係図． http://data.caida.org/datasets/topology/ipv4.allpref24-aslinks/, および http://data.caida.org/datasets/topology/skitter-aslinks/のデータに基づき，http://xavier.informatics.indiana.edu/lanet-vi/のツールを用いて描画した．

第3章　ネットワーク構造の数理

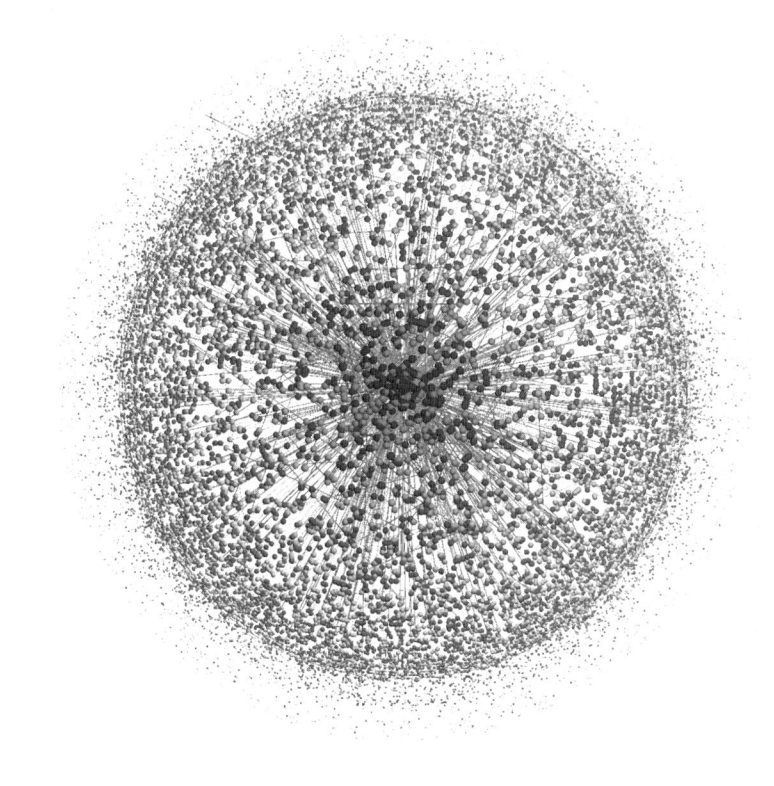

図1　インターネット

　これは，インターネットの接続関係を表したものである．正確には，一つ一つの点は AS（Autonomous System，自律システム），つまり ISP（Internet Service Provider，インターネット接続事業者）・企業・大学などのネットワークを表しており，点と点の間の線分は AS 間の接続回線（リンク）を表している．これを AS レベル・トポロジと言うこともある．なお，図1においては，中心部に近い点ほど相互に密につながっており，また点の大きさや濃淡は，その疎密さなどを反映している．
　AS は，それ自体またネットワークとなっている．それは，情報を交換する機器であるルータが多数，リンクでつながれたものである．図2は，あ

1 はじめに

るAS内のネットワークである．一つ一つの点がルータ，点と点の間の線分がルータ間のリンクを表している．

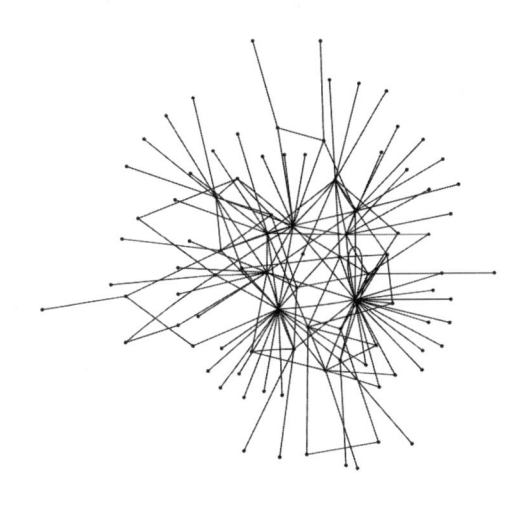

図2 あるAS内のネットワーク

インターネットは，ASが管理するネットワークが相互に接続することによってできあがっている．どのAS間で相互接続するかは，AS間の交渉によって決まり，誰かが指示するわけではない．意外なことかもしれないが，インターネット全体を監視して制御したり，設計する管理組織は存在しない．しかし，インターネットにおいて情報をやり取りするための制御法が決まっているので，個人のPC・ルータ・ASなどがそれにしたがって動作することによって，メールをやり取りしたり，ホームページを見たりすることができるわけである．図3のように，目的地との間の通信経路に沿って情報が送受信されることになる．

インターネットは極めて大規模なシステムであり，全体を統制する管理主体がないにも関わらず，大量の情報を短い遅延でやりとりできることはもちろん，ネットワーク故障の影響を抑えることを求められている．これらがおおむね実現されているのは驚くべきことである．これは，電話網の時代から

第 3 章　ネットワーク構造の数理

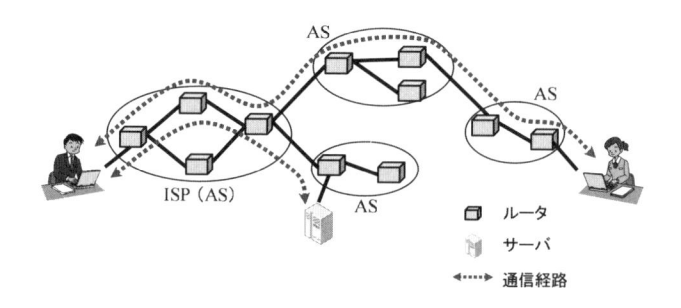

図 3　インターネットと AS

研究開発されてきた膨大な通信技術の集積が，インターネットを含む通信ネットワークを支えているからである．

その中で，ネットワークの構造を扱う研究がある．多数の AS が個々の思惑や利害で相互接続してできあがったインターネット全体はどのような構造を持っているのか，見定めておかなければならない．さもないと，現在特に大きな問題が無いように見えるのは単なる偶然なのか，なんらかの危険を内包しているのであれば，AS 間の利害を越えてどのような対策をとればよいのか，判断することができない．また，ネットワークの故障によって通信経路が切断されても常に代替経路を見つけて通信が途絶しないよう，信頼性の高いネットワーク構造を実現することは，各 AS にとって重要な課題である．

ネットワークの構造の重要性は，インターネットだけにとどまらない．実世界にはネットワークでモデル化できるものが多々ある．実際，WWW のハイパーリンクで繋がれたページ全体の接続関係，論文の被引用関係，人間関係，企業間取引関係，生物の神経回路網，生体内のたんぱく質相互作用，食物連鎖，言語における単語間の関係など，情報科学・社会科学・経済学・生命科学など幅広い分野において，ネットワーク構造を見出すことができる．

本章では，多くの分野で重要なネットワークの構造に関して，特に通信ネットワークにおける話題を紹介する．

2 グラフ

ネットワークの構造を扱うための基盤的な学問として，**グラフ理論**がある．グラフとは xy 平面上に描かれた放物線や三角関数のようなものではなく，点の集合と，点と点をつなぐ線分（辺と言う）から構成される図形を指す．グラフという用語は構造を表し，ネットワークという用語は，グラフの辺に長さなどの数値が付与されたものを指す．本章で扱うものは正確に言えばグラフである．

グラフの定義は単純であるが，通信ネットワークや情報科学の諸問題のみならず現実の様々な問題やシステムをモデル化できる高い能力を持つため，強力なツールとして広く使われている．一方，理論的にも興味深い性質を豊富に含んでおり，離散数学という数学の一分野において深く研究されている重要な学問である．

グラフは，点集合 V と辺集合 $E(\subseteq V \times V)$ の組 $G = (V, E)$ として定義される．図 4 は，点集合 $\{v_1, v_2, \ldots, v_8\}$，辺集合 $\{(v_1, v_2), (v_1, v_5), (v_2, v_3), (v_2, v_4), (v_3, v_4), (v_3, v_5), (v_3, v_6), (v_4, v_5), (v_4, v_7), (v_5, v_6), (v_6, v_7), (v_7, v_8)\}$ のグラフの例である．

点 v と点 w の間に辺があるとき，v と w は**隣接している**という．(v, w) と (w, v) を区別しないものを**無向グラフ**，区別するものを**有向グラフ**という．以降，単にグラフと言えば無向グラフを指すことにする．有向グラフにおける辺を特に有向辺ともいい，有向辺 (v, w) は向きのついた矢印として表される．図 5 は有向グラフの例である．

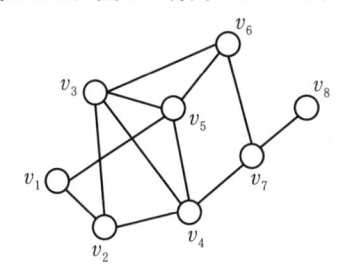

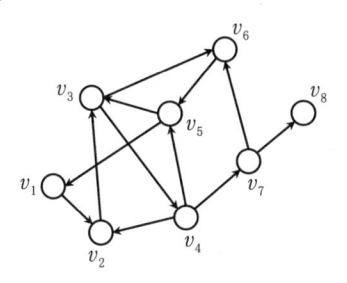

図 4　グラフの例　　　　　図 5　有向グラフの例

例えば，図1で挙げたものは，各ASを一つの点，AS間のリンクを辺として，無向グラフとしてモデル化できる．図2のように，ルータを点，ルータ間のリンクを辺と考えると，AS内ネットワークも無向グラフとなる．また，WWWのページを点，ページ内部から他のページへ張られているハイパーリンクを有向辺と考えると，有向グラフとしてモデル化できる．

点の**次数**とは，その点に接続している辺の数のことである．例えば，図4の点v_1の次数は2である．ASレベル・トポロジにおいて次数が大きい点は，多くのASと相互接続しているASに対応する．

路とは，点の系列$(v_{i1}, v_{i2}, \ldots, v_{ik})$であって，$(v_{i1}, v_{i2}), (v_{i2}, v_{i3}), \ldots, (v_{ik-1}, v_{ik}) \in E$，つまりグラフの中で辺をたどってつながっている点の系列であるものをいう．路の**長さ**とは，その路に含まれる辺の数である．路の端点が同じ点，つまり$v_{i1} = v_{ik}$である路のことを**閉路**という．点vと点wの**距離**とは，vとwの間のすべての路の中で最小の長さのことである．グラフの任意の2点間の距離の最大値を**直径**，グラフの任意の2点間の距離の平均値を**平均点間距離**と言う．図4では，$(v_1, v_5, v_4, v_7, v_8)$は一つの路，$(v_2, v_3, v_5, v_6, v_7, v_4, v_2)$は一つの閉路，$v_1$と$v_8$の距離は4であり，このグラフの直径は4，平均点間距離は50/28（約1.79）である．各辺に長さがある場合は，路の長さをその路に含まれる辺の長さの和とし，点間の距離をその点間のすべての路の長さの最小値とするものが標準的である．

グラフにおいて，点vと点wとの間に路が存在するとき，vとwは**連結**であるという．グラフの任意の2点が連結しているとき，**連結グラフ**という．

よく使われる特殊な形状のグラフをいくつか挙げる．**完全グラフ**とは，すべての点が互いに隣接しているグラフのことである（図6）．また，**二部グラフ**とは，VがV_1とV_2と分割され，すべての辺(v, w)において$v \in V_1$，$w \in V_2$となるものをいう（図7）．閉路を持たない連結なグラフを**木**という（図8）．**正方格子**とは$\mathbf{Z}^2$を点集合とし，各点はx座標値またはy座標値が1だけ異なる点と隣接しているグラフである（図9）．

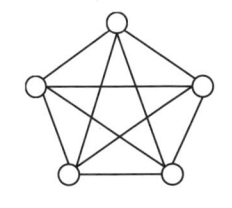

図6　完全グラフの例 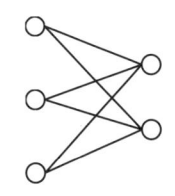　　　　図7　二部グラフの例

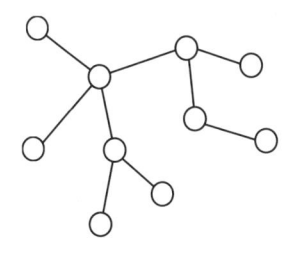

図8　木の例 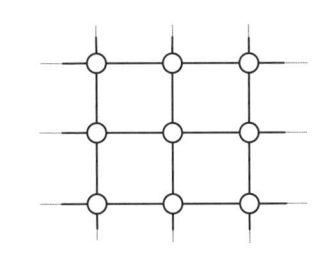　　　　　　　　図9　正方格子

3　実世界のネットワークが持つ性質

　実世界に存在する様々なネットワークの構造には，どのような特徴的な性質があるだろうか．以前は，データを収集することがかなり困難であったが，近年のコンピュータ技術の発達によってデータ収集能力が向上し，比較的容易になってきた．それとともに，実際のデータには不思議な性質があることが分かってきた．そのうちのいくつかを紹介する．

　最初に挙げる性質は，次数の偏りである．グラフが与えられたとき，次数 k を持つ点の数の割合 $p(k)$ を k についての関数とみて，そのグラフの**次数分布**という．グラフの次数分布が $k^{-\gamma}$（べき指数 γ は正の定数）に比例する場合，次数分布が**べき乗則にしたがう**という．直観的には，小さな次数の点は多く，大きな次数の点は少なくなってはいくけれどもそれは急激ではなく，

— 67 —

第3章 ネットワーク構造の数理

かなり大きな次数の点でもそこそこあるということである．また，正規分布のように平均的な次数の点が多いということでもなく，ごく一部の「勝ち組」だけが異常に突出しているのでもない．なお，この性質を持つネットワークは，分布の偏りを特徴付ける平均的な尺度（スケール）が存在しないということから，**スケールフリー**とも呼ばれている．

　図10は，図1のネットワークの次数分布を表している．横軸は次数（degree），縦軸はその次数の点の個数（frequency）とし，両軸を対数軸でとった両対数グラフで描いている．なお，関数 $y = x^{-\gamma}$ を，XY 軸をそれぞれ対数でとった XY 平面で描くと，$Y = \log y$, $X = \log x$ なので，$Y = -\gamma X$ となり，傾きが $-\gamma$ の直線になる．逆に言えば，次数分布を両対数グラフで描いたとき，傾きが負の直線になれば，べき乗則にしたがうと言える．図10

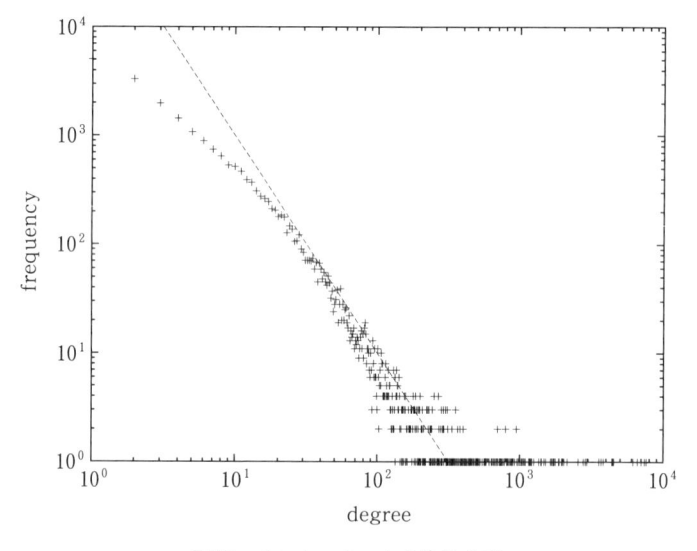

図10 インターネットの次数分布

において，次数の小さいところや大きいところをのぞき，次数分布がほぼ直線上にあるので（点線は $\gamma = 2$ のべき関数を表す），べき乗則にしたがっていると言える．つまり，インターネットはスケールフリー・ネットワークで

3 実世界のネットワークが持つ性質

ある．

　人を点，友人関係を辺で表した，人間関係を示すグラフの次数分布も，べき乗則にしたがうことが知られている．点の次数は，その点に対応する人の友人の数を表している．つきあいが多少なりともある人を友人と考えてみよう．友人の数が多くなるにしたがって，それだけ友人がいる人は少なくなる．しかし，企業の社長やアクティブな人など，友人がとても多い人もそれなりにおり，そういう人の数が，友人の数が多くなるにしたがって急激に少なくなることはない．これは，次数分布がべき乗則にしたがうことに対応している．他にも，インターネットや，WWW のハイパーリンクで繋がれたページ全体の接続関係など多くのネットワークがスケールフリー・ネットワークであることが知られている．もちろん，実際のネットワークにおいては，すべての次数の範囲で正確にべき乗則にしたがうわけではないが，図 10 のように，かなりの部分でべき乗則にしたがう．

　自然にできたネットワークには，なんらかの対称性や均質性があると考えがちである．そのため，次数が著しく偏っている，それもべき乗則にしたがうネットワークが実世界で多数見つかったことは衝撃的であった．そのため，世紀の変わり目の時期に相次いだスケールフリー性の発見により，ネットワークの構造の研究が大きな注目を集めた．

　なお，スケールフリーであるグラフの一部分を取り出すと，その次数分布もスケールフリーであることがある．さらにその一部だけ取り出しても同様である．生化学的代謝の相互作用ネットワークなどはこのような階層性を持つ．

　次に挙げる性質は，実世界のネットワークは局所的に密であることが多いということである．イメージをつかみやすいよう，人間関係を例にとって説明する．自分の友人 2 人を考えてみよう．すると，その 2 人どうしもやはり友人である可能性が高い．これは，「世間は狭い」ということに対応する．自分とその友人 2 人の 3 つの点が辺で結ばれた三角形を作る可能性が高いということであるが，三角形がたくさん存在するというこの性質は，人間関係に限らず様々なネットワークで観察され，**クラスタ性が高い**という．

第3章　ネットワーク構造の数理

　次数kの点vにおける**クラスタ係数**とは，vに隣接しているk個の点から2つの点を選ぶ$k(k-1)/2$通りの組合せのうち，実際に存在する辺数の割合と定義する．つまり，

$$C(v) = \frac{v の隣接点を両端点に持つ辺の数}{k(k-1)/2}$$

と定義し，グラフ全体のクラスタ係数Cを，すべての点のクラスタ係数の平均値と定義する．点vに隣接する2つの点の間に辺があるならば，vとあわせて三角形ができる．したがって，vにおけるクラスタ係数とは，vとその隣接点からなる三角形のうち，実際に存在するものの割合ともみなせる．この考え方を拡張して四角形の割合を用いることもできる．直感的には，局所的に「密」なグラフであればクラスタ係数は高い．図4のグラフでは，$C(v_5) = 1/3$, $C = 11/42$（約0.26）となっている．なお，次数1の点は除いて考える．木のクラスタ性は低く（クラスタ係数は0），完全グラフは高い（クラスタ係数は1）．現実のネットワークのクラスタ係数は，規模によらず0.1〜0.7程度と観測されている．

　次の性質は，実世界のネットワークの平均点間距離が小さいということである．これも人間関係を例にとって説明する．有名な俳優やスポーツ選手など，直接知り合いではない誰かを思い浮かべてみよう．その人に連絡を取るために，友人を介して伝言を渡していってもらうとする．このとき，何人の友人を介する必要があるだろうか．100人や1000人が必要となることはなく，意外なことに，ほとんどの場合は高々10人程度である．これは，有名人が相手だからで無く，ごく市井の人相手でも同じであることが知られている．1969年，トラバースとミルグラムは，アメリカの西海岸に住む人が，東海岸に住むランダムに選んだ人にまで手紙を届ける実験を行った．ファーストネームで呼び合うくらいの親しい人にしか手紙を渡せないという条件で，手紙をリレーのように転送していく．すると，平均6回程度の転送で届いた．人間関係ネットワークは60億人以上からなる極めて巨大なものにも関わらず，平均点間距離はとても小さく，まさしく実際に "It's a small world!" なのである．なお，正方格子の平均点間距離は大きいが，完全グラ

— 70 —

フは小さい．

　前に挙げたクラスタ性の高さと，平均点間距離の小さいことをあわせて，**スモールワールド**性があるということがある．人間関係だけでなく，スモールワールド性を持つネットワークが数多く発見されている．

　次数の相関も重要である．次数にばらつきがある場合に，隣接している2つの点の次数には相関があることが多い．次数の大きい（小さい）点に隣接する点の次数も大きい（小さい）とき，正の**次数相関**があると言う．逆に，隣接する2つの点の次数が大きく異なるとき，負の次数相関があると言う．インターネットにおけるASレベル・トポロジにおいては，次数の高いASどうしが相互接続されたリッチクラブと呼ばれる部分が存在することが知られている．

　これまで挙げてきた性質は，実世界の様々なネットワークで見られる．もちろん，すべてのネットワークが上記すべての性質を持つわけではなく，個々に状況は異なるのではあるが，少なくとも格子や木や完全グラフなど単純な構造のグラフにはなっていない．

　では，なぜこのような特徴的な性質を持つのだろうか？　インターネットのように，誰かの指示によるのではなく，自律的につながってできあがったものに，特徴的な構造が出現するには，なんらかの原理が背景に隠れているからであろう．この節で挙げたような性質の発見と同時に，その原理を解明する研究が始まり，様々な仮説が提案された．次節でそれらを紹介する．

4　ネットワーク生成モデル

　ネットワークができる原理を解明するために，様々な仮説（生成モデル）が検討されてきた．

　まず，ランダム・グラフを紹介する．n個の要素からなる点集合Vを持つグラフは全部で$2^{n(n-1)/2}$個ある（任意の2つの点の組は全部で${}_nC_2 = n(n-1)/2$あるから）．これらのグラフの中から，ある確率でランダムに選ばれて生成されたグラフを**ランダム・グラフ**と言う．どのように選ぶ

― 71 ―

第3章　ネットワーク構造の数理

かによって，多くのバリエーションがある．エルデシュとレーニイによって考えられたランダム・グラフは次のようなものである．任意の2つの点の組 $\{v_i, v_j\}$ ($\subseteq V \times V$) に対して，辺 (v_i, v_j) が存在する確率を p ($0 \leq p \leq 1$)，存在しない確率を $1-p$ とする．辺が存在するかどうかは，$n(n-1)/2$ 通りの組それぞれについて独立に定まるとする．すべての点の組について，辺が存在するか否か確率的に決めることによって，一つのグラフを生成する．図11に例を挙げる．定義は簡単で，様々な量が比較的解析しやすいので，このランダム・グラフの概念を利用してグラフ理論の多くの定理が証明されている．

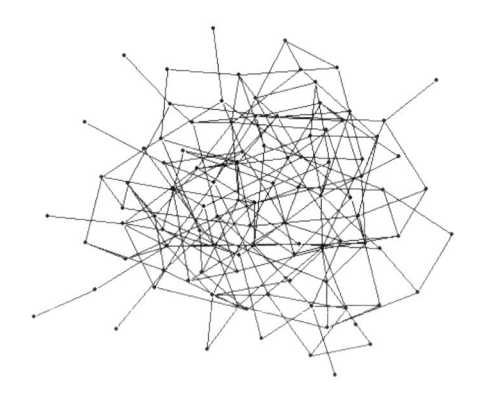

図11　ランダム・グラフ（点数100，辺数197）

次数が k である確率 $p(k)$ を求めてみよう．ある点 v の次数が k ということは，v 以外の $n-1$ 個の点のうち k 個との間に辺があり，それ以外はないということである．したがって，ある k 個の点を指定すれば，それらとの間にのみ辺がある確率は $p^k(1-p)^{n-1-k}$ である．このような k 個の点の組は $_{n-1}C_k$ 個あるので，結局 $p(k) = {_{n-1}C_k} p^k (1-p)^{n-1-k}$ である．右辺は二項分布と言うものである．$\lambda = (n-1)p = $ 平均次数を一定に保ちつつ $n \to \infty$ としたとき，$p(k) = e^{-\lambda}\lambda^k/k!$ に収束することが分かっているが，右辺はポアソン分布と言うものである．式を見て分かるように，べき乗則にしたがって

いない．このランダム・グラフは，とても自然な生成モデルのように思えるため，現実のネットワークのモデルとしても使えるのではないかと考えられていたが，実はそう簡単ではなかった．もちろん，世の中にはランダム・グラフでモデル化できるものもあるが，少なくともスケールフリー・ネットワークのモデルにはならない．

ランダム・グラフのクラスタ係数は次のように計算できる．次数 k のある点 v の隣接点において，2つの点の組は全部で ${}_kC_2$ 通りあり，それぞれに辺ができる確率は独立に p であるから，隣接点間の辺の本数の期待値は ${}_kC_2 \cdot p$ であり，v におけるクラスタ係数の期待値は ${}_kC_2 \cdot p / {}_kC_2 = p$ である．グラフ全体のクラスタ係数は，$p \cdot n / n = p$ となる．

また，平均点間距離の計算はやや難しいので省略するが，$\log n$ に比例することが分かっている．

スケールフリー・ネットワークを生成できる自然なモデルは，1999 年，バラバシとアルバートによって提案された．このモデル（BA モデル）は，**成長（growth）** と **優先的選択（preferential attachment）** の原理に基づき生成される．ここで，成長とは，時間経過にしたがって点が次々にグラフに追加されていくということであり，優先的選択とは，新たに一つの点が加わる際，元からある点のうち次数の高い点と高い確率で結びつきやすいということである．偶然次数が大きくなった点は，その後新しく加わった点とつながりやすくなるため，一層次数が高くなりやすくなる．このようにして次数に偏りが生じる．WWW を例に考えてみる．多くのリンクを集めているサイトは人気が高いと言える．新たにサイトを開設した人は，関連する他のサイトへのリンクを張るとき，人気の高いサイトを選ぶ傾向にあるだろう．これは優先的選択をしていることに相当する．新たな AS がインターネットにつなごうとするとき，次数の高い AS，つまり多くの AS と接続している AS を相手先に選ぼうと考えることは自然である．このような AS につなげば，多くの AS に短い AS 経由数で到達できる可能性が高いと思われるからである．

BA モデルをもう少し詳しく記述すると次のようになる：まず m_0 個の点

第3章　ネットワーク構造の数理

からなる完全グラフが初期グラフである．点が一つ加わるたびに，m 本の辺を既存のグラフの点との間に優先的選択によってつなぐ．点の数が n 個の既存のグラフにおいて点 v_i の次数が k_i であるとき，新しい辺が v_i につながる確率を

$$\frac{k_i}{\sum_{j=1}^{n} k_j}$$

とする．分母は正規化のための定数に過ぎないので，要は，既存の点にはその次数に比例する確率でつながるということを意味する．図 12 に，$m_0=3$，$m=2$ の場合の生成の例を示している．図 13 は点数 100 の例である．自然

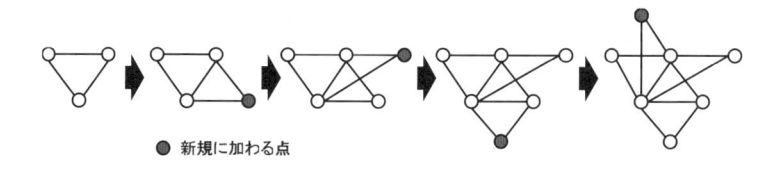

図12　BA モデルによるグラフ生成過程

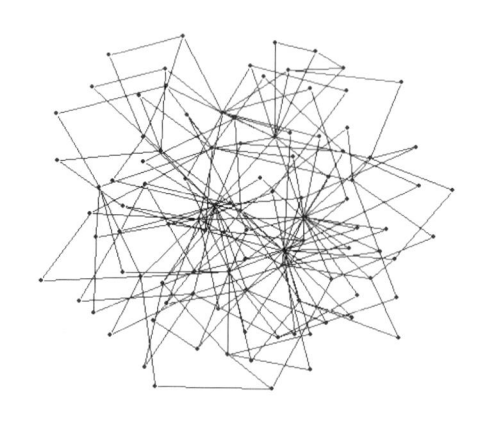

図13　BA モデル（点数 100，辺数 197）

な規則にも関わらず，BA モデルによって生成されるグラフの次数分布は

k^{-3} に比例する.

BA モデルにおいて，成長と優先的選択がともに用いられているが，これらがそろってはじめてべき乗則が現れ，片方だけではべき乗則は現れないことが分かっている．次数の偏りだけであれば，優先的選択だけでも出現するが，べき乗則にはならない．

BA モデルの平均点間距離は $\log n$ に比例し，クラスタ係数 C は $n^{-\frac{3}{4}}$ に比例することが知られている．クラスタ係数については，点の数が多くなるにしたがって 0 に収束することを意味し，クラスタ性が高いとは言えない．

成長と優先的選択という概念に基づいたバリエーションは多々ある．辺の張り替えや消滅を取り入れたり，各点に適合度という固有の値を付与することによって，次数と適合度の両方の作用によって優先的選択の確率を制御するものなどがある．BA モデルを拡張して，べき指数が 3 以外のものを生成したり，高いクラスタ性を持たせるようにしたものもある．

BA モデルは有効なモデルであるが，これだけですべてを説明できるわけではない．BA モデルでは，成長することが本質の一つであるが，ネットワークは常に成長するわけではない．非成長なスケールフリー・ネットワークを説明できるモデルの一つとして，**閾値モデル**というものがある．n 個からなる点集合があり，各点 v_i は確率的に与えられた重み w_i を持っている．点 v_i と点 v_j のそれぞれの重みの和 $w_i + w_j$ が，あらかじめ決めた閾値 θ を超えたときに限って v_i と v_j との間に辺を張る．図 14 は閾値モデルの簡単な例である．点の横の数字はその重みを指し．2 つの点の重みの和が 9 以上のとき，その点間に辺が張られるというものを表している．図 15 は点数 100 の例である．

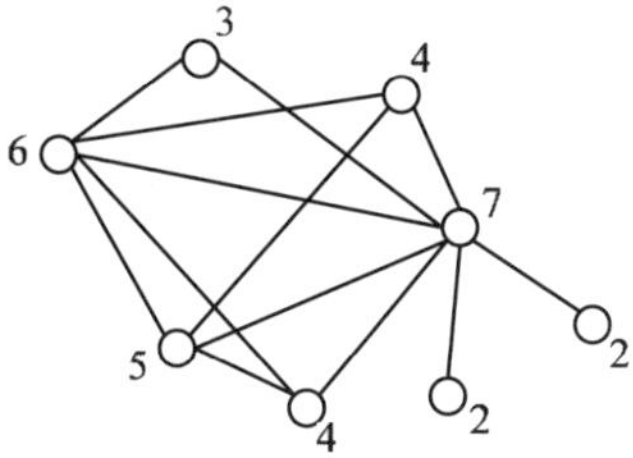

図14 閾値モデルの簡単な例

第 3 章　ネットワーク構造の数理

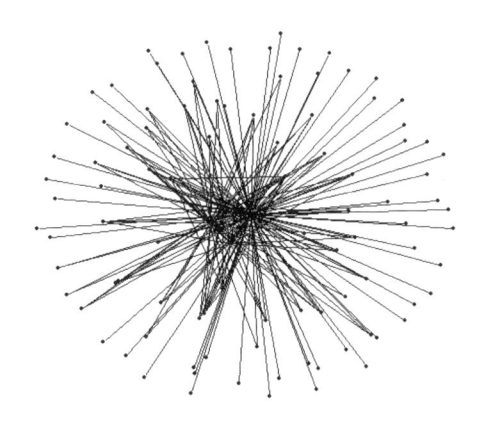

図15　閾値モデルで生成したグラフの例（点数 100，辺数 196）

　閾値モデルも自然な生成規則であるにも関わらず，点の重みがしたがう確率分布が指数分布やパレート分布など，実世界でよく現れる分布において，べき乗則が現れてくる．例えば，重みが指数分布にしたがうとき，次数分布は k^{-2} に比例する．ここでは重みの和を考えたが，積などでも同様の性質が得られる．

　閾値モデルは BA モデルと異なり，クラスタ係数は点の増加にしたがって小さくなることはない．また，直径は 2 である．実際，隣接していない任意の 2 点 p と q に対して，他の点 r が重みの小さい方の点 p とつながっているとすると，p より重みの大きい q との重みの和は当然閾値を超えるために q ともつながっており，p と q の間の距離は 2 となるからである．したがって，平均点間距離は 2 以下であり，現実のネットワークと比較すると小さい．

　人間関係を例として閾値モデルを考えてみる．重みをその人の活動レベル（交友関係を築く能力）を表すものとすると，活動レベルの和が大きいと友人になりやすいということに対応する．自分と相手のそれぞれの持つものの総体を考えて，お互いに組むか組まないかを判断するという場面は，あちこちで見られる．AS どうしが相互接続する際には，お互いの利害を考える必

— 76 —

4 ネットワーク生成モデル

要がある．つなぎたいと要求してくる AS すべてとつなぐのは合理的でなく，コストに見合ったメリットがあるかどうか判断してからであろう．AS のユーザ数の合計がある程度大きくならないと，相互接続するメリットがないと考えるかもしれない．これは閾値モデルの考え方である．

ちなみに，閾値モデルで生成される無向グラフは，閾値グラフというものになっている．閾値グラフの点集合は，クリーク（互いにつながっている点集合）と独立点集合（互いにつながっていない点集合）に分割でき，後者の点は孤立点を除いてすべてクリークの点にのみ隣接しているというものになっている．したがって，クリークが次数の高い点集合に対応し，他の点はこれらに接続するという，現実のネットワークの性質との適合性の高い描像となっている．

空間を考慮したモデル（空間閾値モデル）への拡張もある．そこでは，点の重みの相互作用だけでなく，点間距離の影響力も調整するパラメータが導入されている．重みの和が小さくても距離が近いと辺が張られやすく，逆に重みの和が大きくても距離が遠いと辺が張られにくくなるというような効果を取り入れるためである．例えば，ユークリッド空間内にランダムに点を配置し，点 v_i と点 v_j 間の距離を r_{ij}，重みをそれぞれ w_i, w_j としたとき，$(w_i+w_j)/r_{ij}^{\beta}$ が閾値を超えるときに限り，辺を張る．ちなみに，分子を重みの積とし，β を 2 とすると，万有引力の法則など物理学でよく見かける式の形になっている．図 16 に例を挙げる．このモデルは，相互の活動レベルが

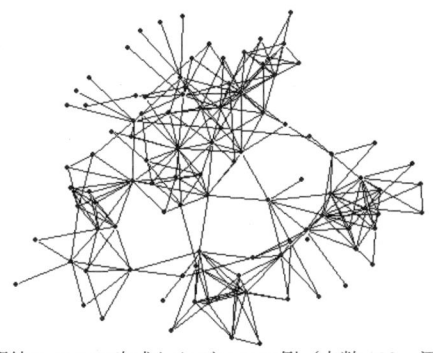

図16 空間閾値モデルで生成したグラフの例（点数 100，辺数 273）

高くても距離が離れるとその相互作用は弱まってしまうことを考慮しており，やはり現実的な状況を反映している．

空間閾値モデルで生成されるグラフは，点間距離の影響力が小さい場合は閾値グラフに近く，大きい場合は，重みの影響が弱まって，一定距離以下の点間のみに辺が存在するグラフに近づく．したがって，距離の影響力が大きくなるにつれてグラフにおける平均点間距離は大きくなる．次数分布に関しては，重みがパレート分布のときはスケールフリーであるが，指数分布の場合は，点間距離の影響力が大きくなるにつれてスケールフリー性が崩れていくことが知られている．クラスタ性については比較的高いこと，平均点間距離はパラメータの調整によって現実的なものにもできることが分かっている．

BAモデルや（空間）閾値モデルは，前節で挙げた様々な性質を再現する一般的なモデルとして考えられたが，インターネットのASレベル・トポロジの生成モデルとしても使うことができる．インターネットに特化したモデルの一つとしては，HOT（Highly Optimized Tolerance）モデルがある．これは，ユークリッド空間内に点をランダムに追加していく成長するモデルであるが，つなげる相手先の点の選択の際に「最適化」が行われることが特徴である．新たに加わった点 v がつながる先の点 w として，$f(v, w) = \alpha \cdot d(v, w) + \beta(w)$ を最小化する w を選択する．ここで，α は定数，$d(v, w)$ は v と w のユークリッド距離，$\beta(w)$ としては w から他の点へのグラフにおける距離の平均値や最大値などが用いられる．第1項はネットワークにつなげるためのコストに対応し，第2項はネットワークにつなげた後の効率性に対応する．α が小さい場合はスター状のグラフとなり，十分大きい場合は新規参加点は最も近い点とつながるようになる．α がある範囲においては，次数分布がべき分布となることが知られている．

以上のように様々なモデルが提案されているが，現実のネットワークとの適合性を考える際には，次数分布だけではなく，クラスタ係数や次数相関など他の特性量に関しても考慮する必要がある．しかし，すべての特性が現実のネットワークと一致する決定的なモデルは無い．インターネットで言えば，ネットワーク規模や階層レベルなどによって設計・運用の方針や考え方が異

なるため，複数のモデルが混在している状況であることが要因の一つと思われる．また，これまでの特に成長するモデルにおいては，新規参加点はネットワーク全体に関する情報（既存のネットワークの次数分布など）を知っていることが前提となっているが，現実的とは言いがたい．これらの問題点を考慮した，より現実的な生成モデルについては，まだ検討の余地が残っている．

5 ネットワークの信頼性

実世界のネットワークの構造が持っているかどうかに関わらず，持っておいてほしい性質があるということも多い．例えば，インターネットをはじめ，通信ネットワークでは，一部に故障や混雑が発生しても，通信の途絶や品質劣化を避けることができるよう，故障リスクや負荷の分散を図ることができるという性質が必要である．この意味でのネットワーク構造の信頼性を評価する概念として，連結度がある．本節では，ネットワークの信頼性と連結度について述べる．

5.1 連結度

無向グラフ $G=(V, E)$ において，点部分集合 $W (W \subset V, W \neq \emptyset)$ に対して，辺の部分集合 $\{(v, w) \in E | v \in W, w \in V-W\}$ を $E(W)$ と表して，**カット**という．$A \subseteq W, B \subseteq V-W$ であるとき，カット $E(W)$ は A と B を分離すると言い，$E(W)$ に含まれる辺の本数をカットサイズと言う．A と B を分離する任意のカットのサイズが k 以上であるとき，A と B は k 辺連結と言う．k 辺連結であるような最大の k を A と B の間の**局所辺連結度**と言い，$\lambda(A, B)$ と表す．通信ネットワークで言えば，どのような $(\lambda(A, B)-1)$ 本以下の同時リンク故障によっても，A と B は通信が継続できることを意味する．

第 3 章　ネットワーク構造の数理

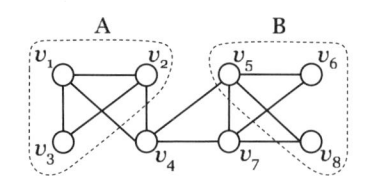

図17　カット，連結度

図 17 においては，$W = \{v_1, v_2, v_3, v_4\}$ とすると，$E(W) = \{(v_4, v_5), (v_4, v_7)\}$ である．$A = \{v_1, v_2, v_3\}$，$B = \{v_5, v_6, v_8\}$ とすると，A と B を分離するカットサイズは 2 以上なので，A と B は 2 辺連結であり，局所辺連結度は 2 である．

任意の $v, w \in V$ が k 辺連結であるとき，G は k 辺連結と言い，k 辺連結であるような最大の k を G の**辺連結度**と言う．図 17 のグラフにおいては，辺連結度は 2 である．

故障に強い信頼性の高い通信ネットワークを設計する際には，その構造を表すグラフが，十分な大きさの辺連結度を持つことが必要である．また，辺連結度が大きいことは，故障に強いというだけでなく，負荷集中の抑制にもつながる．辺連結度が小さければ，サイズの小さいカットの辺集合に対応するリンク集合に通信が集中して混雑する可能性が高まる．辺連結度を上げれば，このようなボトルネックを緩和することができる．

辺連結度はリンク故障に対応するが，ルータ故障に対応する点連結度というものもある．両端点をそれぞれ $A, B(\subset V)$ に持つ任意の路が，$W (W \subset V, W \neq \emptyset)$ に属する点を含むとき，W は A と B を**分離する点カット**と言い，$|W|$ を点カット W のサイズと言う．$E(A, B) = \{(v, w) \in E \mid v \in A, w \in B\} = \emptyset$ かつ A と B を分離する任意の点カットのサイズが k 以上であるか，$E(A, B) \neq \emptyset$ かつ A と B を分離する任意の点カットのサイズが $k - |E(A, B)|$ 以上であるとき，A と B は k 点連結と言う．k 点連結であるような最大の k を A と B の間の**局所点連結度**と言い，$\kappa(A, B)$ と表す．任意の $v, w \in V$ が k 点連結であるとき，G を k 点連結と言い，k 点連結で

— 80 —

あるような最大の k を G の**点連結度**と言う．図 17 において，$W = \{v_4\}$ は A と B を分離する点カットであってサイズは 1 である．A と B は 1 点連結であり，局所点連結度は 1 となる．グラフの点連結度も 1 である．

リンク故障だけでなく，ルータ故障にも対応するためには，点連結度の大きいグラフを構造として持つように，ネットワークを設計しなければならない．実際には，ルータ自体が故障する可能性よりも，リンクが故障する可能性の方が高いが，地震災害やテロへの対応のため，点連結度を考慮した設計をしている ISP もある．

二つの路が共通の辺を持たないとき，それらを辺独立と言い，両端点を除いて共通の点を持たないとき，点独立と言う．路の集合において，どの二つの路も辺独立（点独立）であるとき，その路集合は辺独立（点独立）と言う．

点 v, w を両端点に持つ辺独立な路の本数は，v と w を分離するカットのサイズを超えることは無い．したがって，v と w の間の局所辺連結度以下である．同様に，点独立な路の本数は局所点連結度を超えない．次のメンガーの定理は，このような路の本数は，常に局所辺連結度（局所点連結度）に一致することを示している．

メンガー（Menger）の定理

無向グラフ $G = (V, E)$ の異なる 2 点 $v, w \in V$ において，点 v, w を両端点に持つ辺独立（点独立）な路の本数の最大値は，v と w の間の局所辺連結度 $\lambda(v, w)$（局所点連結度 $\kappa(v, w)$）に等しい． □

この性質は数学的にも興味深いが，様々な応用とも関わる．通信ネットワークの設計を例に挙げてみよう．2 つの地点間の経路を複数本設定するとき，負荷分散させた方が良い．一つの経路しか使わない場合，そこに通信が集中すると，その経路を使う通信の品質が劣化する．例えば，IP 電話は音質が悪く聞こえなくなり，動画はコマ落としになり，WWW ページはなかなか表示されないなどの現象が出てくる．しかし，2 本以上の独立な経路があれば，それらの間で適切に通信を振り分けることにより負荷分散ができる．で

は，どの2つの地点間でもk本の独立な経路が取れるようにネットワークを設計するにはどうすればよいだろうか？　メンガーの定理のおかげで，k辺連結（点連結）グラフを構成することと同じであることが保証される．このように，連結度の大きいグラフは，通信ネットワークの構造として，信頼性や負荷分散の観点から望ましいものなのである．

通信ネットワークの利用形態を見てみると，2地点間の直接的な通信だけではなく，WWWページの閲覧のように，ユーザがサーバにアクセスするという通信が圧倒的に多い．そのため，サーバを運用する事業者は，ネットワークのことだけでなく，サーバへのアクセスの信頼性や負荷分散も考えなくてはならない．

この問題への対策の一つとして，同じ内容のサーバを複数配置することがある．ユーザから見ればどのサーバにアクセスしても同じ内容なので，どれかにアクセスできさえすれば，そのサーバの提供するサービスを受けることができる．

複数のサーバを持つサービスの信頼性は，故障が起こっても，どれかのサーバにアクセスできて，そのサービスを継続できるかどうかで評価できるであろう．これは，ユーザに対応する点と，サーバが配置された点部分集合（領域）との間の連結度の大きさに対応する．図18では，任意の点と領域

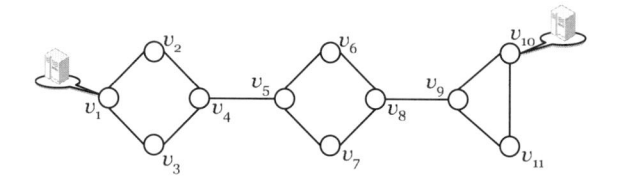

図18　サーバ集合へのアクセス(a)

$\{v_1, v_{10}\}$との間の局所辺連結度は2以上であるが，図19では，そうならない．実際，図19において，例えば点v_1と領域$\{v_{10}, v_{11}\}$との間の局所辺連結度は1である．したがって，前者では，一箇所の故障であれば，どのユーザでも常に必ずサービスを継続して受けることができるが，後者では，そう

ならないユーザが出てしまうため，サービスの信頼性は前者に比べて低いと言えよう．

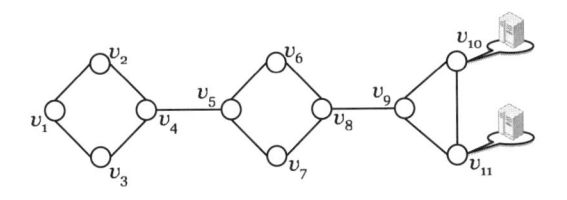

図19 サーバ集合へのアクセス（b）

グラフ $G=(V, E)$ と，その点部分集合族 $X=\{V_1, V_2, \ldots, V_p\}$ の組 (G, X) を**領域グラフ**と言う．各 $V_i \in X$ を**領域**と言う．

領域グラフを用いることによって，複数種類のサービスの信頼性を同時に扱うことができるようになる．

領域グラフ (G, X) において，各点と領域間の局所辺連結度の最小値を，領域グラフの **NA 辺連結度**と言い，$\lambda(G, X)$ と表す．**NA 点連結度**も同様にして定義され，$\kappa(G, X)$ で表す．

図20では，サーバ集合 A に対応する領域と任意の点との間の局所辺連結度は2であるが，サーバ集合 B に対応する領域との間の局所辺連結度が1の点 $\{v_5, v_6, \ldots, v_{11}\}$ があるため，この領域グラフの NA 辺連結度は1である．

NA 連結度の概念を用いることで，サーバ集合の配置場所も考慮できるこ

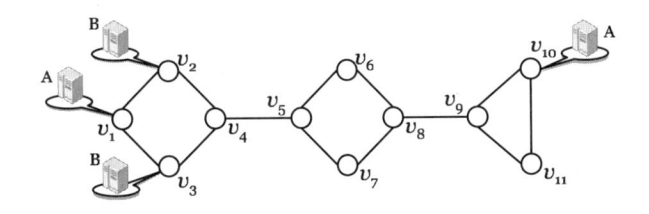

図20 領域グラフと NA 辺連結度

とになる．サーバ集合の配置場所が決まっているならば，ネットワーク設計者は，NA 連結度が高くなるようにネットワークの構造を設計する．一方，サーバの配置場所が決まっておらず，ネットワークの構造が先に決まっているならば，NA 連結度が大きくなるように領域を決定し，その領域にサーバを配置することになる．例えば，図 20 において，サーバ集合 B を v_2 と v_{11} に配置することにすると，NA 辺連結度は 2 となる．

5.2 インターネットの信頼性

現実の通信ネットワークの連結度はどうなっているだろうか？

まず，AS レベル・トポロジの連結度は小さい．実際，スケールフリー性から分かるように，次数 1 の点（AS）が多いので，連結度は 1 である．次数 1 の AS は，リンクが一つ切れただけでインターネット全体から離れてしまい，AS をまたがった通信ができなくなる．この問題を回避するために，複数の AS と相互接続することによって信頼性を高めようとする AS もある．そうすれば，いずれか一つのリンクが切れても，他の AS との間のリンクを使うことによって，通信が途絶することは防げる．しかし，それでも期待する以上の信頼性が得られないかもしれない．実際，例えば次数が 2 の AS であっても，通信先の AS の次数が 1 であれば，それらの AS 間の局所連結度は 1 でしかない．インターネット全体を管理する主体がないことを考えると，AS レベル・トポロジの連結度を高めることは現在では不可能である．言い換えれば，インターネット全体は，脆弱な構造の上でかろうじて動いているのである．

自律分散的に生成されるネットワークは，3 節で挙げたような性質は自然に持つものの，持ってほしい性質である高い信頼性を持たない．では，各 AS に何かを強制するのではなく，AS それぞれが自律的な判断で動いても，自然に信頼性が高くなるようなメカニズムはあるのだろうか？ 実はまだ決定的な解決策は無く，これからの研究課題である．

次に，AS 内のネットワークの信頼性はどうだろうか．これは AS が主体的に設計できるネットワークであるため，連結度を大きくすることもできる

5 ネットワークの信頼性

はずである．AS 内のネットワークは企業秘密であることもあり，正確には分かってはいないが，CAIDA（Cooperative Association for Internet Data Analysis）[*2] による推定によって公開されている米国の ISP の例を見る限り，連結度は大きくはない．インターネットにおいては，とりあえずつなげること，大容量化に対応することが先決であり，性能や信頼性はベストエフォート（可能な限りの性能を提供するが，保証はしない）という考え方で作られてきたからであろう．ユーザが個人的楽しみだけに使う程度であれば特に問題は無いかもしれないが，企業や官公庁が使い，社会基盤になっている現在，性能の最低保証や高い信頼性が求められつつある．そのため，ISP の中には，自分の AS 内だけでも高信頼ネットワークを設計しようとするところも出てきている．

サーバへのアクセスの信頼性についてはどうだろうか．動画配信サイトの人気の高まりなどで，これまでとは桁違いの大容量のコンテンツを提供するサービスが増えつつある．ただ，とりあえずコンテンツを提供できることが先決というベストエフォートの考え方がまだ主流である．しかし，特に大規模なコンテンツ提供事業者においては，全世界のユーザ相手に多数のサーバを用意しなければならないため，サーバの配置設計についても意識するようになってきている．

通信ネットワークを設計する際には，様々な最適化問題を扱う必要がある．高い連結度の実現を目的にするのであれば，完全グラフが最適だが，コストがかかりすぎる．したがって，現実の複雑な制約条件を考慮しながら，必要な連結度を持つ最小コストのグラフを構成するという最適化問題となる．実際には，グラフの構成だけではなく，通信経路の制御，サーバ配置など，様々な最適化問題が膨大にある．また，P2P（Peer-to-Peer）ネットワーク，センサネットワーク，アドホックネットワークなど，新しい通信方式が実用化されてくると，それらに適した制御法や設計法が必要となるため，新しい問題が次々に現われてくる．これらは統一的な方法で解くことはできず，個別に高性能アルゴリズムを考えなければならない．これらに取り組んで解決し

[*2] http://www.caida.org/

第3章 ネットワーク構造の数理

ていくためには，グラフ理論や最適化理論の知識が不可欠である．通信ネットワーク設計や制御の研究分野においては，興味深い研究課題が数多く残されている．

参考文献

[1] 増田，今野,『複雑ネットワークの科学』，産業図書，2005.
[2] 滝根，伊藤，西尾,『ネットワーク設計理論』，岩波書店，2001.

第4章 グレブナー基底入門

日比 孝之

　代数学の対象の一つに多項式がある．1変数だけでなく多変数の多項式も対象として，多項式をいくつかの多項式で割るということを考える．本章では，多変数の多項式の割り算とはなにか，どういう操作をすることなのか，という問題から説き起こし，現代数学のキーワードの一つであるグレブナー基底の考え方を紹介するとともに，アルゴリズムとは何か，ということを随所で考えながら，グレブナー基底を求めるアルゴリズムを解説する．グレブナー基底は純粋数学においても，応用数学においても，様々な問題に有効に応用されており，今後もその有効性の範囲を広げていくことが期待される．本章を通読することによって，グレブナー基底という概念の本質とその有効性の一端が理解できる．

1　多変数の多項式の割り算とグレブナー基底

　本章は，高校生向けの90分講演の草稿として執筆したものである．予備知識は全く仮定せず，グレブナー基底に触れることを目的としており，理論的な部分は曖昧なままで進め，厳密には記述されていない．詳細な定義などはすべて第2節以降に登場する．したがって，本節をざっと読み飛ばし，第9節まで通読した後，本節に戻ることも一案である．

　多項式 $f = x^3 - x^2y - x^2 - 1$ を2つの多項式 $g_1 = x^2 - z$ と $g_2 = xy - 1$ で割

第4章　グレブナー基底入門

り算することを考えてみる．高等学校で学ぶのは1変数の多項式による除法だけであるが，その場合と同様の考え方で，次数の高いものから順に消していくという操作を行うと以下のようにできる．

$$\begin{aligned}
f &= x^3 - x^2 y - x^2 - 1 &&(x^2 \text{を消すことを考える}) \\
&= x(g_1 + z) - x^2 y - x^2 - 1 &&(g_1 \text{で割る}) \\
&= xg_1 + (xz - x^2 y - x^2 - 1) &&(x^2 y \text{を消すことを考える}) \\
&= xg_1 + xz - y(g_1 + z) - x^2 - 1 &&(g_1 \text{で割る}) \\
&= (x - y)g_1 + (xz - yz - x^2 - 1) &&\\
&= (x - y)g_1 + xz - yz - (g_1 + z) - 1 &&(g_1 \text{で割る}) \\
&= (x - y - 1)g_1 + (xz - yz - z - 1)
\end{aligned}$$

$xz - yz - z - 1$ は g_1 を用いても g_2 を用いてもこれ以上次数を下げることができないので，余りは $xz - yz - z - 1$ と考えられる．違う方法で次のようにもできる．

$$\begin{aligned}
f &= x^3 - x^2 y - x^2 - 1 &&(x^2 \text{を消すことを考える}) \\
&= x(g_1 + z) - x^2 y - x^2 - 1 &&(g_1 \text{で割る}) \\
&= xg_1 + (xz - x^2 y - x^2 - 1) &&(x^2 y \text{を消すことを考える}) \\
&= xg_1 + xz - x(g_2 + 1) - x^2 - 1 &&(g_2 \text{で割る}) \\
&= xg_1 - xg_2 + (xz - x - x^2 - 1) &&\\
&= xg_1 - xg_2 + xz - x - (g_1 + z) - 1 &&(g_1 \text{で割る}) \\
&= (x - 1)g_1 - xg_2 + (xz - x - z - 1)
\end{aligned}$$

今度は $xz - x - z - 1$ が余りと考えられる．しかし，一番目の方法と二番目の方法で余りが異なっている．どんな場合に余りが一意的になるだろうか．この問題を考えてみよう．

そこで，g_1 と g_2 の最高次の項が打ち消しあうように多項式を作ることを考える．多項式 $S(g_1, g_2)$ を

$$S(g_1, g_2) = yg_1 - xg_2 = y(x^2 - z) - x(xy - 1) = -yz + x$$

で定義する．$S(g_1, g_2)$ を g_1 と g_2 の S 多項式と呼ぶ．$g_3 = S(g_1, g_2)$ とし，3つの多項式 g_1, g_2, g_3 で f を割ることを考えると，一番目の方法の余りはまだ割ることができて次のようにできる．

$$\begin{aligned}f &= (x-y-1)g_1 + (xz-yz-z-1) \\ &= (x-y-1)g_1 + xz + (g_3-x) - z - 1 \\ &= (x-y-1)g_1 + g_3 + (xz-x-z-1)\end{aligned}$$

このとき，余りは $xz-x-z-1$ となり，二番目の場合と余りが一致する．実は，g_1, g_2, g_3 で任意の多項式を割っても余りは一意的である．このような性質をもつとき，g_1, g_2, g_3 を g_1, g_2 から出発して得られる**グレブナー基底**と呼ぶ．もし，g_1, g_2, g_3 でも不十分ならば，$g_4 = S(g_1, g_3)$, $g_5 = S(g_2, g_3)$ を付け加えて，g_1, g_2, g_3, g_4, g_5 で割り算をする．一般には，$g_1, g_2, \ldots, g_p$ から出発して S 多項式を取る操作を有限回繰り返せばグレブナー基底 $g_1, g_2, \ldots, g_p, g_{p+1}, \ldots, g_s$ が得られる．これは **Buchberger（ブーフベルガー）アルゴリズム**と呼ばれる．

しかし，現状では Buchberger アルゴリズムは，計算量が多すぎて計算時間がかかりすぎるのが問題となっている．その改良は世界各地で行われているが，本質的に Buchberger アルゴリズムを超えるようなアルゴリズムが必要である．

多項式 $g_1, g_2, \ldots, g_p$ で多項式 f を割り算するとき，一つの余りが 0 ならば，$f = h_1 g_1 + h_2 g_2 + \cdots + h_s g_s$ となる多項式 $h_1, h_2, \ldots, h_s$ が存在する．逆は一般には正しくない．例えば，上の例で $S(g_1, g_2) = yg_1 - xg_2$ は g_1 と g_2 で割り算したときの余りは $-yz+x$ であって，0 ではない．しかし，$g_1, g_2, \ldots, g_s$ が $g_1, g_2, \ldots, g_p$ から出発して得られるグレブナー基底ならば，多項式 f を $g_1, g_2, \ldots, g_s$ で割った一意的な余りが 0 であることは，$f = h_1 g_1 + h_2 g_2 + \cdots + h_p g_p$ となる多項式 $h_1, h_2, \ldots, h_p$ が存在することと必要十分である．

グレブナー基底の応用の一つとして，連立方程式を考えるのに役立つ．

第4章　グレブナー基底入門

定理1.1　多項式 $g_1, g_2, \ldots, g_p$ から出発して得られるグレブナー基底を $g_1, g_2, \ldots, g_p, g_{p+1}, \ldots, g_s$ とする．このとき連立方程式 $g_1 = g_2 = \cdots = g_p = 0$ が（共通）解をもつためには，$g_1, g_2, \ldots, g_s$ のどれも定数でないことが必要十分である．

略証．
連立方程式 $g_1 = g_2 = \cdots = g_p = 0$ が解をもつ
　　$\iff$　$1 = h_1 g_1 + h_2 g_2 + \cdots + h_p g_p$ となる $h_1, h_2, \ldots, h_p$ が存在しない
　　$\iff$　1 を $g_1, g_2, \ldots, g_s$ で割った余りは 0 でない
　　$\iff$　グレブナー基底 $g_1, \ldots, g_s$ に定数は含まれない．

ここで，一番目の同値を示すには代数の知識が必要なので証明は省く[*1]．□

この定理を有限グラフの色分け問題に応用する．**有限グラフ**とは下図のように，有限個の**頂点**とそれを結ぶ有限個の**辺**からなる図形のことである．隣り合う（辺で結ばれた）頂点に異なる色を付けることをグラフの色分けと呼ぶ．右のグラフでは3色で色分けできるが，2色では色分けできない．

右図の8個の頂点からなるグラフが3色で色分けできるか否かを

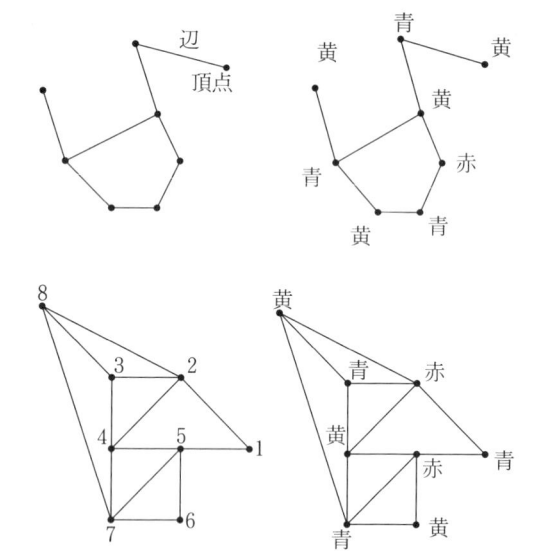

[*1] $g_1, \ldots, g_p$ が n 変数 $x_1, \ldots, x_n$ の実数係数の多項式であったとするとき，実数体を $\mathbb{R}$ で表して多項式環 $\mathbb{R}[x_1, \ldots, x_n]$ と $g_1, \ldots, g_p$ で生成されたイデアル $(g_1, \ldots, g_p) = \{h_1 g_1 + h_2 g_2 + \cdots + h_p g_p \mid h_1, h_2, \ldots, h_p \in \mathbb{R}[x_1, \ldots, x_n]\}$ を考えると，$g_1 = g_2 = \cdots = g_p = 0$ が解をもつことと $(g_1, \ldots, g_p) \neq \mathbb{R}[x_1, \ldots, x_n]$ となること，すなわち，$1 \notin (g_1, \ldots, g_p)$ が同値である．

グレブナー基底を用いて判定する．方程式 $x^3-1=0$ の解を $1, \alpha, \beta$ とする．3色で色分けすることを各頂点に $1, \alpha, \beta$ を対応させ，隣り合う頂点に異なるものが対応すると考える．すなわち次の連立方程式が解をもてば3色で色分け可能となる．

$$\begin{cases} x_i^3 - 1 = 0 & (i=1, 2, \ldots, 8) \\ x_i^2 + x_i x_j + x_j^2 = 0 & (i, j \text{ は隣り合う頂点}) \end{cases}$$

ここで，$x^3-y^3=0$ のとき，$x \neq y \Longleftrightarrow x^2+xy+y^2=0$ となることを用いた[*2]．8変数 $x_1, x_2, \ldots, x_8$ に関する，上記の連立方程式の左辺で与えられる $8+13=21$ 個の多項式について，グレブナー基底を計算すると，x_1-x_7, x_3-x_7, x_4-x_8, x_6-x_8, $x_2+x_7+x_8$, $x_5+x_7+x_8$, $x_7^2+x_7x_8+x_8^2$, x_8^3-1 となる．（これは余分な多項式を省いたもので，**被約グレブナー基底**と呼ばれる．）このグレブナー基底に定数は現れないから，定理 1.1 によって，解は存在する．すなわち，3色で色分けが可能である．それだけでなく，このグレブナー基底は具体的な色分けの方法を示唆する．例えば，$x_2+x_7+x_8=0$ は x_2, x_7, x_8 がすべて異なることを意味する．

2 Dickson の補題

体 k 上の n 変数多項式環を $S=k[x_1, \ldots, x_n]$ とし，S の単項式全体を $\mathrm{Mon}(S)$ とおく．すなわち，

$$\mathrm{Mon}(S) = \{x_1^{a_1} \ldots x_n^{a_n} \mid a_1, \ldots, a_n \text{ は非負整数}\}$$

である．とくに，$1 \in \mathrm{Mon}(S)$ である．単項式 $x^a = x_1^{a_1} \ldots x_n^{a_n}$, $a=(a_1, \ldots, a_n)$ と単項式 $x^b = x_1^{b_1} \ldots x_n^{b_n}$, $b=(b_1, \ldots, b_n)$ について，x^a が x^b を割り切

[*2] $\alpha = \dfrac{-1+\sqrt{-3}}{2}$, $\beta = \dfrac{-1-\sqrt{-3}}{2}$ としてもよい．ただし，$\beta = \alpha^2$ である．$x^3-y^3 = (x-y)(x-\alpha y)(x-\beta y)$ と因数分解されるから，x, y が $1, \alpha, \beta$ のいずれかの値を取るとき，$x \neq y$ ならば，$x=\alpha y$ か $x=\beta y$ が成り立つ．すなわち，$x^2+xy+y^2 = (x-\alpha y)(x-\beta y) = 0$ である．

第 4 章　グレブナー基底入門

($x^a | x^b$ と表す.) とは, $a_i \leq b_i (1 \leq i \leq n)$ となるときにいう. $\mathrm{Mon}(S)$ の空でない部分集合 M の元 x^a が M の極小元であるとは, $x^b \in M$, $x^b | x^a \Longrightarrow b = a$ が成立するときにいう.

補題 2.1 （Dicksonの補題） $\emptyset \neq M \subset \mathrm{Mon}(S)$ の極小元の集合は有限集合である.

略証. $n=1$ のときは極小元はただ一つである. $n \geq 2$ のときは n についての帰納法を使う. 証明のアイデアを紹介するために $n=2$ のときを考える. x_1, x_2 の代わりに x, y を使う. M に属する多項式 $x^a y^b$ の中で a が一番小さいものを a_0 とする. $x^{a_0} y^b \in M$ となる単項式の中で b が最小となるものを b_0 とする. 次に, $x^a y^b \in M$, $a > a_0$, $b < b_0$ となる単項式を考え, その中で a が最小のものを a_1 とし, $x^{a_1} y^b$, $b < b_0$ となる b の中で最小のものを b_1 とする. 以上の操作を繰り返すと, $b_0 > b_1 > b_2 > \cdots > 0$ だから, この操作は有限回で終わる. □

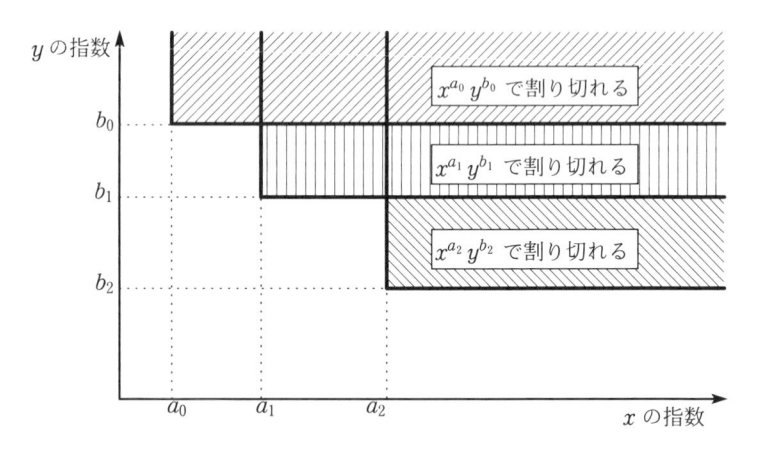

3　単項式順序

$\mathrm{Mon}(S)$ の全順序 $<$ が S 上の**単項式順序**であるとは, 次の条件を満たす

ときにいう.

(i) 1と異なるすべての $w \in \mathrm{Mon}(S)$ に対して,$1 < w$.
(ii) $\forall u, v, w \in \mathrm{Mon}(S)$ について,$u < v \Rightarrow u \cdot w < v \cdot w$.

例 3.1 $x^a = x_1^{a_1} \ldots x_n^{a_n}$ と $x^b = x_1^{b_1} \ldots x_n^{b_n}$ について,次のいずれかの条件を満たすとき,$x^a <_{\mathrm{lex}} x^b$ とする.

(a) $\sum_{i=1}^n a_i < \sum_{i=1}^n b_i$
(b) $\sum_{i=1}^n a_i = \sum_{i=1}^n b_i$ かつ $a - b = (a_1 - b_1, \ldots, a_n - b_n)$ の最も左にある 0 でない成分は負である.

このとき,$<_{\mathrm{lex}}$ は単項式順序であり,**辞書式順序**と呼ばれる.

一方,$x^a = x_1^{a_1} \ldots x_n^{a_n}$ と $x^b = x_1^{b_1} \ldots x_n^{b_n}$ について,次のいずれかの条件を満たすとき,$x^a <_{\mathrm{rev}} x^b$ とする.

(a) $\sum_{i=1}^n a_i < \sum_{i=1}^n b_i$
(b) $\sum_{i=1}^n a_i = \sum_{i=1}^n b_i$ かつ $a - b = (a_1 - b_1, \ldots, a_n - b_n)$ の最も右にある 0 でない成分は正である.

このとき,$<_{\mathrm{rev}}$ は単項式順序であり,**逆辞書式順序**と呼ばれる.

例えば,$x^a = x_1 x_4$,$a = (1, 0, 0, 1)$,$x^b = x_2 x_3$,$b = (0, 1, 1, 0)$ のとき,$b - a = (-1, 1, 1, -1)$ であるから,$x^b <_{\mathrm{lex}} x^a$ であり,$a - b = (1, -1, -1, 1)$ であるから,$x^a <_{\mathrm{rev}} x^b$ である.わかりやすく言うと,変数の強弱を

$$\text{強 } x_1 > x_2 > \cdots > x_n \text{ 弱}$$

とし,強い変数があれば強いとするのが辞書式順序であり,弱いものがあったら弱いとするのが逆辞書式順序である.

練習問題 1 変数 x_1,x_2,x_3 の 3 次の単項式(全部で 10 個)を $<_{\mathrm{lex}}$ と $<_{\mathrm{rev}}$ のそれぞれで小さい順に並べよ.

第4章 グレブナー基底入門

補題 3.2 $u, v \in \mathrm{Mon}(S)$ が $u|v, u \neq v$ を満たすとする．このとき，単項式順序 $<$ について $u < v$ である．

証明． $u|v$ より，$v = uw$ となる $1 \neq w \in \mathrm{Mon}(S)$ が存在する．このとき，$1 < w$ である．従って，$u = 1 \cdot u < w \cdot u = v$ である．すなわち $u < v$ である．□

4 イニシャル単項式

以下，単項式順序 $<$ を一つ固定して話を進める．多項式 $0 \neq f = \sum_{u \in \mathrm{Mon}(S)} a_u \cdot u$ を考える．ただし，$a_u \in k$ で，a_u は高々有限個を除き 0 である．このとき，$\mathrm{Supp}(f) = \{u \in \mathrm{Mon}(S) | a_u \neq 0\}$ とおき，これを f の**台**と呼ぶ．$\mathrm{Supp}(f)$ に属する単項式の中で $<$ に関して最大のものを f の $<$ に関する**イニシャル単項式**と呼び，$\mathrm{in}_<(f)$ と表す．

例 4.1 $f = x_1 x_4 - x_2 x_3$ に対して，$\mathrm{in}_{<_{\mathrm{lex}}}(f) = x_1 x_4$, $\mathrm{in}_{<_{\mathrm{rev}}}(f) = x_2 x_3$ である．

練習問題 2 $f, g \in k[x_1, x_2, \ldots, x_n]$ について，$\mathrm{in}_< fg = \mathrm{in}_< f \cdot \mathrm{in}_< g$ となることを示せ．

5 イニシャルイデアル

$S = k[x_1, x_2, \ldots, x_n]$ の空でない部分集合 I が S の**イデアル**であるとは，次の条件を満たすときに言う．

(i) $f, g \in I \Rightarrow f \pm g \in I$
(ii) $f \in I, h \in S \Rightarrow fh \in I$

S の多項式の集合 $\{f_\lambda\}_{\lambda \in \Lambda}$ に対して
$$(\{f_\lambda\}_{\lambda \in \Lambda}) = \{\sum_{\lambda \in \Lambda} h_\lambda f_\lambda | h_\lambda \in S \text{ は高々有限個を除いて } 0\}$$

とおくと，$(\{f_\lambda\}_{\lambda \in \Lambda})$ は S のイデアルである．これを $\{f_\lambda\}_{\lambda \in \Lambda}$ が**生成する** S の
イデアルと呼ぶ．とくに，$\{f_\lambda\}_{\lambda \in \Lambda}$ が有限集合 $\{f_1, \ldots, f_s\}$ ならば，$(\{f_1, \ldots, f_s\})$
を $(f_1, \ldots, f_s)$ と表す．$\{f_\lambda\}_{\lambda \in \Lambda}$ をイデアル $(\{f_\lambda\}_{\lambda \in \Lambda})$ の**生成系**と呼ぶ．逆に，
イデアル I があったとき，$I = (\{f_\lambda\}_{\lambda \in \Lambda})$ となる $\{f_\lambda\}_{\lambda \in \Lambda}$ が存在する．（例えば，
I の元すべてをとればよい．）とくに，$I = (f_1, \ldots, f_s)$ となる有限個の多項式
が存在するとき，I を**有限生成イデアル**と呼ぶ．単項式が生成するイデアル
を**単項式イデアル**と呼ぶ．

　多項式環のイデアルの概念が重要である理由は初学者には理解することが
難しい．しかし，イデアルの定義の(i)と(ii)の操作は，高等学校の数学で連立
方程式を解くときに使う操作である．

　もっと詳しく言うと，連立方程式

$$f_1 = f_2 = \cdots = f_s = 0$$

があったとき，イデアル $I = (f_1, f_2, \ldots, f_s)$ に属する多項式 g について，
$f_1 = f_2 = \cdots = f_s = 0$ の解は $g = 0$ の解である．すると，I の別の生成系を使っ
て $I = (g_1, g_2, \ldots, g_t)$ と表すことができるならば，最初の連立方程式を解
くことと，連立方程式

$$g_1 = g_2 = \cdots = g_t = 0$$

を解くことは同値である．したがって，イデアルの概念とその都合の良い生
成系を探すことは，連立方程式を解く観点からも有益である．

　例えば，連立方程式

$$f_1 = x^2 + y^2 + z^4 - 4,\ f_2 = x^2 + 2y^2 - 5,\ f_3 = xz - 1$$

と連立方程式

$$g_1 = x + 2z^3 - 3z,\ g_2 = y^2 - z^2 - 1,\ g_3 = z^4 - \frac{3}{2}z^2 + \frac{1}{2}$$

を考えると，イデアル (f_1, f_2, f_3) と (g_1, g_2, g_3) は一致する．連立方程式
$f_1 = f_2 = f_3 = 0$ を解くことは困難そうであるが，$g_1 = g_2 = g_3 = 0$ を解くことは

第4章 グレブナー基底入門

可能である.実際,$g_3=0$ から z の値が決まる.すると,それらを代入すると,$g_2=0$ から y の値が,$g_1=0$ から x の値が,それぞれ求まる.

命題 5.1 単項式イデアルは有限生成である.

証明. 単項式イデアル I の生成系を $\emptyset \neq M \subset \mathrm{Mon}(S)$ とする.このとき,Dickson の補題より,M の極小元の全体は有限集合である.そこで,この極小元を $u_1, \ldots, u_s$ とおく.このとき,任意の $u \in M$ について,$u_k | u$ となる $1 \leq k \leq s$ が存在する.したがって,$I = (u_1, \ldots, u_s)$ がわかる. □

注意 5.2 $\{u_1, \ldots, u_s\}$ は単項式からなる I の生成系のうち極小な生成系であり,そのような極小生成系は唯一つ定まる.(Dickson の補題の証明を参照せよ.)

S のイデアル $I \neq 0$ に対して,その**イニシャルイデアル** $\mathrm{in}_<(I)$ を

$$\mathrm{in}_<(I) = (\{\mathrm{in}_<(f) \mid 0 \neq f \in I\})$$

と定義する.このとき,$\mathrm{in}_<(I)$ は単項式イデアルであるから,$\mathrm{in}_<(I) = (\mathrm{in}_<(f_1), \ldots, \mathrm{in}_<(f_s))$ となる有限個の多項式 $f_1, \ldots, f_s$ が存在する.

S のイデアル $I \neq 0$ の $<$ に関する**グレブナー基底**とは,I に属する多項式の有限集合 $\{g_1, \ldots, g_s\}$ で $\mathrm{in}_<(I) = (\mathrm{in}_<(g_1), \ldots, \mathrm{in}_<(g_s))$ となるものをいう.次の例が示すように,与えられたイデアルのグレブナー基底は単項式順序 $<$ の取り方によって異なる.

例 5.3 $f = x_1 x_4 - x_2 x_3$,$g = x_4 x_7 - x_5 x_6$ とし,$I = (f, g)$ とする.このとき,$\mathrm{in}_{<_{\mathrm{lex}}}(f) = x_1 x_4$,$\mathrm{in}_{<_{\mathrm{lex}}}(g) = x_4 x_7$ であり,$\mathrm{in}_{<_{\mathrm{lex}}}(I) \neq (\mathrm{in}_{<_{\mathrm{lex}}}(f), \mathrm{in}_{<_{\mathrm{lex}}}(g))$ である.実際,$h = x_7 f - x_1 g = x_1 x_5 x_6 - x_2 x_3 x_7 \in I$ である.しかし,$\mathrm{in}_{<_{\mathrm{lex}}}(h) = x_1 x_5 x_6 \notin (x_1 x_4, x_4 x_7)$ である.したがって,生成系のイニシャル単項式がイニシャルイデアルの生成系となるとは限らない.実は,$\mathrm{in}_{<_{\mathrm{lex}}}(I) =$

$(x_1x_4, x_4x_7, x_1x_5x_6)$ である．一方，$\text{in}_{<\text{rev}}(I) = (\text{in}_{<\text{rev}}(f), \text{in}_{<\text{rev}}(g))$ である．

6 Hilbert の基底定理

定理 6.1 多項式環 S のイデアル $I \neq 0$ のグレブナー基底 $\{g_1, \ldots, g_s\}$ について，$I = (g_1, \ldots, g_s)$ である．すなわち I のグレブナー基底は I の生成系である．

証明． $0 \neq f \in I$ をとる．このとき，$\text{in}_<(f) \in \text{in}_<(I) = (\text{in}_<(g_1), \ldots, \text{in}_<(g_s))$ である．したがって，$\text{in}_<(g_{i_0}) \mid \text{in}_<(f)$ となる $1 \leq i_0 \leq s$ が存在する．そこで，$\text{in}_<(f) = w_0 \text{in}_<(g_{i_0})$ とおく．ただし，w_0 は単項式である．いま，$h_0 = f - c_{i_0}^{-1} c_0 w_0 g_{i_0} \in I$ を考える．ただし，c_0 は f における $\text{in}_<(f)$ の係数，c_{i_0} は g_{i_0} における $\text{in}_<(g_{i_0})$ の係数である．ここで，$h_0 = 0$ ならば，$f \in (g_1, \ldots, g_s)$ である．また，$h_0 \neq 0$ ならば，$\text{in}_<(h_0) < \text{in}_<(f)$ である．この操作を続けて $h_1, h_2, \ldots$ と取っていくと，次の補題により，この操作は必ず有限回で終わる．すなわち $h_r = 0$ となる r が存在する．したがって，$f \in (g_1, \ldots, g_s)$ である． $\square$

補題 6.2 S の単項式順序 $<$ と S の単項式 u について，無限に続く減少列 $u = u_0 > u_1 > u_2 > \ldots$ は存在しない．

証明． そのような無限減少列が存在したとする．Dickson の補題を集合 $\{u_0, u_1, u_2, \ldots\}$ に使うと，極小元は有限個だから，それらを $u_{i_1} > u_{i_2} > \cdots > u_{i_s}$ とおく．いま，$j > i_s$ とすると，$u_{i_k} \mid u_j$ となる $1 \leq k \leq s$ が存在する．このとき，$u_{i_k} < u_j$ である．しかし，$j > i_s$ であるから，$u_{i_k} \geq u_{i_s} > u_j$ となり，矛盾が生じる． $\square$

上の定理からすぐに次の結果が得られる．

第 4 章　グレブナー基底入門

定理 6.3（Hilbert の基底定理） 多項式環の任意のイデアルは有限生成である．

例 6.4 $f_1 = x_1x_8 - x_2x_6$, $f_2 = x_2x_4 - x_3x_7$, $f_3 = x_3x_{10} - x_4x_8$, $f_4 = x_4x_6 - x_5x_9$, $f_5 = x_5x_7 - x_1x_{10}$ とする．このとき単項式順序 $<$ をどのように選んでも，$\{f_1, \ldots, f_s\}$ は $I = (f_1, \ldots, f_s)$ のグレブナー基底とはならない[*3]．

7　割り算アルゴリズム

体 k 上の n 変数多項式環 $S = k[x_1, \ldots, x_n]$ の単項式順序 $<$ を一つ固定して話を進める．

定理 7.1（割り算アルゴリズム） $g_1, \ldots, g_s$ を 0 と異なる S の多項式とする．このとき，任意の多項式 $0 \neq f \in S$ について，次の表示（f の**標準表示**と呼ぶ．）

$$f = f_1 g_1 + \cdots + f_s g_s + f' \quad (f_1, \ldots, f_s, f' \in S).$$

が存在し，次の条件を満たす．

(i) $f' \neq 0$ のとき，任意の単項式 $u \in \mathrm{Supp}(f')$ は $u \notin (\mathrm{in}_<(g_1), \ldots, \mathrm{in}_<(g_s))$ を満たす．

(ii) $f_i g_i \neq 0$ ならば，$\mathrm{in}_<(f_i g_i) \leq \mathrm{in}_<(f)$ である．

ここで，f' は $g_1, \ldots, g_s$ に関する**余り**と呼ぶ．

この定理の証明の概要は次の例で説明する．

例 7.2 $x = x_1$, $y = x_2$, $z = x_3$ とし，$f = x^3 - x^2y - x^2 - 1$, $g_1 = x^2 - z$, $g_2 = xy - 1$ とする．ここでは，辞書式順序 $<_{\mathrm{lex}}$ で考える．

[*3] Hidefumi Ohsugi and Takayuki Hibi, Toric ideals generated by quadratic binomials. J. Algebra 218 (1999), no. 2, 509–527 を参照のこと．

(a) Supp(f) の単項式で in$_{<\mathrm{lex}}(g_1)=x^2$ または in$_{<\mathrm{lex}}(g_2)=xy$ で割り切れるものを選び，その中で $<_{\mathrm{lex}}$ に関して最大のものを取る．この場合 x^3 である．

(b) (a)で選んだ最大の単項式を割り切る in$_{<\mathrm{lex}}(g_i)$ を選んで，f を g_i で割る．(この場合は $i=1$ である．) すなわち $f=x(g_1+z)-x^2y-x^2-1=xg_1+xz-x^2y-x^2-1$ とする．ここで，xg_1 は標準表示の条件(ii)を満たすことに注意する．

(c) (b)の割り算の余り $f_1=xz-x^2y-x^2-1$ に(a)と同様の操作を施す．すなわち Supp(f_1) の中で x^2 または xy で割り切れる最大のものを取る．この場合は x^2y である．ここで注意するべきことは，(c)の単項式 $x^2y<$ (a)の単項式 x^3，となることである．

(d) (b)と同様の割り算をする．

以上の操作は必ず有限回で終わる．終了段階で得られたものが標準表示である．

練習問題 3 割り算アルゴリズムの証明を完成させよ．

命題 7.3 割り算アルゴリズムにおいて，$g_1,\ldots,g_s$ がイデアル $I=(g_1,\ldots,g_s)$ のグレブナー基底ならば，余りは一意的である．

証明． いま $f=f_1g_1+\cdots+f_sg_s+f'=h_1g_1+\cdots+h_sg_s+f''$ なる2通りの標準表示があったとし，$f'\neq f''$ とする．このとき，$0\neq f'-f''\in(g_1,\ldots,g_s)=I$ であるから，in$_<(f'-f'')\in$ in$_<(I)=($in$_<(g_1),\ldots,$in$_<(g_s))$ である．したがって，in$_<(g_i)|$in$_<(f'-f'')$ となる i が存在する．ところが，in$_<(f'-f'')\in$ Supp$(f')\cup$ Supp(f'') であるから，余りの性質より，in$_<(f'-f'')$ が in$_<(g_i)$ で割り切れることはない．これは矛盾である． □

命題 7.4（イデアル所属問題） イデアル $I\neq 0$ のグレブナー基底を $\{g_1,\ldots,$

g_s} とする.このとき,$f \in S$ が $f \in I$ となるためには,f の $g_1, \ldots, g_s$ に関する余りが 0 となることが必要十分である.

証明. 余りを 0 とすると $f = f_1 g_1 + \cdots + f_s g_s \in I$ である.(ここまでは,$g_1, \ldots, g_s$ が I の生成系であるだけでよい.)逆に,$f \in I$ とし,余り $f' \neq 0$ とする.このとき,$f = f_1 g_1 + \cdots + f_s g_s + f'$ より,$0 \neq f' = f - (f_1 g_1 + \cdots + f_s g_s) \in I$ である.したがって,$\mathrm{in}_<(f') \in \mathrm{in}_<(I) = (\mathrm{in}_<(g_1), \ldots, \mathrm{in}_<(g_s))$ となり,余りの性質に矛盾する. □

8 Buchberger 判定法

0 と異なる多項式 f と g について,$\mathrm{in}_<(f)$ と $\mathrm{in}_<(g)$ の最小公倍単項式を $m(f, g)$ と表す.さらに,f における $\mathrm{in}_<(f)$ の係数を c_f とし,g における $\mathrm{in}_<(g)$ の係数を c_g とする.このとき,f と g の S 多項式を

$$S(f, g) = \frac{m(f, g)}{c_f \cdot \mathrm{in}_<(f)} f - \frac{m(f, g)}{c_g \cdot \mathrm{in}_<(g)} g$$

と定義する.例えば,$f = x_1 x_4 - x_2 x_3$,$g = x_4 x_7 - x_5 x_6$ のとき,$S(f, g) = x_7 f - x_1 g = x_1 x_5 x_6 - x_2 x_3 x_7$ である.

一般に,f の $g_1, \ldots, g_s$ に関する割り算アルゴリズムにおいて,余り $f' = 0$ となる標準表示が存在するとき,「f の $g_1, \ldots, g_s$ **に関する余りを 0 にすることが可能である**」ということにする.

例 8.1 多項式 f と g について,$\mathrm{in}_<(f)$ と $\mathrm{in}_<(g)$ が互いに素(すなわち,単項式 $\mathrm{in}_<(f)$ と $\mathrm{in}_<(g)$ が共通な変数を含まない)ならば,$S(f, g)$ の f と g に関する余りを 0 とすることが可能である.実際,$f = \mathrm{in}_<(f) + f_1$,$g = \mathrm{in}_<(g) + g_1$ とすると,

$$S(f, g) = \mathrm{in}_<(g) f - \mathrm{in}_<(f) g = (g - g_1) f - (f - f_1) g = f_1 g - g_1 f$$

である.ここで,$\mathrm{in}_<(f_1 g) \neq \mathrm{in}_<(g_1 f)$ である.(実際,$\mathrm{in}_<(f_1 g) = \mathrm{in}_<(g_1 f)$

ならば，$\mathrm{in}_<(f_1)\cdot\mathrm{in}_<(g)=\mathrm{in}_<(g_1)\cdot\mathrm{in}_<(f)$ であるから，$\mathrm{in}_<(f)$ と $\mathrm{in}_<(g)$ が互いに素であることから，$\mathrm{in}_<(g)$ は $\mathrm{in}_<(g_1)$ を割り切る．しかし，$\mathrm{in}_<(g_1)<\mathrm{in}_<(g)$ であるから，$\mathrm{in}_<(g)\nmid\mathrm{in}_<(g_1)$ である．）このとき，$\mathrm{in}_<(S(f,g))$ は $\mathrm{in}_<(f_1g)$ と $\mathrm{in}_<(g_1f)$ のうちの大きい方に一致する．とくに，

$$\mathrm{in}_<(f_1g)\leq\mathrm{in}_<(S(f,g)),\ \mathrm{in}_<(g_1f)\leq\mathrm{in}_<(S(f,g))$$

であるから，$S(f,g)=f_1g-g_1f$ は余りが 0 の標準表示である．

定理 8.2 （Buchberger 判定法） 多項式環 $S=k[x_1,\ldots,x_n]$ のイデアル $I\neq 0$ について，I の生成系 $\mathcal{G}=\{g_1,\ldots,g_s\}$ が I のグレブナー基底となるためには，次の条件が満たされることが必要十分である：

　任意の $i\neq j$ について，$S(g_i,g_j)$ の $g_1,\ldots,g_s$ に関する余りを 0 にすることが可能である．

この定理の証明は省略するが，必要性は明白である．実際，$S(g_i,g_j)\in(g_i,g_j)\subset I$ であるから，$g_1,\ldots,g_s$ に関する余りは 0 である．

例 8.3 $f=x_1x_4-x_2x_3,\ g=x_4x_7-x_5x_6$ とする．このとき，$\mathrm{in}_{<\mathrm{rev}}(f)=x_2x_3$ と $\mathrm{in}_{<\mathrm{rev}}(g)=x_5x_6$ は互いに素だから，$S(f,g)$ の f と g に関する余りを 0 にすることができる．したがって，$\{f,g\}$ は (f,g) の $<_{\mathrm{rev}}$ に関するグレブナー基底である．

同様に，$I=(x_1^q-1,\ldots,x_n^q-1)$ を考えると，$\{x_1^q-1,\ldots,x_n^q-1\}$ は I のグレブナー基底である．

9　Buchberger アルゴリズム

$S=k[x_1,\ldots,x_n]$ のイデアル $I\neq 0$ の生成系 $\mathcal{G}=\{g_1,\ldots,g_s\}$ から出発して，I のグレブナー基底を求めるアルゴリズム（**Buchberger アルゴリズム**）

第4章 グレブナー基底入門

を紹介する．

(a) いま，$\mathcal{G}$ がグレブナー基底でないとすると，Buchberger 判定法より，余りが 0 とならない標準表示を持つような $S(g_i, g_j)$ が存在する．その余りを $h_{ij} \neq 0$ とする．このとき，$\mathrm{in}_<(h_{ij}) \notin (\mathrm{in}_<(g_1), \ldots, \mathrm{in}_<(g_s))$ であるから，

$$(\mathrm{in}_<(g_1), \ldots, \mathrm{in}_<(g_s)) \subsetneq (\mathrm{in}_<(g_1), \ldots, \mathrm{in}_<(g_s), \mathrm{in}_<(h_{ij}))$$

となる．

(b) 次に，$g_{s+1} = h_{ij} \in I$ とし，I の生成系 $\{g_1, \ldots, g_s, g_{s+1}\}$ に Buchberger 判定法を使う．これがグレブナー基底でないとすると，(a)と同様にして，余りが 0 とならない $S(g_k, g_l)$ が存在する．その余りを h_{kl} とすると，$\mathrm{in}_<(h_{kl}) \notin (\mathrm{in}_<(g_1), \ldots, \mathrm{in}_<(g_{s+1}))$ であるから，

$$(\mathrm{in}_<(g_1), \ldots, \mathrm{in}_<(g_{s+1})) \subsetneq (\mathrm{in}_<(g_1), \ldots, \mathrm{in}_<(g_{s+1}), \mathrm{in}_<(h_{kl}))$$

となる．

(c) (b)と同様に，$g_{s+2} = h_{kl} \in I$ とし，I の生成系 $\{g_1, \ldots, g_{s+2}\}$ に対して，Buchberger 判定法を使う．その生成系がグレブナー基底でなければ，再び，(b)と同様にして，I の生成系を増やし，$I = \{g_1, \ldots, g_{s+2}, g_{s+3}\}$ とし，その生成系に対して，Buchberger 判定法を使う．以下，I の生成系がグレブナー基底でなければ，(b)の操作を繰り返すこととし，I の生成系を増やすごとに Buchberger 判定法を使う．

以上の操作は有限回で終わる．その理由は単項式イデアルの無限増大列は存在しないからである．

練習問題 4 Dickson の補題を使って，単項式イデアルの無限増大列は存在しないことを示せ．

例 9.1 $f = x_1 x_4 - x_2 x_3$, $g = x_4 x_7 - x_5 x_6$ とする．例 5.3 ですでに見たように，

辞書式順序 $<_{\mathrm{lex}}$ に関して，$\{f, g\}$ は $I = (f, g)$ のグレブナー基底ではない．$S(f, g) = x_1 x_5 x_6 - x_2 x_3 x_7$ の f, g に関する余りは $h = x_1 x_5 x_6 - x_2 x_3 x_7$ である．I の生成系 $\{f, g, h\}$ を考える．これに Buchberger 判定法を使う．$S(f, g) = h = 0 \cdot f + 0 \cdot g + 1 \cdot h + 0$ の f, g, h に関する余りは 0 である．$S(g, h)$ はイニシャル単項式が互いに素だから，f, g, h に関する余りを 0 にすることが可能である．$S(f, h) = x_5 x_6 f - x_4 h = x_2 x_3 x_4 x_7 - x_2 x_3 x_5 x_6 = x_2 x_3 g = 0 \cdot f + x_2 x_3 \cdot g + 0 \cdot h + 0$ であるから，$S(f, h)$ の f, g, h に関する余りは 0 である．Buchberger 判定法より，$\{f, g, h\}$ は I のグレブナー基底である．

練習問題 5 $I = (x_2 x_8 - x_4 x_7,\ x_1 x_6 - x_3 x_5,\ x_1 x_3 - x_2 x_4)$ のグレブナー基底を $<_{\mathrm{lex}}$ と $<_{\mathrm{rev}}$ について，それぞれ，Buchberger アルゴリズムを使って計算せよ．

10 整数計画とグレブナー基底

グレブナー基底の応用として，最も面白いものの一つは整数計画への応用である．後述するように，トーリックイデアルと呼ばれる特別なイデアルのグレブナー基底を計算することができれば，整数計画問題は解けるのである．しかし，現実には，トーリックイデアルに限っても，そのグレブナー基底を計算することは，一般にはとても困難である．グレブナー基底の応用を企てるとき，計算の高速化という問題が常に議論される．そのような現実はともかく，少なくとも，整数計画の理論的な側面を考えるとき，グレブナー基底はとても重宝である．

例 10.1（生産計画） ある会社が資源 $A_1, \ldots, A_d$ をそれぞれ $b_1, \ldots, b_d$（トン）だけ保有している．これらの資源を用いて，製品 $B_1, \ldots, B_n$ を作る．B_j を 1 単位作るのに資源 A_i が a_{ij}（トン）だけ必要だけ必要である（$1 \leq i \leq d$, $1 \leq j \leq n$）．製品 B_j を 1 単位作れば利益は c_j 円である（$1 \leq j \leq n$）．最大利

第4章　グレブナー基底入門

益を得るには $B_1, \ldots, B_n$ をそれぞれ何単位ずつ作ればよいか．

いま，B_j を t_j 単位作るとすると，利益は $c_1 t_1 + \cdots + c_n t_n$ となり，手持ちの資源の条件から

$$a_{i1} t_1 + \cdots + a_{in} t_n \leq b_i \quad (1 \leq i \leq d)$$

なる制約条件が課される．また，題意より，非負条件 $t_j \geq 0$ が課される．したがって，生産問題は制約条件と非負条件の下で $c_1 t_1 + \cdots + c_n t_n$ の最大値を求める問題である．

このように，線型不等式で与えられた条件の下で，$t_1, \ldots, t_n$ の1次式 $c_1 t_1 + \cdots + c_n t_n$ の最大値（または最小値）を求める問題を**線型計画問題**という．さらに，整数条件 $a_{ij}, b_j, t_j \in \mathbb{Z}$ を加えたとき，**整数計画問題**という．

例10.2　制約条件と非負条件

$$\begin{cases} 4t_1 + 5t_2 \leq 37 \\ 2t_1 + 3t_2 \leq 20 \\ t_1, t_2 \in \mathbb{Z}_{\geq 0} \end{cases}$$

の下で，$11t_1 + 15t_2$ を最大にする整数計画問題を考える．ここで，$\mathbb{Z}_{\geq 0}$ は非負整数全体の集合とする．このとき，別の変数 t_3, t_4 を準備し，制約条件と非負条件

$$\begin{cases} 4t_1 + 5t_2 + t_3 = 37 \\ 2t_1 + 3t_2 + t_4 = 20 \\ t_1, t_2, t_3, t_4 \in \mathbb{Z}_{\geq 0} \end{cases}$$

の下で，$11t_1 + 15t_2$ を最大にする整数計画問題を考えてもよい．

このように，等号で表される制約条件と非負条件から，1次式の最大値（または最小値）を求める整数計画問題を考えても一般性を失わない．

以下，$d \times n$ 行列 $A = (a_{ij}) \in \mathbb{Z}^{d \times n}$ とコストベクトル $\omega = (\omega_1, \ldots, \omega_n) \in \mathbb{R}^n$ を固定する．いま，$b_1, \ldots, b_d \in \mathbb{Z}$ とし，制約条件と非負条件

$$\begin{cases} Az = b \quad z = \begin{pmatrix} z_1 \\ \vdots \\ z_n \end{pmatrix} \quad b = \begin{pmatrix} b_1 \\ \vdots \\ b_d \end{pmatrix} \\ z_1, \ldots, z_n \in \mathbb{Z}_{\geq 0} \end{cases}$$

の下で，$\omega \cdot z = \omega_1 z_1 + \cdots + \omega_n z_n$ を最小にする整数計画問題を考える．

簡単のため行列 A に**配置**と呼ばれる条件を仮定する．すなわち，A の列ベクトル

$$a_j = \begin{pmatrix} a_{1j} \\ \vdots \\ a_{dj} \end{pmatrix} \quad (1 \leq j \leq n)$$

のすべてを含む $\mathbb{R}^d$ の超平面で原点を通過しないものが存在すると仮定する．換言すると，$(0, \ldots, 0) \neq \delta = (\delta_1, \ldots, \delta_d) \in \mathbb{R}^d$ で，$\delta \cdot a_j = 1 \quad (1 \leq j \leq n)$ をみたすものが存在するということである．

注意 10.3 このとき，$Az = b$ ならば，$z_1 a_1 + \cdots + z_n a_n = b$ であるから，$\delta \cdot (z_1 a_1 + \cdots + z_n a_n) = \delta \cdot b$．すなわち，$z_1 + \cdots + z_n = \delta \cdot b$ であり，これは z_i に関して定数である．

命題 10.4 コストベクトル $\omega \in \mathbb{R}^n$ は非負であるとしてよい．

証明． 十分大きな $M > 0$ を選んで，$\omega' = (\omega_1 + M, \ldots, \omega_n + M)$ が非負ベクトルになるようにする．制約条件 $Az = b$ を満たす $\mathbb{R}^n$ の元 z について，

$$\omega' \cdot z = \omega \cdot z + M(z_1 + \cdots + z_n) = \omega \cdot z + M \delta \cdot b$$

となる．したがって，制約条件を満たす

$$z = \begin{pmatrix} z_1 \\ \vdots \\ z_n \end{pmatrix}, y = \begin{pmatrix} y_1 \\ \vdots \\ y_n \end{pmatrix}$$

について，$\omega' \cdot z \leq \omega' \cdot y \Longleftrightarrow \omega \cdot z \leq \omega \cdot y$ であるから，ω の代わりに ω' を考えてもよい．□

第4章　グレブナー基底入門

以下，コストベクトル w は非負ベクトルであると仮定する．制約条件 $Az = b$ を満たす非負ベクトル z を，この整数計画問題の**実行可能解**と呼ぶ．実行可能解の中で $\omega \cdot z$ を最小にするものを**最適解**と呼ぶ．グレブナー基底を使って最適解を探す方法を紹介する．

多項式環 $k[x_1,\ldots,x_n]$ の単項式順序 $<$ を一つ固定し，$<$ と ω を使って，新しい単項式順序 $<_\omega$ を次のようにして作る．$x^\alpha = x_1^{\alpha_1} \cdots x_n^{\alpha_n}$ と $x^\beta = x_1^{\beta_1} \cdots x_n^{\beta_n}$ について，次のいずれかの条件を満たすとき，$x^\alpha <_\omega x^\beta$ とする．

(a) $0 \neq \omega \cdot (\beta - \alpha) \in \mathbb{R}_{\geq 0}$.
(b) $\omega \cdot \alpha = \omega \cdot \beta$ かつ $x^\alpha < x^\beta$.

補題 10.5 $<_\omega$ は単項式順序である．

証明． まず，$\alpha \neq (0,\ldots,0)$ に対して，$1 = x_1^0 \cdots x_n^0 <_\omega x^\alpha$ を示す．ω は非負ベクトルだから，$\omega \cdot (\alpha - 0) = \omega \cdot \alpha \in \mathbb{R}_{\geq 0}$ である．したがって，$\omega \cdot (\alpha - 0) \neq 0$ ならば，$1 <_\omega x^\alpha$ である．一方，$\omega \cdot \alpha = 0$ とすると，$<$ が単項式順序であることから，$1 < x^\alpha$ である．同様にして，$x^\alpha <_\omega x^\beta$ ならば，$x^\alpha x^\gamma <_\omega x^\beta x^\gamma$ であることを示すことができる．順序の公理を満たすことも簡単に示すことができる．　　□

練習問題 6 $x^\alpha <_\omega x^\beta$ ならば，$x^\alpha x^\gamma <_\omega x^\beta x^\gamma$ であることを示せ．

写像 $\pi : k[x_1,\ldots,x_n] \to k[t^{a_1},\ldots,t^{a_n}] \subset k[t_1, t_1^{-1},\ldots,t_d, t_d^{-1}]$ を $\pi(x_j) = t^{a_j}$ によって自然に定義する．ただし，$t^{a_j} = t_1^{a_{1j}} \cdots t_d^{a_{dj}}$ $(1 \leq j \leq n)$ である．この核 $\mathrm{Ker}\,\pi$ を A の**トーリックイデアル**と呼び，I_A で表す．すなわち，

$$I_A = \{f(x_1,\ldots,x_n) \in k[x_1,\ldots,x_n] \mid f(t^{a_1},\ldots,t^{a_n}) = 0\}$$

と定義する．このとき，I_A は $k[x_1,\ldots,x_n]$ のイデアルであり，定義からただちに以下の補題が得られる．

補題 10.6 単項式 $x^\alpha = x_1^{\alpha_1} \cdots x_n^{\alpha_n}$ と $x^\beta = x_1^{\beta_1} \cdots x_n^{\beta_n}$ について,

$$x^\beta - x^\alpha \in I_A \Longleftrightarrow A\begin{pmatrix} \alpha_1 \\ \vdots \\ \alpha_n \end{pmatrix} = A\begin{pmatrix} \beta_1 \\ \vdots \\ \beta_n \end{pmatrix}$$

いま, $\mathcal{G} = \{g_1, \ldots, g_s\}$ を I_A の $<_\omega$ に関するグレブナー基底で二項式から成るものとする.（この存在を仮定して話を進める.）

実行可能解 $\beta = {}^t(\beta_1, \ldots, \beta_n)$ を一つ探す[*4]. 単項式 $x^\beta = x_1^{\beta_1} \cdots x_n^{\beta_n}$ を g_1, ..., g_s を使って割り算をする. 一般に, 単項式を二項式で割った余りは再び単項式である. いま, $x^\beta = f_1 g_1 + \cdots + f_s g_s + x^\alpha$ と標準表示し, 余りを x^α とする.

定理 10.7（**Conti-Traverso の定理**）α は最適解の一つである.

証明. $x^\beta = \sum_{i=1}^s f_i g_i + x^\alpha$ より, $x^\beta - x^\alpha \in (g_1, \ldots, g_s) = I_A$ である. 補題 10.6 より, $A\alpha = B\beta = b$ である. 従って, α も実行可能である. 別の実行可能解 $\gamma \neq \alpha$ があったとする. このとき, $A\alpha = A\gamma = b$ であるから, 再び補題 10.6 より, $0 \neq x^\gamma - x^\alpha \in I_A$ となる. ここで, x^α は余りであるから, $x^\alpha \notin \mathrm{in}_{<_\omega}(I_A) = (\mathrm{in}_{<_\omega}(g_1), \ldots, \mathrm{in}_{<_\omega}(g_s))$ である. すると, $\mathrm{in}_{<_\omega}(x^\gamma - x^\alpha) \in \mathrm{in}_{<_\omega}(I_A)$ であるから, $\mathrm{in}_{<_\omega}(x^\gamma - x^\alpha) = x^\gamma$ である. 従って, $x^\alpha <_\omega x^\gamma$ である. このとき, $<_\omega$ の定義より, $\omega \cdot \alpha$ は $\omega \cdot \gamma$ を超えない. すなわち, α は最適解の一つである. □

例 10.8 制約条件

$$A = \begin{pmatrix} 0 & 1 & 0 & -1 \\ 0 & 0 & 1 & -1 \\ 1 & 1 & 1 & 1 \end{pmatrix}, A\begin{pmatrix} z_1 \\ z_2 \\ z_3 \\ z_4 \end{pmatrix} = \begin{pmatrix} -1 \\ -1 \\ 5 \end{pmatrix}$$

[*4] ここで,$(\beta_1, \ldots, \beta_n)$ の左肩にある ^{t} の記号は行ベクトル $(\beta_1, \ldots, \beta_n)$ を転置して列ベクトルにするという記号である.

第4章 グレブナー基底入門

を考える.コストベクトルを $\omega = (1, 1, 0, 1)$ とする.このとき,トーリックイデアル I_A のグレブナー基底は $\mathcal{G} = \{x_1^3 - x_2 x_3 x_4\}$ である.$g = x_1^3 - x_2 x_3 x_4$ とすると,$\mathrm{in}_<(g) = x_1^3$ である.また,$\beta = {}^t(4, 0, 0, 1)$ は実行可能解である.$x_1^4 x_4$ を g で割ると,

$$x_1^4 x_4 = x_1 x_4 (g + x_2 x_3 x_4) = x_1 x_4 g + x_1 x_2 x_3 x_4^2$$

となり,余りは $x_1 x_2 x_3 x_4^2$ である.従って,$\alpha = {}^t(1, 1, 1, 2)$ は最適解の一つである.

上で紹介した方法の難点は,以下の二点である.

(i) 実行可能解を探す方法が与えられていない.
(ii) A のトーリックイデアル I_A の生成系が不明である.

この難点を克服する方法を以下で解説する.

$$\tilde{A} = \left(\begin{array}{c|ccc} & 1 & & \\ A & & 1 & 0 \\ & & & \ddots \\ & 0 & & 1 \end{array} \right)$$

とおく.以下,$a_{ij}, b_i \geq 0$ を仮定する[*5].

写像 $\tilde{\pi}: k[x_1, \ldots, x_n, y_1, \ldots, y_d] \to k[t^{a_1}, \ldots, t^{a_n}, t_1, \ldots, t_d]$ を $\tilde{\pi}(x_j) = t^{a_j}$, $\tilde{\pi}(y_i) = t_i$ によって自然に定義する.この核 $\mathrm{Ker}\,\tilde{\pi}$ が $\tilde{A}$ のトーリックイデアル $I_{\tilde{A}}$ である.

補題 10.9 $I_{\tilde{A}} = (x_1 - y^{a_1}, \ldots, x_n - y^{a_n})$ が成り立つ.ただし,$y^{a_j} = y_1^{a_{1j}} \cdots y_d^{a_{dj}}\,(1 \leq j \leq n)$ である.

証明. $\tilde{\pi}(x_j - y^{a_j}) = t^{a_j} - t^{a_j} = 0$ であるから,$I_{\tilde{A}} \supset (x_1 - y^{a_1}, \ldots, x_n - y^{a_n})$

[*5] この仮定をおかない場合の議論は本章末にある.

は明白である．逆に，$f \in I_{\tilde{A}}$ とし，f に現れる x_j を y^{a_j} におきかえたものを g とすると，$f - g \in (x_1 - y^{a_1}, \ldots, x_n - y^{a_n}) \subset I_{\tilde{A}}$．したがって，$g \in I_{\tilde{A}} \cap k[y_1, \ldots, y_d]$ である．ところが，$\tilde{\pi}(y_i) = t_i$ であるから，$\tilde{\pi}(g) = 0$ より，$g = 0$ である．従って，$f \in (x_1 - y^{a_1}, \ldots, x_n - y^{a_n})$ である． □

補題 10.10 $\gamma = {}^t(\gamma_1, \ldots, \gamma_n) \in \mathbb{Z}_{\geq 0}^n$ が実行可能解であるための必要十分条件は $x_1^{\gamma_1} \cdots x_n^{\gamma_n} - y_1^{b_1} \cdots y_d^{b_d} \in I_{\tilde{A}}$ である．

証明． $\tilde{\pi}(x_1^{\gamma_1} \cdots x_n^{\gamma_n}) = (t^{a_1})^{\gamma_1} \cdots (t^{a_n})^{\gamma_n} = t^{\gamma_1 a_1 + \cdots + \gamma_n a_n} = t^{A\gamma}$ であるから，γ が実行可能解 $\iff A\gamma = b \iff \tilde{\pi}(x^\gamma) = t^b = t_1^{b_1} \cdots t_d^{b_d} = \tilde{\pi}(y_1^{b_1} \cdots y_d^{b_d}) \iff x^\gamma - y_1^{b_1} \cdots y_d^{b_d} \in I_{\tilde{A}}$． □

いま，$k[y_1, \ldots, y_d]$ の単項式順序 $<^\sharp$，$k[x_1, \ldots, x_n]$ の単項式順序 $<$ を固定し，次のいずれかを満たすとき，$x^\alpha y^\beta <_\omega^\sharp x^{\alpha'} y^{\beta'}$ とする．

(a) $y^\beta <^\sharp y^{\beta'}$．
(b) $y^\beta = y^{\beta'}$ かつ $0 \neq \omega \cdot (\alpha' - \alpha) \in \mathbb{Z}_{>0}$．
(c) $y^\beta = y^{\beta'}$ かつ $\omega \cdot \alpha' = \omega \cdot \alpha$ かつ $x^\alpha < x^{\alpha'}$．

このとき，補題 10.5 と同様の証明で次の補題が得られる．

補題 10.11 $<_\omega^\sharp$ は $k[x_1, \ldots, x_n, y_1, \ldots, y_d]$ 上の単項式順序である．

$\tilde{A}$ のトーリックイデアル $I_{\tilde{A}} = (x_1 - y^{a_1}, \ldots, x_n - y^{a_n})$ は，二項式で生成されるイデアルである．一方，一般に二項式と二項式の S 多項式は再び二項式である．また，二項式を二項式で割った余りは二項式である．従って，Buchberger アルゴリズムより，$I_{\tilde{A}}$ のグレブナー基底で二項式から成るものが存在する．そのグレブナー基底を $\mathcal{G}$ で表す．単項式を二項式で割り算すると余りは単項式であるから，$\mathcal{G}$ を使って単項式 $y_1^{b_1} \cdots y_d^{b_d}$ を割り算した余りは $x_1^{\alpha_1} \cdots x_n^{\alpha_n} y_1^{\beta_1} \cdots y_d^{\beta_d}$ と表せる．

第4章 グレブナー基底入門

定理 10.12 実行可能解があるならば，$\beta_1 = \cdots = \beta_d = 0$ である．更に，$\beta_1 = \cdots = \beta_d = 0$ ならば，${}^t(\alpha_1, \ldots, \alpha_n)$ は最適解の一つである．

証明． $\gamma = (\gamma_1, \ldots, \gamma_n)$ を実行可能解とすると，補題 10.10 から，$x^\gamma - y_1^{b_1} \cdots y_d^{b_d} \in I_{\tilde{A}}$ である．一方，$y_1^{b_1} \cdots y_d^{b_d}$ の割り算の余りが $x^\alpha y^\beta$ であるから，$y_1^{b_1} \cdots y_d^{b_d} - x^\alpha y^\beta \in I_{\tilde{A}}$ かつ $x^\alpha y^\beta \notin \mathrm{in}_{<_\omega^\sharp}(I_{\tilde{A}})$ である．従って，$x^\gamma - x^\alpha y^\beta \in I_{\tilde{A}}$ であるが，$x^\alpha y^\beta \notin \mathrm{in}_{<_\omega^\sharp}(I_{\tilde{A}})$ だから，$x^\alpha y^\beta <_\omega^\sharp x^\gamma$ である．すると，$\beta \neq 0$ ならば，$<_\omega^\sharp$ の定義より，$x^\gamma <_\omega^\sharp x^\alpha y^\beta$ となり，矛盾．

いま，$\beta = 0$ とする．γ が実行可能解ならば，上の議論より，$x^\gamma - x^\alpha \in I_{\tilde{A}}$ かつ $x^\alpha \notin \mathrm{in}_{<_\omega^\sharp}(I_{\tilde{A}})$ である．従って，$x^\alpha <_\omega^\sharp x^\gamma$ である．$<_\omega^\sharp$ の定義より，$\omega \cdot (\gamma - \alpha) \in \mathbb{Z}_{\geq 0}$ である．これは，$\omega \cdot \alpha$ が $\omega \cdot \gamma$ を超えないことを意味する．従って，α は最適解の一つである． $\square$

最後に，整数 a_{ij}, b_i に負の整数が含まれる一般の場合の最適解の求め方を紹介する．まず，非負整数 $c_1, \ldots, c_n, c$ を選んで，

$$A' = \begin{pmatrix} a_{11}+c_1 & \cdots & a_{1n}+c_n \\ \vdots & \ddots & \vdots \\ a_{d1}+c_1 & \cdots & a_{dn}+c_n \\ c_1 & \cdots & c_n \end{pmatrix} \in \mathbb{Z}_{\geq 0}^{(d+1) \times n}, \quad b' = \begin{pmatrix} b_1+c \\ \vdots \\ b_d+c \\ c \end{pmatrix} \in \mathbb{Z}_{\geq 0}^{d+1}$$

とする．次に，$d+n+1$ 変数多項式環 $k[x_1, \ldots, x_n, t_1, \ldots, t_d, q]$ のイデアル

$$I = (x_1 - q^{c_1} t^{a'_1}, \ldots, x_n - q^{c_n} t^{a'_n})$$

を考える．ただし，

$$a'_j = \begin{pmatrix} a_{1j}+c_j \\ \vdots \\ a_{dj}+c_j \end{pmatrix}$$

である．そして，

$$J = (I, \, qt_1 \cdots t_d - 1)$$

とおく．コストベクトル ω, $k[t_1,\ldots,t_d,q]$ 上の単項式順序 $<^*$ および $k[x_1,\ldots,x_n]$ 上の単項式順序 $<$ から $k[x_1,\ldots,x_n,t_1,\ldots,t_d,q]$ 上の単項式順序 $<^*_\omega$ を $<^\#_\omega$ と同様に定義する．イデアル J の $<^*_\omega$ に関するグレブナー基底 $\mathcal{G}$ で二項式から成るものを Buchberger アルゴリズムを使って探し，単項式 $q^c t_1^{b_1+c} \cdots t_d^{b_d+c}$ を $\mathcal{G}$ を使って割り算したときの余りを

$$x_1^{\alpha_1} \cdots x_n^{\alpha_n} q^m t_1^{\beta_1} \cdots t_d^{\beta_d}$$

とする．このとき，証明は省くが，次の定理が成り立つ．

定理 10.13 実行可能解が存在するならば，$m=\beta_1=\cdots=\beta_d=0$ である．更に，$m=\beta_1=\cdots=\beta_d=0$ のとき，${}^t(\alpha_1,\ldots,\alpha_n)$ は最適解の一つである．

練習問題 7 簡単な整数計画問題を作ってグレブナー基底を使って解け．

参考文献

[1] W. Adams and P. Loustaunau, "An Introduction to Gröbner Bases," Amer. Math. Soc., Providence, RI, 1994.
[2] T. Becker and V. Weispfenning, "Gröbner Bases," Springer-Verlag, Berlin, Heidelberg, New York, 1993.
[3] D. Cox, J. Little and D. O'Shea, "Ideals, Varieties and Algorithms," Springer-Verlag, Berlin, Heidelberg, New York, 1992.
[4] 日比孝之,『グレブナー基底』, 朝倉書店, 2003.
[5] 日比孝之 (編集),『グレブナー基底の現在 (いま)』, 数学書房, 2006.
[6] B. Sturmfels, "Gröbner Bases and Convex Polytopes," Amer. Math. Soc., Providence, RI, 1995.

文献についてコメントをつけておくこととする．[1, 2, 3, 4] はグレブナー基底の入門書であり，多項式環の初歩に馴染みがあれば，十分に読破できる．いずれの教科書も学部学生のセミナーには適している．[5] は 2006 年に京都大学数理解析研究所において開催された「グレブナー基底 夏の学校」の

第 4 章　グレブナー基底入門

テキストである．10 編の論説が掲載されており，グレブナー基底の理論と応用の最近の潮流を紹介している．グレブナー基底の研究を志す若手研究者が宝の山を発掘するためのガイドブックである．[6] はグレブナー基底と凸多面体の理論を紹介していて，大学院生向けのセミナーテキストとしても使うことができる．

第5章　判別式と終結式

宮西　正宜・増田　佳代

　1変数の多項式を1次式の積に分解したり，また，その逆の操作をすることは高校で繰り返し学習したことである．このような操作は方程式の解を求めるのに必要であるが，また，代数学においてさまざまな定理と結びついている．まず，第1節において判別式について解説しよう．簡単に言えば，判別式は方程式が重解をもつための条件を係数の多項式として表すものである．2次式に止まらず3次以上の高次式に対しても定義できるが，計算は難しくなる．判別式が消えることは与えられた方程式 $f(x)=0$ とその微分 $f'(x)=0$ が共通解をもつことに同値である．また，任意に与えられた2つの方程式 $f(x)=0$ と $g(x)=0$ が共通解をもつための条件を $f(x)$ と $g(x)$ の係数で表すことができる．これが $f(x)$ と $g(x)$ の終結式であり，第2節で詳しく取り扱う．第2節では終結式の一つの応用として，xy 平面上のパラメータ t によって曲線上の点の座標が与えられているとき，その曲線の方程式を求めることを考えてみよう．いずれの場合においても，高次の多項式を取り扱うには複雑な計算が伴う．計算の仕方を工夫するとともに，Mapleのような数式処理ソフトを使いこなすことが求められる．説明中に用いた体論の結果については第3節で解説を与えた．

第5章　判別式と終結式

1　判別式

1.1　2次式の判別式

実数全体の集合を $\mathbb{R}$, 複素数全体の集合を $\mathbb{C}$ で表す．これらは加減乗除が定義された集合であり，それぞれ，**実数体**，**複素数体**とよぶ．一般に，加減乗除の四則演算で閉じた集合を**体**というが，その定義については第3節の説明を参照されたい．

K を体として，K に係数をもつ変数 x の多項式

$$f(x) = a_0 x^n + a_1 x^{n-1} + \cdots + a_{n-1} x + a_n, \ \forall a_i \in K$$

について，$a_0 \neq 0$ ならば，$f(x)$ は**次数** n の多項式といい，簡単に，n **次式**という．$n = \deg f(x)$ と書く．このとき，a_0 は**最高次の係数**という．K-係数の多項式全体の集合を $K[x]$ で表す．2つの多項式 $f(x)$ と $g(x)$ を加えたり，積を取ったりすることができる．ただし，2つの多項式 $f(x)$ と $g(x)$ が与えられたとき，$g(x) \neq 0$ としても，一般に $f(x)$ を $g(x)$ で割り切ることはできないから，除法は定義されない．

さて，2次式

$$f(x) = ax^2 + bx + c, \ a \neq 0 \tag{1}$$

を考えよう．方程式 $f(x) = 0$ が解 α をもてば，$f(\alpha) = 0$ であるから，除法の定理によって，

$$f(x) = a(x - \alpha)(x - \beta)$$

と書けて，もう1つの解 β も見つかる．さらに，解と係数の間には

$$\alpha + \beta = -\frac{b}{a}, \quad \alpha\beta = \frac{c}{a}$$

という関係がある．ここで，2つの解 α と β が一致する条件を考えてみよう．高校では，(1)の判別式を

$$D = b^2 - 4ac$$

と定義するとき，$\alpha=\beta$ となる必要十分条件は $D=0$ である，という判定条件を学習している．

しかし，直感的には重解をもつ必要十分条件は $\alpha-\beta=0$ となることである．ここで，$\Delta=\alpha-\beta$ とおいて $f(x)$ の**差積**または**等差式**という．しかし，Δ は α と β を入れ替えると，$-\Delta$ となって，符合は一定ではない．そこで Δ^2 を考えると，その符号は α と β の入れ替えで変わらない．

さて，

$$\Delta^2 = (\alpha-\beta)^2 = (\alpha+\beta)^2 - 4\alpha\beta$$

$$= \frac{b^2}{a^2} - \frac{4ac}{a^2} = \frac{1}{a^2}(b^2-4ac)$$

となるから，$a^2\Delta^2=D$ という関係がある．

$f(x)=0$ が重解をもつとき，$f(x)=a(x-\alpha)^2$ とかけて，その導関数は $f'(x)=2a(x-\alpha)$ となる．すなわち，$f(x)=0$ と $f'(x)=0$ は共通解 $x=\alpha$ をもつ．もとの方程式に戻ると，

$$f(x)=ax^2+bx+c \quad \text{と} \quad f'(x)=2ax+b$$

が共通因子を持つことである．$f'(x)=0$ を解くと，$x=-\dfrac{b}{2a}$ となり，この解を $f(x)$ に代入すると

$$f\left(-\frac{b}{2a}\right) = \frac{b^2}{4a} - \frac{b^2}{2a} + c = -\frac{b^2}{4a} + c$$

$$= -\left(\frac{b^2-4ac}{4a}\right) = -\frac{D}{4a}$$

となる．よって，$f(x)=0$ が重解をもつ条件が $D=0$ であることが示された．

また，後に終結式のところで述べることがらであるが，次の $f(x)$ と $f'(x)$ の係数を並べた行列式の値も D に関係している．

第5章　判別式と終結式

$$\begin{vmatrix} a & b & c \\ 2a & b & 0 \\ 0 & 2a & b \end{vmatrix} = 4a^2c - ab^2 = -a(b^2-4ac) = -aD \tag{2}$$

ここで，上式の左辺は2次式$f(x)$とその導関数$f'(x)$のxに関する**終結式（resultant）**と呼ばれるもので，$\mathrm{Res}_x(f(x), f'(x))$と表す．その定義と結果は第2節で詳しく説明する．

1.2　3次式と4次式の判別式

以上のような関係が，3次式の場合にどうなるかを考えてみよう．3次式を

$$f(x) = ax^3 + bx^2 + cx + d,\ a \neq 0 \tag{3}$$

とおいて，

$$f(x) = a(x-\alpha)(x-\beta)(x-\gamma)$$

と分解したとしよう．ただし，

$$\alpha + \beta + \gamma = -\frac{b}{a},\ \alpha\beta + \beta\gamma + \gamma\alpha = \frac{a}{c},\ \alpha\beta\gamma = -\frac{d}{a}$$

である．このような分解は，Kが複素数体であれば，存在することが知られている．$f(x)$の差積を

$$\Delta = (\alpha - \beta)(\alpha - \gamma)(\beta - \gamma)$$

とおく．さらに，判別式を$D = \Delta^2$で定義して，Dを$f(x)$の係数で表してみよう．

実は，Dはα, β, γの順番を入れ替えても変わらない式であり，そのような式は，$\alpha+\beta+\gamma$, $\alpha\beta+\beta\gamma+\gamma\alpha$, $\alpha\beta\gamma$の式として表されることが知られている．計算は複雑で手計算ではあきらめてしまいそうになる．そこでMapleを使って計算を実行すると次のようになる．

$$\begin{aligned}D =\ & -2\alpha^4\beta\gamma+2\alpha^2\gamma^3\beta+2\alpha\beta^2\gamma^3-2\beta^4\alpha\gamma+2\alpha^2\beta^3\gamma+2\alpha^3\gamma\beta^2+2\alpha\beta^3\gamma^2\\&+2\alpha^3\gamma^2\beta-6\alpha^2\gamma^2\beta^2-2\alpha\beta\gamma^4+\alpha^4\beta^2+\alpha^4\gamma^2-2\alpha^3\gamma^3+\alpha^2\gamma^4-2\alpha^3\beta^3+\beta^4\alpha^2\\&+\beta^4\gamma^2-2\beta^3\gamma^3+\beta^2\gamma^4\\=\ &(\alpha+\beta+\gamma)^2(\alpha\beta+\beta\gamma+\alpha\gamma)^2-4(\alpha+\beta+\gamma)^3\alpha\beta\gamma-4(\alpha\beta+\beta\gamma+\alpha\gamma)^3\\&+18(\alpha+\beta+\gamma)(\alpha\beta+\beta\gamma+\alpha\gamma)\alpha\beta\gamma-27\alpha^2\beta^2\gamma^2\\=\ &\frac{1}{a^4}(b^2c^2-4b^3d-4ac^3+18abcd-27a^2d^2)\end{aligned} \qquad(4)$$

1.2.1 Maple の計算についての注意

上の計算で最初の等式は $D=(\alpha-\beta)^2(\alpha-\gamma)^2(\beta-\gamma)^2$ を Maple で展開させて得られる．しかし，2 番目の等式を Maple で得るのは難しい．そこで，第 2 節に述べる終結式を使った判別式の表示から，(2)式を拡張した次の(5)式が成り立つと仮定する．

$$-aD = \begin{vmatrix} a & b & c & d & 0 \\ 0 & a & b & c & d \\ 3a & 2b & c & 0 & 0 \\ 0 & 3a & 2b & c & 0 \\ 0 & 0 & 3a & 2b & c \end{vmatrix} \qquad(5)$$

$a=1$ の場合に，上の行列式の値を求めて

$$D = b^2c^2-4b^3d-4c^3+18bcd-27d^2$$

を導く．$a=1$ ならば，$b=-(\alpha+\beta+\gamma)$，$c=\alpha\beta+\beta\gamma+\gamma\alpha$，$d=-\alpha\beta\gamma$ が成立するから，上式に代入して，

$$\begin{aligned}D=\ &(\alpha+\beta+\gamma)^2(\alpha\beta+\beta\gamma+\alpha\gamma)^2-4(\alpha+\beta+\gamma)^3\alpha\beta\gamma-4(\alpha\beta+\beta\gamma+\alpha\gamma)^3\\&+18(\alpha+\beta+\gamma)(\alpha\beta+\beta\gamma+\alpha\gamma)\alpha\beta\gamma-27\alpha^2\beta^2\gamma^2\end{aligned}$$

と推量したのである．この展開が $(\alpha-\beta)^2(\alpha-\gamma)^2(\beta-\gamma)^2$ に等しいかどうかは Maple で確かめればよい．

第 5 章　判別式と終結式

1.2.2　4 次式の判別式

1.2.1 で述べた方針で，次の 4 次式の判別式を求めてみよ．

$$f(x)=ax^4+bx^3+cx^2+dx+e=a(x-\alpha)(x-\beta)(x-\gamma)(x-\delta)$$

ただし，解と係数の間には次の関係式がある．

$$\alpha+\beta+\gamma+\delta=-\frac{b}{a},\quad \alpha\beta+\alpha\gamma+\alpha\delta+\beta\gamma+\beta\delta+\gamma\delta=\frac{c}{a}$$

$$\alpha\beta\gamma+\alpha\beta\delta+\alpha\gamma\delta+\beta\gamma\delta=-\frac{d}{a},\quad \alpha\beta\gamma\delta=\frac{e}{a}$$

判別式は

$$D=(\alpha-\beta)^2(\alpha-\gamma)^2(\alpha-\delta)^2(\beta-\gamma)^2(\beta-\delta)^2(\gamma-\delta)^2$$

で定義するが，この式を展開して次の式が成立することを確かめよ．

$(\alpha-\beta)^2(\alpha-\gamma)^2(\alpha-\delta)^2(\beta-\gamma)^2(\beta-\delta)^2(\gamma-\delta)^2=$
$27(\alpha+\beta+\gamma+\delta)^4(\alpha\beta\gamma\delta)^2+4(\alpha+\beta+\gamma+\delta)^3(\alpha\beta\gamma+\alpha\beta\delta+\alpha\gamma\delta+\beta\gamma\delta)^3$
$-18(\alpha+\beta+\gamma+\delta)^3(\alpha\beta+\alpha\gamma+\alpha\delta+\beta\gamma+\beta\delta+\gamma\delta)$
$\times(\alpha\beta\gamma+\alpha\beta\delta+\alpha\gamma\delta+\beta\gamma\delta)(\alpha\beta\gamma\delta)$
$+6(\alpha+\beta+\gamma+\delta)^2(\alpha\beta\gamma+\alpha\beta\delta+\alpha\gamma\delta+\beta\gamma\delta)^2\alpha\beta\gamma\delta$
$-144(\alpha+\beta+\gamma+\delta)^2(\alpha\beta+\alpha\gamma+\alpha\delta+\beta\gamma+\beta\delta+\gamma\delta)(\alpha\beta\gamma\delta)^2$
$-(\alpha+\beta+\gamma+\delta)^2(\alpha\beta+\alpha\gamma+\alpha\delta+\beta\gamma+\beta\delta+\gamma\delta)^2(\alpha\beta\gamma+\alpha\beta\delta+\alpha\gamma\delta+\beta\gamma\delta)^2$
$+4(\alpha+\beta+\gamma+\delta)^2(\alpha\beta+\alpha\gamma+\alpha\delta+\beta\gamma+\beta\delta+\gamma\delta)^3(\alpha\beta\gamma\delta)$
$+80(\alpha+\beta+\gamma+\delta)(\alpha\beta+\alpha\gamma+\alpha\delta+\beta\gamma+\beta\delta+\gamma\delta)^2(\alpha\beta\gamma+\alpha\beta\delta+\alpha\gamma\delta+\beta\gamma\delta)\alpha\beta\gamma\delta$
$-18(\alpha+\beta+\gamma+\delta)(\alpha\beta+\alpha\gamma+\alpha\delta+\beta\gamma+\beta\delta+\gamma\delta)(\alpha\beta\gamma+\alpha\beta\delta+\alpha\gamma\delta+\beta\gamma\delta)^3$
$+192(\alpha+\beta+\gamma+\delta)(\alpha\beta\gamma+\alpha\beta\delta+\alpha\gamma\delta+\beta\gamma\delta)(\alpha\beta\gamma\delta)^2$
$-16(\alpha\beta+\alpha\gamma+\alpha\delta+\beta\gamma+\beta\delta+\gamma\delta)^4\alpha\beta\gamma\delta$
$+4(\alpha\beta+\alpha\gamma+\alpha\delta+\beta\gamma+\beta\delta+\gamma\delta)^3(\alpha\beta\gamma+\alpha\beta\delta+\alpha\gamma\delta+\beta\gamma\delta)^2$
$-144(\alpha\beta+\alpha\gamma+\alpha\delta+\beta\gamma+\beta\delta+\gamma\delta)(\alpha\beta\gamma+\alpha\beta\delta+\alpha\gamma\delta+\beta\gamma\delta)^2\alpha\beta\gamma\delta$
$+128(\alpha\beta+\alpha\gamma+\alpha\delta+\beta\gamma+\beta\delta+\gamma\delta)^2(\alpha\beta\gamma\delta)^2$

$$+27(\alpha\beta\gamma+\alpha\beta\delta+\alpha\gamma\delta+\beta\gamma\delta)^4-256(\alpha\beta\gamma\delta)^3$$

したがって，$a=1$ のときは，
$$\begin{aligned}D=&27b^4e^2+4b^3d^3-18b^3cde+6b^2d^2e-144b^2ce^2-b^2c^2d^2+4b^2c^3e\\&+80bc^2de-18bcd^3+192bde^2-16c^4e+4c^3d^2-144cd^2e\\&+128c^2e^2+27d^4-256e^3\end{aligned}$$

が得られる．このような計算は手計算では推量することも実行することも無理である．この計算の背後には

$$D=-\mathrm{Res}_x(f,f')=-\begin{vmatrix}1 & b & c & d & e & 0 & 0\\0 & 1 & b & c & d & e & 0\\0 & 0 & 1 & b & c & d & e\\4 & 3b & 2c & d & 0 & 0 & 0\\0 & 4 & 3b & 2c & d & 0 & 0\\0 & 0 & 4 & 3b & 2c & d & 0\\0 & 0 & 0 & 4 & 3b & 2c & d\end{vmatrix}$$

という等式がある．$\mathrm{Res}_x(f,f')$ の定義については第2節に述べる．

1.2.3 チルンハウゼン変換

3次式，4次式の判別式は複雑で分りにくい形をしている．そこで，方程式の一般性を失わないで，少なくとも解は元の方程式のものと平行移動する分だけしか違わないように，方程式を変形することを考えよう．

$$f(x)=a_0x^n+a_1x^{n-1}+\cdots+a_{n-1}x+a_n=0,\ a_0\neq 0$$

という方程式が与えられれば，$f(x)$ の代わりに $\dfrac{1}{a_0}f(x)$ を考えて，始めから $a_0=1$ 仮定しても差し支えない．このことは，断りなしに上の議論でも使っている．すなわち，

$$f(x)=x^n+a_1x^{n-1}+\cdots+a_{n-1}x+a_n \tag{6}$$

第5章　判別式と終結式

という多項式から出発する．次いで，変数 x を $x' = x + \dfrac{a_1}{n}$ で置き換えてみよう．$x = x' - \dfrac{a_1}{n}$ を(6)式に代入すると，

$$\begin{aligned}
f(x) &= \left(x' - \frac{a_1}{n}\right)^n + a_1 \left(x' - \frac{a_1}{n}\right)^{n-1} + \cdots + a_n \\
&= \left\{ x'^n - a_1 x'^{n-1} + \frac{(n-1)a_1^2}{2n} x'^{n-2} + \cdots + (-1)^n \left(\frac{a_1}{n}\right)^n \right\} \\
&\quad + a_1 \left\{ x'^{n-1} - \frac{(n-1)a_1}{n} x'^{n-2} + \cdots \right\} + \cdots + a_n \\
&= x'^n - \frac{(n-1)a_1^2}{2n} x'^{n-2} + (x' \text{の低次の項})
\end{aligned}$$

となって，$f(x)$ は x' の多項式として x'^{n-1} の項をもたない．よって，この変換を許せば，(6)式は次の形をしていると仮定しても一般性を失わない．

$$f(x) = x^n + a_2 x^{n-2} + a_3 x^{n-3} + \cdots + a_n \tag{7}$$

この変換を多項式 $f(x)$ の**チルンハウゼン（Tschirnhausen）変換**という．$n = 2$ ならば，$f(x) = x^2 + bx + c$ を

$$f(x) = \left(x + \frac{b}{2}\right)^2 + \left(c - \frac{b^2}{4}\right)$$

と変換することだから，これは2次式の完全平方化に他ならない．

(7)式の形の場合には，判別式は大幅に簡略化される．例えば，3次式

$$f(x) = x^3 + ax + b \tag{8}$$

の判別式は，(4)式に $a = 1$，$b = 0$ を代入して $D = -(4c^3 + 27d^2)$ を得るから，

$$D = -(4a^3 + 27b^2) \tag{9}$$

となる．また，4次式

$$f(x) = x^4 + ax^2 + bx + c \tag{10}$$

の場合には，同様にして，

$$D = -16a^4c + 4a^3b^2 - 144ab^2c + 128a^2c^2 + 27b^4 - 256c^3 \tag{11}$$

が得られる．

ここで，特別な 4 次式を選んで判別式を考えてみよう．

I．$f(x) = x^4 + ax^2 + b$ の場合には，(11)式から

$$D = -(16a^4b - 128a^2b^2 + 256b^3) = -16b(a^2 - 4b)^2$$

となる．これは，$f(x) = (x^2)^2 + a(x^2) + b$ と書けば，$f(x)$ は x^2 に関する 2 次式となる．その解を α, β とすれば，$x = \pm\sqrt{\alpha}, \pm\sqrt{\beta}$ と定まるから，$b \neq 0$ のときには重解をもつ必要十分条件が $a^2 - 4b = 0$ で与えられることを示している．

II．$f(x) = x(x^3 + bx^2 + cx + d)$ の場合には，

$$D = -d^2(b^2c^2 - 4b^3d + 18bcd - 4c^3 - 27d^2)$$

となって，括弧の中には 3 次式 $g(x) = x^3 + bx^2 + cx + d$ の判別式が現れる．

1.3 対称式

$x_1, x_2, \ldots, x_n$ を n 個の独立変数とする．1 変数多項式の拡張として $x_1, x_2, \ldots, x_n$ の多項式

$$f(x_1, \ldots, x_n) = \sum_{\alpha_1, \ldots, \alpha_n} a_{\alpha_1, \ldots, \alpha_n} x_1^{\alpha_1} \cdots x_n^{\alpha_n}$$

を考えることができる．ここで，$\sum_{\alpha_1, \ldots, \alpha_n}$ という記号は，$\alpha_1, \ldots, \alpha_n$ が独立に 0, 1, … と負でない整数の値を取ることを意味する．また，係数 $a_{\alpha_1, \ldots, \alpha_n}$ は体 K の元から取ってくるものとする．このような n 変数の多項式の間で加減法と乗法が定義される．それらの全体を $K[x_1, x_2, \ldots, x_n]$ という記号

で表す.

ここで，n 文字の置換について復習しよう．n 文字にラベルをつけて，その集合を簡単に $\{1, 2, \ldots, n\}$ と表しておく．n 文字の置換とは，集合 $\{1, 2, \ldots, n\}$ から自分自身 $\{1, 2, \ldots, n\}$ 上への 1：1 写像である．その 1 つを σ とすれば，σ は次のように表してもよい．

$$\sigma = \begin{pmatrix} 1 & 2 & 3 & \cdots & n \\ \sigma(1) & \sigma(2) & \sigma(3) & \cdots & \sigma(n) \end{pmatrix}$$

簡単に言えば，列 $\sigma(1), \sigma(2), \ldots, \sigma(n)$ は列 $1, 2, \ldots, n$ の数字を並べ替えたに過ぎない．したがって，n 文字の置換は全部で $n!$ 個ある．それら全部の集合を S_n で表すことにする．$\sigma \in S_n$ が与えられると，上の多項式 $f(x_1, \ldots, x_n)$ から多項式

$$\sigma(f)(x_1, \ldots, x_n) := \sum_{\alpha_1, \ldots, \alpha_n} a_{\alpha_1, \ldots, \alpha_n} x_{\sigma(1)}^{\alpha_1} \cdots x_{\sigma(n)}^{\alpha_n}$$

を作ることができる．例えば，

$$n=3,\ f(x_1, x_2, x_3) = x_1^2 + x_2^3 + x_3^4,\ \sigma = \begin{pmatrix} 1 & 2 & 3 \\ 3 & 1 & 2 \end{pmatrix}$$

ならば，$\sigma(f)(x_1, x_2, x_3) = x_3^2 + x_1^3 + x_2^4$ となる．

n 変数多項式 $f(x_1, \ldots, x_n)$ は，S_n のすべての元 σ に対して $\sigma(f) = f$ となるとき，**対称式**であるという．

例 1.1. $1 \leq k \leq n$ に対して，k 次の多項式 $s_k(x_1, \ldots, x_n)$ を

$$s_k(x_1, \ldots, x_n) = \sum_{1 \leq i_1 < i_2 < \cdots < i_k \leq n} x_{i_1} x_{i_2} \cdots x_{i_k}$$

と定義する．ここで，$\sum_{1 \leq i_1 < i_2 < \cdots < i_k \leq n}$ は 1 から n までの間にある k 個の数字の列 $i_1, i_2, \ldots, i_k$ を条件 $i_1 < i_2 < \cdots < i_k$ を満たすようにすべて取ることを意味する．

例えば，$n=3$ ならば，$s_1 = x_1 + x_2 + x_3$, $s_2 = x_1 x_2 + x_1 x_3 + x_2 x_3$, $s_3 = x_1 x_2 x_3$ である．

一般に，次のことが言える．

補題 1.2. T を変数とすると，次の恒等式が存在する．

$$(T-x_1)(T-x_2)\cdots(T-x_n) =$$
$$T^n - s_1 T^{n-1} + s_2 T^{n-2} + \cdots + (-1)^k s_k T^{n-k} + \cdots + (-1)^n s_n$$

補題 1.2 は解と係数の関係を述べていると見ることができる．

定理 1.3 $f(x_1,\ldots,x_n)$ が K-係数の n 変数の対称式ならば，$f(x_1,\ldots,x_n)$ は $s_1, s_2, \ldots, s_n$ に関する K-係数の多項式として表される．

一般の n 次式 $f(x) = x^n + a_1 x^{n-1} + \cdots + a_{n-1} x + a_n$ に戻って，$f(x) = (x-\alpha_1)\cdots(x-\alpha_n)$ と形式的に展開したとき，$D = \prod_{i<j}(\alpha_i - \alpha_j)^2$ を $f(x)$ の**判別式**という．ただし，$\prod_{i<j}$ は，$1, \ldots, n$ の中から $i<j$ となるすべての組 (i,j) を取って，対応する因子 $(\alpha_i - \alpha_j)^2$ を掛け合わせることを意味する．このとき，D は $\alpha_1, \ldots, \alpha_n$ の対称式になるので，補題 1.2 と定理 1.3 を使うと，D は $f(x)$ の係数 $a_1, \ldots, a_n$ の多項式として表されることが分かる．

1.4 方程式の多重解

3 次方程式

$$f(x) = x^3 + ax + b = 0 \tag{12}$$

が重解をもつ[*1]必要十分条件は

$$D = -(4a^3 + 27b^2) = 0 \tag{13}$$

であった．条件(13)のもとでは次の3つの条件は同値である．

(1) $a = 0$.

(2) $a = b = 0$.

(3) (12)式は 3 重解 $x=0$ をもつ．

ここで，$D=0$, $a \neq 0$ として $t = \dfrac{3b}{2a}$ とおけば，$\left(\dfrac{3b}{2a}\right)^2 = -\dfrac{a}{3}$ だから，

[*1] ある解が 2 度以上現れることを意味している．ちょうど 2 度現れるときは 2 重解，3 度現れるときは 3 重解という．この言葉遣いは 3 次以上の高次方程式でも同じである．

第5章　判別式と終結式

$a = -3t^2$, $b = -2t^3$ と表されて，(12)式は

$$f(x) = (x+t)^2(x-2t)$$

と因数分解される．t が値 0 に近づくと，a と b も 0 に近づき，(12)の3次式の解は3重解 $x=0$ に近づく．

4次方程式

$$f(x) = x^4 + ax^2 + bx + c \qquad (14)$$

についても同様にして考えてみよう．$f(x)=0$ が重解を持つとして，その重解を $x=-t$ と置く．他の2解を $x=-u$，$x=v$ とすれば $f(x)=(x+t)^2(x+u)(x-v)$ と表されるが，$f(x)$ の3次の項の係数は0 としているので，$v=2t+u$ となる．すなわち，(14)式は次のように表される．

$$f(x) = (x+t)^2(x+u)(x-2t-u) \qquad (15)$$

(15)式は $u=-t$ のとき，$f(x)=(x+t)^2(x-t)^2$ となって，重解 $x=t$ と $x=-t$ をもつ．このとき，$f(x)=0$ は解 $(-t, -t, t, t)$ をもつということにする．同様にして，$u=t$ のときは解 $(-t, -t, -t, 3t)$ をもち，$u=-3t$ のときは解 $(-t, -t, -t, -3t)$ をもつ．さらに，$t=0$ のときは4重解 $x=0$ をもつ．これを (t, u) 平面上で図示すると次のようになる．

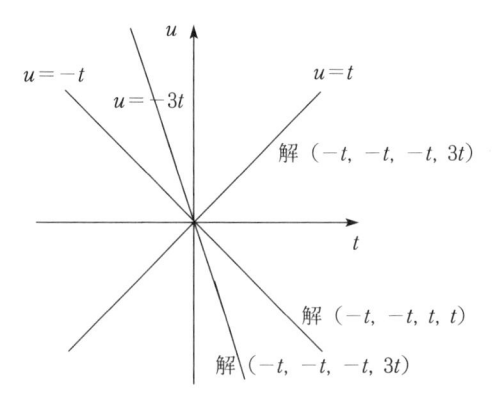

1.4.1 再び判別式へ

式(15)の右辺を展開して(14)式と係数を比較すると，次の関係が得られる．

$$a = -u^2 - 2tu - 3t^2, \ b = -2tu^2 - 4t^2u - 2t^3, \ c = -t^2u^2 - 2t^3u$$

これら3つの式からtとuを消去すると，a, b, cの関係式が得られる．それは次節で述べる終結式を用いて，次のように計算される．そのために，次の記号を導入する．

$$G = u^2 + 2tu + 3t^2 + a, \ H = 2tu^2 + 4t^2u + 2t^3 + b, \ K = t^2u^2 + 2t^3u + c$$

ここで，GとHをuの多項式と見て，$G=0, H=0$が共通解をもつ条件は$GH := \mathrm{Res}_u(G, H) = 0$である．同様に，$H=0$と$K=0$が共通解をもつ条件は$HK := \mathrm{Res}_u(H, K) = 0$である．実際にMapleを使って計算すると，

$$GH = (4t^3 + 2at - b)^2, \ HK = t^2(2t^4 + bt - 2c)^2$$

となる．そこでGHとHKをtの多項式と見て，$GH=0$と$HK=0$がtの共通解をもつ条件を求めると，$GHK = \mathrm{Res}_t(GH, HK) = 0$となる．実際に計算すると，

$$GHK = \{8b(-16a^4c + 4a^3b^2 - 144ab^2c + 128a^2c^2 + 27b^4 - 256c^3)\}^4$$

となって，(11)式の判別式が本質的に得られていることが分る．

2 終結式

2.1 定義と定理

前節の説明では肝心なところは終結式と呼ばれるものの計算に帰着されることが分った．本節では，変数xに関する2つの式

$$f(x) = a_0 x^m + a_1 x^{m-1} + \cdots + a_{m-1} x + a_m \ (a_0 \neq 0)$$

第5章 判別式と終結式

$$g(x) = b_0 x^n + b_1 x^{n-1} + \cdots + b_{n-1} x + b_n \quad (b_0 \neq 0)$$

の終結式を定義し，その意味付けをしよう．

まず，$f(x)$ と $g(x)$ の係数を，$f(x)$ の係数をずらせながら n 回，$g(x)$ の係数をずらせながら m 回，並べて作った $n+m$ 次の行列式

$$\begin{vmatrix} a_0 & a_1 & \cdots & \cdots & a_{m-1} & a_m & 0 & \cdots & \cdots & 0 \\ 0 & a_0 & a_1 & \cdots & \cdots & a_{m-1} & a_m & 0 & \cdots & 0 \\ 0 & 0 & a_0 & a_1 & \cdots & \cdots & a_{m-1} & a_m & \cdots & 0 \\ & & \ddots & \ddots & & & & \ddots & \ddots & \\ 0 & 0 & \cdots & 0 & a_0 & a_1 & \cdots & \cdots & a_{m-1} & a_m \\ b_0 & b_1 & \cdots & \cdots & b_{n-1} & b_n & 0 & \cdots & \cdots & 0 \\ 0 & b_0 & b_1 & \cdots & \cdots & b_{n-1} & b_n & 0 & \cdots & 0 \\ 0 & 0 & b_0 & b_1 & \cdots & & b_{n-1} & b_n & \cdots & 0 \\ & & \ddots & \ddots & & & & \ddots & \ddots & \\ 0 & 0 & \cdots & 0 & b_0 & b_1 & \cdots & \cdots & b_{n-1} & b_n \end{vmatrix}$$

を $f(x)$ と $g(x)$ の**終結式**といい，$\mathrm{Res}(f, g)$ または $\mathrm{Res}_x(f, g)$ とかく．

終結式のもつ意味は次の定理に帰着される．

定理 2.1 方程式 $f(x) = 0$ と $g(x) = 0$ が共通解をもつための必要十分条件は $\mathrm{Res}(f, g) = 0$ である．

また，判別式と終結式の関係については次の結果が知られている．

定理 2.2 n 次式 $f(x) = x^n + a_1 x^{n-1} + \cdots + a_{n-1} x + a_n$ の判別式 D と終結式 $\mathrm{Res}_x(f, f')$ の間には関係式 $D = (-1)^{\frac{n(n-1)}{2}} \mathrm{Res}(f, f')$ がある．

2.2 条件の必要性

以下の 2.2 分節と 2.4 分節で定理 2.1 の証明を与えよう．$X_1, X_2, \ldots, X_{m+n}$ を $m+n$ 個の変数として，次の行列表示をもつ斉次連立一次方程式を考えてみよう．

$$\begin{pmatrix} a_0 & a_1 & \cdots & \cdots & a_{m-1} & a_m & 0 & \cdots & \cdots & 0 \\ 0 & a_0 & a_1 & \cdots & \cdots & a_{m-1} & a_m & 0 & \cdots & 0 \\ 0 & 0 & a_0 & a_1 & \cdots & \cdots & a_{m-1} & a_m & \cdots & 0 \\ & \ddots & \ddots & & & & & \ddots & \ddots & \\ 0 & 0 & \cdots & 0 & a_0 & a_1 & \cdots & \cdots & a_{m-1} & a_m \\ b_0 & b_1 & \cdots & \cdots & b_{n-1} & b_n & 0 & \cdots & \cdots & 0 \\ 0 & b_0 & b_1 & \cdots & \cdots & b_{n-1} & b_n & 0 & \cdots & 0 \\ 0 & 0 & b_0 & b_1 & \cdots & \cdots & b_{n-1} & b_n & \cdots & 0 \\ & \ddots & \ddots & & & & & \ddots & \ddots & \\ 0 & 0 & \cdots & 0 & b_0 & b_1 & \cdots & \cdots & b_{n-1} & b_n \end{pmatrix} \begin{pmatrix} X_{m+n} \\ X_{m+n-1} \\ X_{m+n-2} \\ \vdots \\ X_{m+1} \\ X_m \\ X_{m-1} \\ X_{m-2} \\ \vdots \\ X_1 \end{pmatrix} = \begin{pmatrix} 0 \\ 0 \\ 0 \\ \vdots \\ 0 \\ 0 \\ 0 \\ 0 \\ \vdots \\ 0 \end{pmatrix}$$

さて,$f(x)=0$ と $g(x)=0$ が共通解 $x=\lambda$ をもったとしよう.すると,

$$(X_{m+n}, X_{m+n-1}, \ldots, X_2, X_1) = (\lambda^{m+n-1}, \lambda^{m+n-2}, \ldots, \lambda, 1)$$

は容易に確かめられるように,上の連立方程式の自明でない解である.したがって,斉次連立一次方程式が自明でない解をもつための,線形代数学における定理から,係数行列の行列式 $\mathrm{Res}(f, g)=0$ である.実際,係数行列を C とおけば,$\det C = \mathrm{Res}(f, g) \neq 0$ ならば,C の逆行列 C^{-1} が存在して,連立方程式の解は一意的に $C^{-1}\,{}^t(0, 0, \ldots, 0)$ と定まる[*2].よって,自明でない解は存在しないことになる.よって,$\mathrm{Res}(f, g)=0$ が方程式 $f(x)=0$ と $g(x)=0$ が共通解をもつための必要条件であることが示された.

2.3　1変数多項式の性質

次に,$\mathrm{Res}(f, g)=0$ ならば,$f(x)=0$ と $g(x)=0$ は共通解をもつことを示したいのであるが,次の2.4分節で述べる証明には1変数多項式の性質をいろいろと用いる.証明を読まずに結果だけを眺めて,次の2.4分節に進むのも一つの方法である.

ここでは,体 K 上の1変数多項式の集合 $K[x]$ を考える.多項式 $f(x)=$

[*2] ここで,${}^t(0, 0, \ldots, 0)$ は行ベクトル $(0, 0, \ldots, 0)$ の転置である列ベクトルを表している.

$a_0 x^m + a_1 x^{m-1} + \cdots + a_m$ の最高次の係数 $a_0 \neq 0$ ならば，$f(x)$ を $a_0^{-1} f(x)$ に代えて，最高次の係数を 1 の多項式に変形できる．

次の結果は高校で学習した多項式の**剰余の定理**を一般化したものである．

補題 2.3 $h(x), k(x) \in K[x]$ について，$k(x) \neq 0$ ならば，多項式 $q(x)$, $r(x) \in K[x]$ が存在して，

$$h(x) = q(x)k(x) + r(x), \quad r(x) = 0 \text{ または } 0 \leq \deg r(x) < \deg k(x).$$

このような多項式 $q(x), r(x)$ はただ一通りに定まる．

証明． $\deg h(x)$ に関する帰納法で，$q(x)$ と $r(x)$ が存在することを証明する．$\deg h(x) < \deg k(x)$ の場合には，$q(x) = 0, r(x) = h(x)$ と置けばよい．$\deg h(x) \geq \deg k(x)$ の場合には，$n = \deg h(x)$, $m = \deg k(x)$ として，$h_1(x) = h(x) - \dfrac{c_0}{d_0} x^{n-m} k(x)$ と置く．ただし，c_0, d_0 はそれぞれ $h(x), k(x)$ の最高次の係数である．このとき，$\deg h_1(x) < \deg h(x)$ となるから，帰納法の仮定によって，多項式 $q_1(x), r_1(x)$ が存在して，$h_1(x) = q_1(x)k(x) + r_1(x)$, $r_1(x) = 0$ または $0 \leq \deg r_1(x) < \deg k(x)$ となる．そこで，$q(x) = \dfrac{c_0}{d_0} x^{n-m} + q_1(x), r(x) = r_1(x)$ と置けばよい．

$q(x)$ と $r(x)$ が一意的に定まることを示そう．$q(x), r(x)$ と $q'(x)$, $r'(x)$ がそれぞれ上の条件を満たせば，

$$(q(x) - q'(x))k(x) = r'(x) - r(x), \quad r'(x) - r(x) = 0 \text{ または}$$
$$0 \leq \deg(r'(x) - r(x)) < \deg k(x)$$

となる．しかるに，$\deg(q(x) - q'(x))k(x) = \deg(q(x) - q'(x)) + \deg k(x) \geq \deg k(x)$ だから，不等式 $0 \leq \deg(r'(x) - r(x)) < \deg k(x)$ が成立することはない．よって，$r'(x) = r(x)$. すると，$(q(x) - q'(x))$

$k(x) = 0$ だから，$q'(x) = q(x)$ となる． □

$q(x)$ を**商**といい，$r(x)$ を**剰余**という．この結果から，次の**ユークリッドの互除法**が導かれる．

補題 2.4 $h(x), k(x) \in K[x]$ に対して，多項式 $q_1(x), q_2(x), ..., q_n(x)$, $k_2(x), ..., k_n(x)$ が一意的に存在して，次の条件を満たす．

$$\begin{aligned} h(x) &= q_1(x)k(x) + k_2(x), & \deg k_2(x) &< \deg k(x) \\ k(x) &= q_2(x)k_2(x) + k_3(x), & \deg k_3(x) &< \deg k_2(x) \\ \cdots & \quad \cdots & \cdots & \\ k_{n-2}(x) &= q_{n-1}(x)k_{n-1}(x) + k_n(x), & \deg k_n(x) &< \deg k_{n-1}(x) \\ k_{n-1}(x) &= q_n(x)k_n(x) & k_n(x) &\neq 0 \end{aligned}$$

証明． 最初の1行は剰余の定理を書き換えたものである．2行目も，$k(x)$ と $k_2(x)$ に対して剰余の定理を適用する．順次，この定理を適用していくと，

$$\deg k(x) > \deg k_2(x) > \deg k_3(x) > \cdots$$

と剰余の次数が下がっていくので，このステップは無限回は続かない． □

補題の中で，$k_0(x) = h(x), k_1(x) = k(x)$ とすると，添え字の番号と重ねるステップの回数が合ってくる．

2つの多項式 $h(x), k(x)$ に付いて，$h(x) = q(x)k(x)$ となる多項式 $q(x)$ がある場合，$k(x)$ は $h(x)$ の**約元**といい，$k(x) | h(x)$ と書く．$h(x)$ は $k(x)$ の**倍元**ともいう．多項式 $d(x)$ が $d(x) | h(x), d(x) | k(x)$ を満たすとき，$d(x)$ は $h(x), k(x)$ の**公約元**という．ある多項式 $\tilde{d}(x)$ は，

(1) $\tilde{d}(x) | h(x), \tilde{d}(x) | k(x)$,

(2) $d(x) | h(x), d(x) | k(x)$ ならば，$d(x) | \tilde{d}(x)$

第5章 判別式と終結式

の2条件を満たすとき，$h(x)$ と $k(x)$ の**最大公約元**という．$\tilde{d}(x)$ が $h(x)$ と $k(x)$ の最大公約元ならば，他の最大公約元は $\tilde{d}(x)$ の定数倍，すなわち，$\tilde{d}(x)$ に K の 0 でない元をかけたもの，である．

補題 2.5 ユークリッド互除法に関する前補題の記号を使うと，$k_n(x)$ は $h(x)$ と $k(x)$ の最大公約元である．このとき，多項式 $a(x), b(x)$ が存在して

$$a(x)h(x)+b(x)k(x)=k_n(x)$$

とできる．

証明． ユークリッドの互除法を逆にたどると，$k_n(x)|k_{n-1}(x)$, $k_n(x)|k_{n-2}(x),\ldots, k_n(x)|k(x)$, $k_n(x)|h(x)$ が分かるので，$k_n(x)$ は $h(x)$ と $k(x)$ の公約元である．逆に，$d(x)$ を $h(x)$ と $k(x)$ の公約元とする．ユークリッドの互除法の最初のステップにより，$d(x)|k_2(x)$ が分かる．$d(x)|k(x), d(x)|k_2(x)$ だから，第2のステップにより，$d(x)|k_3(x)$ が分かる．順次，この議論を進めると，$d(x)|k_{i-1}(x), d(x)|k_i(x)$ から，$d(x)|k_{i+1}(x)$ が分かる．最後に，$d(x)|k_n(x)$ となる．よって，$k_n(x)$ は $h(x)$ と $k(x)$ の最大公約元である．

$k_n(x)$ を $a(x)h(x)+b(x)k(x)$ という形で表そう．$k_n(x)=k_{n-2}(x)-q_{n-1}(x)k_{n-1}(x)$ であるから，$k_2(x), k_3(x),\ldots, k_{n-1}(x)$ が，やはり，適当な多項式 $a(x), b(x)$ を見つけて $a(x)h(x)+b(x)k(x)$ の形に表されることをいえばよい．$k_2(x)=h(x)-q_1(x)k(x)$ だから，$k_2(x)$ については成立する．

i に関する帰納法で，$k_{i-1}(x)=a_{i-1}(x)h(x)+b_{i-1}(x)k(x)$, $k_i(x)=a_i(x)h(x)+b_i(x)k(x)$ と表されたとすると，$k_{i+1}(x)=k_{i-1}(x)-q_i(x)k_i(x)$ だから，

$$k_{i+1}(x)=a_{i-1}(x)h(x)+b_{i-1}(x)k(x)-q_i(x)\{a_i(x)h(x)+b_i(x)k(x)\}$$

$$= \{a_{i-1}(x) - q_i(x)a_i(x)\}h(x) + \{b_{i-1}(x) - q_i(x)b_i(x)\}k(x)$$

となって，$k_{i+1}(x)$ についてもよい．したがって，補題の後半部分が証明された． □

$h(x)$ と $k(x)$ の最大公約元を $\gcd(h(x), k(x))$ と書く．最大公約元が 1 の定数倍になるとき，$h(x)$ と $k(x)$ は**互いに素**であるという．したがって，$h(x)$ と $k(x)$ が互いに素である必要十分条件は多項式 $a(x), b(x)$ が存在して $a(x)h(x) + b(x)k(x) = 1$ となることである．

多項式 $p(x)$ は，$p(x) = h_1(x)h_2(x)$ と 2 つの多項式の積に表すとき $h_1(x)$ か $h_2(x)$ のどちらかは必ず定数であるとき，**既約**な多項式であるという．この条件は $p(x)$ の係数が属する体 K に依存した概念である．

例えば，$p(x) = x^2 + 1$ は $K = \mathbb{R}$（実数体）のときは既約な多項式であるが，$K = \mathbb{C}$（複素数体）のときは，$p(x) = (x + \sqrt{-1})(x - \sqrt{-1})$ と分解するから，既約な多項式ではない．与えられた多項式を既約な多項式の積に分解することに関して，次の結果がある．2 つの多項式 $h(x), g(x) \in K[x]$ は，ある定数 $c \in E$ が存在して $g(x) = ch(x)$ となるとき，**同伴**であるといい，$h(x) \sim k(x)$ と書くことにする．

定理 2.6 体 K が与えられたとき，$K[x]$ に属する多項式について，次の結果が成立する．

(1) 任意の多項式 $h(x)$ は既約な多項式の積
$h(x) = p_1(x)p_2(x)\cdots p_m(x)$ として表される．この分解を $h(x)$ の**既約分解**という．

(2) $h(x)$ の 2 つの既約分解
$$p_1(x)p_2(x)\cdots p_m(x) = q_1(x)q_2(x)\cdots q_n(x)$$
が与えられると，$m = n$ であり，添え字の並べ替え
$$\sigma = \begin{pmatrix} 1 & 2 & \cdots & n \\ \sigma(1) & \sigma(2) & \cdots & \sigma(n) \end{pmatrix}$$
が存在して，$p_i(x) \sim q_{\sigma(i)}(x)$ $(i = 1,$

第 5 章　判別式と終結式

$2, \ldots, n$) とできる.

証明.　(1) $h(x)$ の次数に関する帰納法で証明する. $\deg h(x) = 1$ ならば, $h(x)$ は既約な多項式である. また, もし $h(x)$ が既約多項式であるならば定理は成立している. $h(x)$ は既約多項式でない（**可約多項式**という.）ならば, $h(x) = h_1(x) h_2(x)$ という分解で, $\deg h_1(x) < \deg h(x)$, $\deg h_2(x) < \deg h(x)$ となるものが存在する. 帰納法の仮定により, 既約分解

$$h_1(x) = p_1(x) p_2(x) \cdots p_r(x), \ h_2(x) = p_{r+1}(x) p_{r+2}(x) \cdots p_m(x)$$

が存在する. このとき, $h(x) = p_1(x) \cdots p_r(x) p_{r+1}(x) \cdots p_m(x)$ は $h(x)$ の既約分解である.

(2) $p(x)$ を既約多項式とし, $p(x) | h_1(x) h_2(x)$ ならば, $p(x) | h_1(x)$ または $p(x) | h_2(x)$ となることを示そう. $d(x) = \gcd(p(x), h_1(x))$ とすると, $d(x) | p(x)$ である. $p(x)$ は既約多項式だから, $d(x) \sim 1$ または $d(x) \sim p(x)$ である. $d(x) \sim p(x)$ ならば, $p(x) | h_1(x)$ である. $d(x) \sim 1$ と仮定しよう. このとき, $p(x)$ と $h_1(x)$ は互いに素な多項式である. よって, 多項式 $a(x), b(x)$ が存在して, $a(x) p(x) + b(x) h_1(x) = 1$ とできる. すると,

$$\begin{aligned} h_2(x) &= h_2(x)(a(x) p(x) + b(x) h_1(x)) \\ &= p(x) \left\{ a(x) h_2(x) + b(x) \frac{h_1(x) h_2(x)}{p(x)} \right\} \end{aligned}$$

となって, $p(x) | h_2(x)$ となる.

さて, $p_1(x) p_2(x) \cdots p_m(x) = q_1(x) q_2(x) \cdots q_n(x)$ を $h(x)$ の 2 つの既約分解とする. $p_1(x) | q_1(x) (q_2(x) \cdots q_n(x))$ だから, 上の注意により, $p_1(x) | q_1(x)$ または $p_1(x) | q_2(x) \cdots q_n(x)$ となる. $p_1(x) | q_1(x)$ ならば, $q_1(x)$ も既約多項式だから, $p_1(x) \sim q_1(x)$. $p_1(x) | q_2(x) \cdots q_n(x)$ ならば, 同様にして, $p_1(x) \sim q_{i_1}(x)$ となる添字 i_1 が存在することが分る. ここで,

定数倍を取ることで係数を調整すれば,

$$p_2(x)\cdots p_m(x) = q_1(x)\cdots q_{i_1-1}(x)q_{i_1+1}(x)\cdots q_n(x) \qquad (12)$$

とできる．2つの既約分解に現れる既約多項式の数 $m+n$ に関する帰納法を使えば，既約分解(12)に現れる既約多項式の数は $m+n-2$ である．したがって，$m-1=n-1$ であり，$p_j(x) \sim q_{i_j}(x)\,(j=2,\ldots,n)$ とできる．したがって，求める既約分解の一意性が証明できた． □

2.4 条件の十分性

定理 2.1 の証明で難しいのは $\mathrm{Res}(f,g)=0$ が十分条件であることの証明である．これから証明を行うが，そのために次の結果を用いる．

補題 2.7 m 次方程式 $f(x)=0$ と n 次方程式 $g(x)=0$ が共通解をもつ必要十分条件は，多項式 $\varphi(x)$ と $\phi(x)$ が存在して，次の 2 条件を満たすことである.

(1) $\deg \varphi(x) < n$ かつ $\deg \phi(x) < m$.
(2) $\varphi(x)f(x) = \phi(x)g(x)$.

証明． $f(x)=0$ と $g(x)=0$ が共通解 $x=\lambda$ をもったとすれば，**因数定理**から，$f(x)=(x-\lambda)f_1(x)$, $g(x)=(x-\lambda)g_1(x)$ と書ける．そこで，$\varphi(x)=g_1(x)$, $\phi(x)=f_1(x)$ と置けば,

$$\begin{aligned}
\deg \varphi(x) &= \deg g_1(x) = n-1 < n \\
\deg \phi(x) &= \deg f_1(x) = m-1 < m \\
\varphi(x)f(x) &= (x-\lambda)f_1(x)g_1(x) = \phi(x)g(x)
\end{aligned}$$

となって，$\varphi(x), \phi(x)$ は条件(1)と(2)を満たす．

逆に，条件(1)と(2)を満たす多項式 $\varphi(x)$ と $\phi(x)$ が存在したと仮定しよう．多項式 $f(x)$ は既約多項式の積に因数分解される．それを $f(x)=f_1(x)\cdots f_r(x)$ としよう．このとき，$f(x)\varphi(x)=g(x)\phi(x)$ だから，どの $f_i(x)$ も

第 5 章　判別式と終結式

$g(x)\phi(x)$ を割っている．定理 2.6 により，もしどの $f_i(x)$ も $g(x)$ を割らなければ，すべての $f_i(x)$ が $\phi(x)$ を割っている．すると，$f(x)$ が $\phi(x)$ を割ることになって，$\deg \phi(x) < \deg f(x)$ という仮定に反する．したがって，ある $f_i(x)$ は $g(x)$ を割っている．すなわち，$f(x)$ と $g(x)$ は共通因子をもつので，$f(x)=0$ と $g(x)=0$ は共通解をもつ．　　□

ここで，
$$\varphi(x) = \alpha_0 x^{n-1} + \alpha_1 x^{n-2} + \cdots + \alpha_{n-2} x + \alpha_{n-1}$$
$$\phi(x) = \beta_0 x^{m-1} + \beta_1 x^{m-2} + \cdots + \beta_{m-2} x + \beta_{m-1}$$

と置くと，等式 $\varphi(x)f(x) = \phi(x)g(x)$ より，両辺の各単項式の係数を比較して，次の等式が得られる．

x^{m+n-1}　$\cdots$　$a_0 \alpha_0 = b_0 \beta_0$
x^{m+n-2}　$\cdots$　$a_0 \alpha_1 + a_1 \alpha_0 = b_0 \beta_1 + b_1 \beta_0$
x^{m+n-i}　$\cdots$　$a_0 \alpha_{i-1} + a_1 \alpha_{i-2} + \cdots + a_{i-1} \alpha_0 = b_0 \beta_{i-1} + b_1 \beta_{i-2} + \cdots + b_{i-1} \beta_0$

　　x　$\cdots$　$a_{m-1} \alpha_n + a_m \alpha_{n-1} = b_{n-1} \beta_m + b_n \beta_{m-1}$

これらの関係式は次のように行列表示される．

$(\alpha_0, \ldots, \alpha_{n-1}, -\beta_0, \ldots, -\beta_{m-1}) \times$

$$\begin{pmatrix} a_0 & a_1 & \cdots & \cdots & a_{m-1} & a_m & 0 & \cdots & \cdots & 0 \\ 0 & a_0 & a_1 & \cdots & \cdots & a_{m-1} & a_m & 0 & \cdots & 0 \\ 0 & 0 & a_0 & a_1 & \cdots & & a_{m-1} & a_m & \cdots & 0 \\ & & & \ddots & \ddots & & & & \ddots & \ddots \\ 0 & 0 & \cdots & 0 & a_0 & a_1 & \cdots & \cdots & a_{m-1} & a_m \\ b_0 & b_1 & \cdots & \cdots & b_{n-1} & b_n & 0 & \cdots & \cdots & 0 \\ 0 & b_0 & b_1 & \cdots & \cdots & b_{n-1} & b_n & 0 & \cdots & 0 \\ 0 & 0 & b_0 & b_1 & \cdots & & b_{n-1} & b_n & \cdots & 0 \\ & & & \ddots & \ddots & & & & \ddots & \ddots \\ 0 & 0 & \cdots & 0 & b_0 & b_1 & \cdots & \cdots & b_{n-1} & b_n \end{pmatrix}$$

$= (0, \ldots, 0, 0, \ldots, 0).$

ここで、係数行列の行列式 $\mathrm{Res}(f, g) = 0$ と仮定すれば、上の連立方程式を満たす解 $(\alpha_0, \ldots, \alpha_{n-1}, -\beta_0, \ldots, -\beta_{m-1}) \neq (0, \ldots, 0, 0, \ldots, 0)$ が存在する。そのとき、これらの α_i, β_i を使って $\varphi(x)$ と $\phi(x)$ が定義できて、条件(1)と(2)を満たすことがわかる。よって、$f(x) = 0$ と $g(x) = 0$ が共通解をもつことが示された。

2.5 パラメータ表示された平面代数曲線

終結式は代数学でいろいろな問題に応用されるが、消去理論はその一つである。まず、平面代数曲線を定義し、そのパラメータ表示を考えてみよう。

これ以降、体 K は有理数体 $\mathbb{Q}$ を含むものとする。すなわち、1 の整数倍 $n \cdot 1$ は 0 でなく、それを n と同一視すると K の中で逆元 $\dfrac{1}{n}$ を取ることができる。例えば、K として実数体 $\mathbb{R}$ や複素数体 $\mathbb{C}$ を考えておけばよい。集合 K^2 を $K^2 = \{(a, b) \mid a, b \in K\}$ と定義する。$\mathbb{R}^2$ で実平面を表すように、K^2 の元 (a, b) は K-平面の点と考える。また、座標 x, y を考えて K-平面 K^2 を xy-平面といい、a をその x 座標、b をその y 座標という。

x, y を変数とする K 係数の多項式 $F(x, y)$ を考え、K^2 の部分集合

$$C_K(F) := \{(a, b) \in K^2 \mid F(a, b) = 0\}$$

を考え、$C_K(F)$ が有限集合でない場合に $C_K(F)$ を方程式 $F(x, y) = 0$ で定義される**平面代数曲線**、簡単に**代数曲線**、という。このとき、$F(x, y)$ を**定義多項式**という。多項式 $F(x, y)$ は、2 つの定数でない多項式の積に表されるとき**可約**であるといい、可約でないとき**既約**であるという。既約な多項式 $F(x, y)$ によって定義される代数曲線を**既約代数曲線**という。

例えば、$F(x, y) = x^2 + y^2$ ならば、$C_{\mathbb{R}}(F) = \{(0, 0)\}$ だから、$C_{\mathbb{R}}(F)$ は代数曲線ではない。実数体 $\mathbb{R}$ の代わりに複素数体 $\mathbb{C}$ を考えると、$C_{\mathbb{C}}(F) = C_{\mathbb{C}}(x + \sqrt{-1}\,y) \cup C_{\mathbb{C}}(x - \sqrt{-1}\,y)$ となって、$C_{\mathbb{C}}(F)$ は可約代数曲線となる。

t を変数として、t の多項式で定義される 2 つの関数を考えよう。

第5章 判別式と終結式

$$x = f(t) = a_0 t^m + a_1 t^{m-1} + \cdots + a_{m-1} t + a_m, \ a_0 \neq 0$$
$$y = g(t) = b_0 t^n + b_1 t^{n-1} + \cdots + b_{n-1} t + b_n, \ b_0 \neq 0 \qquad (16)$$

ここで，t が K の元を取りながら変化するとき，点 $(f(t), g(t))$ は平面 K^2 の点集合を構成する．そこで，$F(x, y) = \mathrm{Res}_t(f(t)-x, g(t)-y)$ と定義すると，次のことがらが成立する．

定理 2.8 $C_K(F) = \{(f(\lambda), g(\lambda)) | \lambda \in K\}$.

証明． $\lambda \in K$ について，$f(t)-f(\lambda)=0$ と $g(t)-g(\lambda)=0$ は共通解 $t=\lambda$ をもつ．よって，定理 2.1 により，$F(f(\lambda), g(\lambda)) = \mathrm{Res}_t(f(t)-f(\lambda), g(t)-g(\lambda)) = 0$．すなわち，$\{(f(\lambda), g(\lambda)) | \lambda \in K\} \subseteq C_K(F)$．逆に，$(\alpha, \beta) \in C_K(F)$ ならば，$F(\alpha, \beta) = \mathrm{Res}_t(f(t)-\alpha, g(t)-\beta) = 0$ だから，定理 2.1 により，ある $\lambda \in K$ が存在して，$f(\lambda)-\alpha=0, g(\lambda)-\beta=0$ となる．すなわち，$C_K(F) \subseteq \{(f(\lambda), g(\lambda)) | \lambda \in K\}$． □

多項式 $F(x, y)$ は必ずしも既約な多項式ではない．第3節で説明する用語を使うと，既約多項式 $G(x, y) \in K[x, y]$ と $c \in K \setminus \{0\}$ が存在して $F(x, y) = cG(x, y)^N$ と書けることが分っている．ただし，N は体の拡大次数 $[K(t) : K(x, y)]$ に等しい．明らかに，$C_K(F) = C_K(G)$ だから，$C_K(F)$ は既約代数曲線である．(16)を $C_K(F)$ の**多項式パラメータ表示**という．例を考えてみよう．ただし，グラフを描くときは体 K を実数体 $\mathbb{R}$ に取ることにする．

例 2.9 $x = f(t) = t^2, y = g(t) = t^3$ ならば，$F(x, y) = y^2 - x^3$．$x = f(t) = t^2-1, y = g(t) = t(t^2-1)$ ならば，$F(x, y) = y^2 - x^2 - x^3$．

$y^2 = x^3$ $y^2 = x^2(1+x)$

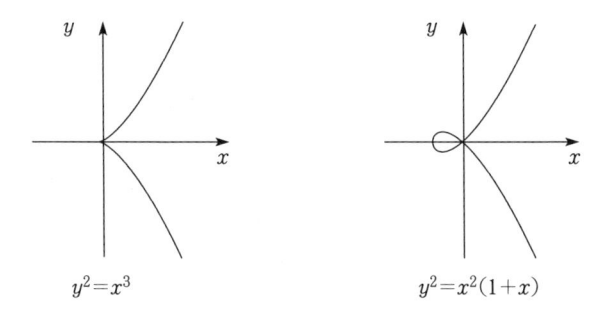

MapleでF(x, y)を計算するのは簡単である．Mapleがもっている終結式を計算する核関数を使って，例えば次のようにする．

$$f(t) := t^2 - 1 \ ; \ g(t) := t*(t^2 - 1) \ ;$$
$$F(x, y) := \text{resultant}(f(t) - x, \ g(t) - y, \ t) \ ;$$

例 2.10 $x = f(t) = t^2$, $y = g(t) = t^4$ ならば，$F(x, y) = (x^2 - y)^2$．このとき，$G(x, y) = y - x^2$ として，$F(x, y) = G(x, y)^2$ で，$t = \pm\lambda$ に対して，曲線上の同一点 (λ^2, λ^4) が対応している．

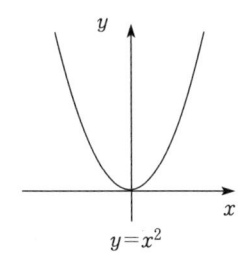

$y = x^2$

多項式パラメータ表示をもつ平面代数曲線でも多くの興味深い例が構成できるが**有理式パラメータ表示**をもつ平面代数曲線を定義しよう．K 係数の多項式を分母と分子に置いた式

$$\frac{a(t)}{b(t)} = \frac{a_0 t^m + a_1 t^{m-1} + \cdots + a_{m-1} t + a_m}{b_0 t^n + b_1 t^{n-1} + \cdots + b_{n-1} t + b_n}, \ b(t) \neq 0$$

第5章 判別式と終結式

を**有理式**という．有理数の四則演算と同様にして，有理式の間に加法，減法，乗法が定義される．さらに，$a(t) \neq 0$ ならば，有理式 $\dfrac{a(t)}{b(t)}$ は逆元 $\dfrac{b(t)}{a(t)}$ をもつ．すなわち，K 係数の t に関する有理式全体の集合を $K(t)$ で表すと，$K(t)$ は体になる．この体を t に関する K **係数 1 変数有理関数体**という．明らかに，$K(t)$ は多項式環 $K[t]$ を含んでいるが，$K[t]$ よりも大きな集合である．

t の 2 つの有理式を考えよう．

$$\begin{aligned} x &= \frac{a(t)}{b(t)} = \frac{a_0 t^m + a_1 t^{m-1} + \cdots + a_{m-1} t + a_m}{b_0 t^n + b_1 t^{n-1} + \cdots + b_{n-1} t + b_n}, \ a(t) \neq 0, \ b(t) \neq 0 \\ y &= \frac{c(t)}{d(t)} = \frac{c_0 t^r + c_1 t^{r-1} + \cdots + c_{r-1} t + c_r}{d_0 t^s + d_1 t^{s-1} + \cdots + d_{s-1} t + d_s}, \ c(t) \neq 0, \ d(t) \neq 0 \end{aligned} \tag{17}$$

(17)は分母を払えば，係数に x または y を含む 2 つの多項式 $a(t) - xb(t) = 0$ と $c(t) - yd(t) = 0$ に表される．そこで，$F(x, y) = \mathrm{Res}_t(a(t) - xb(t), c(t) - yd(t))$ と定義すれば，$F(x, y) = 0$ はある平面代数曲線の定義方程式となる．

例 2.11 $x = \dfrac{t^2 + 1}{t}$, $y = \dfrac{t^3 + 1}{t^2}$ とすると，$F(x, y) = \mathrm{Res}_t(t^2 - xt + 1, t^3 - yt^2 + 1) = x^3 - yx^2 - (y+3)x + y^2 + 2y + 2$ となる．曲線 $F(x, y) = 0$ のグラフは次のようになる．

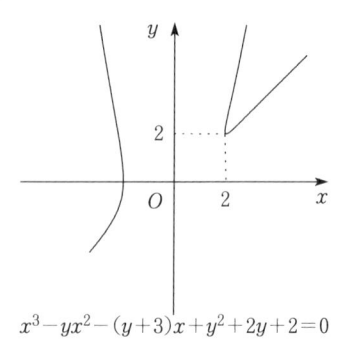

$$x^3 - yx^2 - (y+3)x + y^2 + 2y + 2 = 0$$

次の曲線は**リマソン**または**蝸牛線**と呼ばれる代数曲線である．とくに，$a=b$ のときは**心臓形曲線**（**カルディオイド**）と呼ばれる．

例 2.12 a, b を正の実数として，
$$x = \frac{-2t(b(t^2+1)-2at)}{(t^2+1)^2}, \quad y = \frac{(t^2-1)(b(t^2+1)-2at)}{(t^2+1)^2}$$
とおく．このとき，$F(x,y) = (x^2+y^2-ax)^2 - b^2(x^2+y^2)$ で，そのグラフは次のようになる．

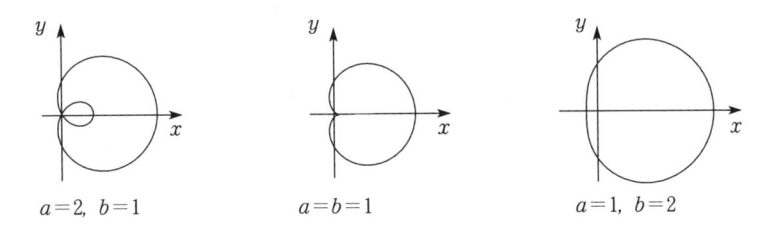

$a=2, b=1$　　　　$a=b=1$　　　　$a=1, b=2$

どの平面代数曲線も有理式パラメータ表示ができるわけではない．

例 2.13 $F(x,y) = y^2 - x^3 + 4x = 0$ で定義される平面代数曲線は有理式パラメータ表示をもたない．そのグラフは次のような形をしている．一般に，2 つ以上の連結成分[*3]を持つ平面代数曲線は有理式パラメータ表示をもたない．

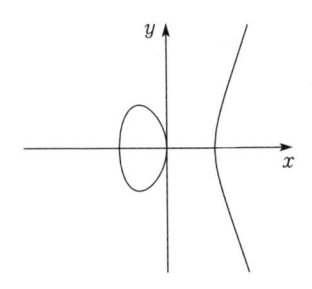

[*3] 一筆書きできる閉じた曲線を連結成分という．例 2.13 の場合には，2 つの開いた部分はつながっていないように見えるが，無限遠でつながっている．

パラメータ表示 $(x=f(t),\ y=g(t))$ または $\left(x=\dfrac{a(t)}{b(t)},\ y=\dfrac{c(t)}{d(t)}\right)$ をもつ代数曲線の場合，体 K の元 λ に対して曲線上の点

$$(f(\lambda),\ g(\lambda)) \text{ または } \left(\dfrac{a(\lambda)}{b(\lambda)},\ \dfrac{c(\lambda)}{d(\lambda)}\right)$$

が対応している．また，有理式パラメータ表示の場合には，$b(\lambda)=0$ または $d(\lambda)=0$ となるような K の元 λ は避けて考えている．この対応は 1:1 とは限らないが，次の結果が知られている．

定理 2.14 体 K は有理数体 $\mathbb{Q}$ を部分体として含むと仮定する．パラメータ表示 $(x=f(t),\ y=g(t))$ または $\left(x=\dfrac{a(t)}{b(t)},\ y=\dfrac{c(t)}{d(t)}\right)$ をもつ平面代数曲線 C について，次の結果が成立する．

(1) 多項式表示の場合には，t の多項式 $u=h(t)$ と u の多項式 $\varphi(u)$, $\phi(u)$ が存在して，$f(t)=\varphi(h(t)),\ g(t)=\phi(h(t))$ となり，パラメータ表示

$$\lambda \in K \mapsto (\varphi(\lambda),\ \phi(\lambda)) \in C$$

は有限個の λ の値を除いて 1:1 の対応を与える．さらに，

$$\begin{aligned}F(x,\ y) &= \mathrm{Res}_t(f(t)-x,\ g(t)-y),\\ G(x,\ y) &= \mathrm{Res}_u(\varphi(u)-x,\ \phi(u)-y),\\ N &= \deg h(t)\end{aligned}$$

とすると，$K\setminus\{0\}$ の元 c が存在して，$F(x,\ y)=c(G(x,\ y))^N$ となる．

(2) 有理式表示の場合には，t の有理式 $v=\dfrac{h(t)}{k(t)}$ と v の有理式 $\dfrac{\alpha(v)}{\beta(v)}$, $\dfrac{\gamma(v)}{\delta(v)}$ が存在して，

$$\frac{a(t)}{b(t)} = \frac{\alpha(h(t)/k(t))}{\beta(h(t)/k(t))}, \quad \frac{c(t)}{d(t)} = \frac{\gamma(h(t)/k(t))}{\delta(h(t)/k(t))}$$

となり，パラメータ表示

$$\lambda \in K \mapsto \left(\frac{\alpha(\lambda)}{\beta(\lambda)}, \frac{\gamma(\lambda)}{\delta(\lambda)}\right)$$

は有限個の λ の値を除いて 1：1 の対応を与える．さらに，

$$F(x, y) = \mathrm{Res}_t(a(t) - xb(t), c(t) - yd(t))$$
$$G(x, y) = \mathrm{Res}_v(\alpha(v) - x\beta(v), \gamma(v) - y\delta(v))$$
$$N = \max(\deg h(t), \deg k(t))$$

とすると，$K \backslash \{0\}$ の元 c が存在して，$F(x, y) = c(G(x, y))^N$ となる．

(3) 多項式パラメータ表示(16)の場合，$\gcd(m, n) = 1$ ならば，上の対応は 1：1 である．

証明．(3)のみを体論の基礎知識を使って証明する．その解説については次節を参照されたい．x の有理関数体 $K(x)$ は $K(t)$ の部分体で，拡大 $K(t)/K(x)$ は有限次代数拡大である．また，t の $K(x)$ 上の最小多項式は $f(X) - x$ である．したがって，拡大次数 $[K(t):K(x)] = m = \deg f(t)$ である．同様にして，$[K(t):K(y)] = n = \deg g(t)$ である．ここで，

$$[K(t):K(x)] = [K(t):K(x,y)][K(x,y):K(x)],$$
$$[K(t):K(y)] = [K(t):K(x,y)][K(x,y):K(y)]$$

が成立する．よって，$[K(t):K(x,y)] | m$, $[K(t):K(x,y)] | n$．しかるに，$\gcd(m, n) = 1$ だから，$[K(t):K(x,y)] = 1$. すなわち，$K(t) = K(x, y)$ が成立する．これは，t が K 係数の x, y の有理式 $t = A(x, y)/B(x, y)$ として書けることを意味する．よって，C 上の点 (p, q) を与えるパラメータ t の値は $\lambda = A(p, q)/B(p, q)$ と定まる． □

第5章 判別式と終結式

3 初歩的な体論

　体論を体の公理系から始めることも可能であるが，抽象的になりすぎるので，その方面からの入門は大学の教科書に委ねることとしよう．ここでは，加法・減法・乗法・除法の四則演算が定義されている集合と理解しておこう．ただし，体 K で除法が成り立つということは，$a, b \in K$ で $a \neq 0$ のとき，方程式 $ax = b$ が唯一の解をもつということで，その解を $a^{-1}b$ とか b/a と表す．

　整数の集合を $\mathbb{Z}$ と書くが，$a, b \in \mathbb{Z}$ で $a \neq 0$ のとき，方程式 $ax = b$ は必ずしも解けない．例えば，$2x = 3$ は $\mathbb{Z}$ に解をもたない．しかし，有理数体 $\mathbb{Q}$ では解 $\dfrac{2}{3}$ をもつ．別の見方をすれば有理数体は整数係数のどんな方程式 $ax = b (a \neq 0)$ でも解をもつように，$\mathbb{Z}$ にそれらの解の全体を付け加えた集合と考えることもできる．

　K 係数の多項式の集合 $K[t]$ は加法・減法・乗法が定義されているが，$\mathbb{Z}$ の場合と同じく，方程式 $a(t)X = b(t)$ $(a(t), b(t) \in K[t], a(t) \neq 0)$ は必ずしも解をもたない．そこで，有理式の全体の集合 $K(t)$ は，$K[t]$ に多項式係数の方程式 $a(t)X = b(t)$ の解を全部付け加えて作ったものと理解することができる．

　もう一つの体の作り方は，K を体として K 係数の既約多項式

$$f(t) = a_0 t^m + a_1 t^{m-1} + \cdots + a_{m-1} t + a_m, \ a_0 \neq 0$$

を考える．方程式 $f(t) = 0$ の解 θ が存在したとして，K に θ を付け加えて K を含む体 $K(\theta)$ を次のように定義する．

$$K(\theta) := \{a(\theta) | a(t) \in K[t]\}$$

まず，$K(\theta)$ がもつ性質を考えよう．証明を簡単にするために，$f(t)$ を $a_0^{-1}f(t)$ で置き換えて，$f(t)$ の最高次の係数は 1 と仮定する．このような多項式を**モニック**な多項式という．

補題 3.1 (1) K 係数の多項式 $a(t)$ について, $a(\theta)=0$ ならば $f(t)|a(t)$ である. また, その逆も正しい.

(2) $a(t) \in K[t]$ について, 剰余の定理により $a(t)=q(t)f(t)+a'(t)$, $a'(t)=0$ または $0 \leq a'(t) < \deg f(t)$ と表すと, $a(\theta)=a'(\theta)$. このとき, $a'(t) \equiv a(t) (\mathrm{mod} f(t))$ と書く.

(3) $a_1(t), a_2(t) \in K[t]$ に対して, $a_3(t), a_4(t)$ を $a_3(t)=a_1(t)+a_2(t), a_4(t)=a_1(t)a_2(t)$ と定義すると, $a_3(\theta)=a_1(\theta)+a_2(\theta)$, $a_4(\theta)=a_1(\theta)a_2(\theta)$.

(4) $a(t) \in K[t]$ について, $a(\theta) \neq 0$ ならば, ある $b(t) \in K[t]$ が存在して $a(\theta)b(\theta)=1$ となる.

証明. (1) $h(t) \in K[t]$ をモニックな多項式で $h(\theta)=0$ となるもののうち次数が最小のものとする. 剰余の定理 (補題 2.3) によって, $f(t)=q(t)h(t)+r(t), r(t)=0$ または $0 \leq \deg r(t) < \deg f(t)$ とできる. $f(\theta)=0$ だから, $r(t) \neq 0$ ならば $r(\theta)=0$ となる. これは $h(t)$ の選び方に反する. よって, $h(t)|f(t)$. しかるに, $f(t)$ はモニックな既約多項式だから, $f(t)=h(t)$ となる. $a(\theta)=0$ ならば, $a(t)=q'(t)f(t)+r'(t)$, $r'(t)=0$ または $0 \leq \deg r'(t) < \deg f(t)$ とすると, $r'(\theta)=0$ だから, $r'(t)=0$ でなければならない. すなわち, $f(t)|a(t)$. 逆に, $f(t)|a(t)$ ならば, $a(t)=f(t)h(t)$ と書くと, $a(\theta)=f(\theta)h(\theta)=0$.

(2)と(3)は明らかであろう.

(4) $d(t)=\gcd(f(t),a(t))$ とすると, $d(t)|f(t)$ かつ $d(t)|a(t)$. $f(t)$ は既約多項式だから, $d(t) \sim 1$ または $d(t)=f(t)$ としてもよい. $d(t)=f(t)$ ならば, $a(\theta)=0$ となって仮定に矛盾する. よって, $d(t) \sim 1$ である. 補題 2.4 によって, $b(t), c(t) \in K[t]$ が存在して $a(t)b(t)+f(t)c(t)=1$ となる. したがって, $a(\theta)b(\theta)=1$ である. □

補題 3.1 により, $K(\theta)$ は K を含む体になる. 別の言葉で言えば, $K(\theta)$ は K の**拡大体**になっている. さらに, $m=\deg f(t)$ に対して, $1, \theta, \theta^2$,

第5章 判別式と終結式

$\ldots, \theta^{m-1}$ は $K(\theta)$ の**基底**である．すなわち，$K(\theta)$ の元 $a(\theta)$ は一意的に

$$a(\theta) = c_0 + c_1\theta + \cdots + c_{m-1}\theta^{m-1}, \ c_0, c_1, \ldots, c_{m-1} \in K$$

と表される．なぜならば，補題 3.1 の(2)によって，$\deg a(t) < m = \deg f(t)$ と仮定してもよい．もし $b(t) \in K[t]$, $\deg b(t) < \deg f(t)$ に対して，$a(\theta) = b(\theta)$ となれば，補題 3.1 の(1)によって，$f(t) \mid (a(t) - b(t))$. $\deg(a(t) - b(t)) < \deg f(t)$ だから，$a(t) = b(t)$ が従う．したがって，上の表示の一意性が分かる．線形代数学の言葉を使えば，$K(\theta)$ は m 次元の K 上のベクトル空間になっている．このとき，$K(\theta)$ は K の**拡大次数** $[K(\theta) : K] = m$ の**有限次代数拡大体**になっているという．

解 θ は K を含む大きな体の中に存在すると仮定して，以上の議論を行った．このような仮定を認めることが煩わしいと思う読者は，次のようにして $K(\theta)$ に相当する K の拡大体 L を作ってもよい．まず，

$$L := \{a(t) \mid \deg a(t) < \deg f(t)\} \cup \{0\}$$

と置く．加法は，$a(t), b(t) \in L$ に対して多項式の和として $a(t) + b(t)$ を対応させる．$a(t)b(t) \equiv c(t) \pmod{f(t)}, c(t) \in L$ とするとき，$a(t)$ と $b(t)$ の L における積を $c(t)$ で定義する．このとき，L は上の $K(\theta)$ と加減乗除の四則演算を込めて同じものを考えていることが示される．

補題 3.2 L から $K(\theta)$ への写像を

$$\sigma : L \to K(\theta), \ \sigma(a(t)) \mapsto a(\theta)$$

で与えると，σ は上への 1 : 1 写像で加法と乗法を保つ．すなわち，σ は次の性質をもつ．

$$\sigma(a(t) + b(t)) = a(\theta) + b(\theta) = \sigma(a(t)) + \sigma(b(t))$$
$$\sigma(a(t)b(t)) = \sigma(c(t)) = c(\theta) = a(\theta)b(\theta) = \sigma(a(t))\sigma(b(t))$$

このとき，σ は体の**同型写像**であるという．

証明. σ が上への $1:1$ 写像であることを示そう. $\sigma(a(t))=\sigma(b(t))$ ならば, $a(\theta)=b(\theta)$. ここで $a(t), b(t)\in L$ だから, $\deg a(t)<\deg f(t)$ かつ $\deg b(t)<\deg f(t)$. よって, $\deg(a(t)-b(t))<\deg f(t)$. したがって, 補題 3.1, (1)により, $a(t)=b(t)$. すなわち, σ は $1:1$ 写像である. また, 任意の $a(t)\in K[t]$ に対して, 補題 3.1, (2)より, $a(t)\equiv a'(t)$ $(\bmod f(t))$, $a'(t)\in L$ となる. したがって, $a(\theta)=a'(\theta)=\sigma(a'(t))$. すなわち, σ は上への写像である. σ が加法と乗法を保つことは容易に示されるので, 証明は割愛する. □

この同型写像で $\theta=\sigma(t(\bmod f(t)))$ である. したがって, 始めから体 $L=\{a(t)\in K[t] \mid \deg a(t)<\deg f(t)\}\cup\{0\}$ を考えて, θ として $t(\bmod f(t))$ を取れば, それが方程式 $f(t)=0$ の一つの解となる. 体 L を $K[t]/(f(t))$ と表し, $K[t]$ の $f(t)$ による**剰余体**という.

次の結果を定理 2.14, (3)の証明で使った.

補題 3.3 $K\subset L\subset M$ を体の有限次代数拡大とすると, $[M:K]=[M:L][L:K]$ が成立する.

証明. $m=[L:K]$ として, L の K 上のベクトル空間としての基底を $\{u_1, u_2, \ldots, u_m\}$ とする. また, $n=[M:L]$ として, M の L 上のベクトル空間としての基底を $\{v_1, v_2, \ldots, v_n\}$ とする. このとき, $\{u_iv_j \mid 1\leq i\leq m, 1\leq j\leq n\}$ が K 上のベクトル空間としての M の基底であることを示せばよい. w を M の元とすると, $w=\ell_1 v_1+\ell_2 v_2+\cdots+\ell_n v_n$, $\ell_j\in L$ と書ける. また, $\ell_j=k_{j1}u_1+k_{j2}u_2+\cdots+k_{jm}u_m$, $k_{ji}\in K$ と書けるから, $w=\sum_{j=1}^{n}\sum_{i=1}^{m}k_{ji}u_iv_j$ と表される. その表し方が一意的であることを示せばよい. $\sum_{j=1}^{n}\sum_{i=1}^{m}k_{ji}u_iv_j=\sum_{j=1}^{n}\sum_{i=1}^{m}k'_{ji}u_iv_j$ とすれば,

$$0=\sum_{j=1}^{n}\sum_{i=1}^{m}(k_{ji}-k'_{ji})u_iv_j$$

第5章 判別式と終結式

$$= \Big(\sum_{i=1}^{m}(k_{1i}-k'_{1i})u_i\Big)v_1+\cdots+\Big(\sum_{i=1}^{m}(k_{ni}-k'_{ni})u_i\Big)v_n$$

だから, $1\leq j\leq n$ について, $\sum_{i=1}^{m}(k_{ji}-k'_{ji})u_i=0$. よって, $1\leq i<m$ について, $k_{ji}-k'_{ji}=0$ となる. よって, $k_{ji}=k'_{ji}$ となる. □

最後に幾つかの文献を挙げておこう.

参考文献

[1] S.S. Abhyankar, "Lectures on algebra," Volume 1, World Scientific, 2006.
[2] D. Cox, J. Little and D. O'Shea, "Ideals, Varieties and Algorithms, An introduction to computational algebraic geometry and commutative algebra," Undergraduate Texts in Mathematics, Springer-Verlag, 1992.

第6章　ベジエ曲線とベジエ曲面

坂根　由昌

　自動車などの工業製品に用いられている曲線や曲面はどのようにしてデザインされているのだろうか．1960年頃には，設計者たちは雲形定規や自在定規を利用して曲線や曲面を描いていた．一方，コンピュータに基本的な形状のデータを記憶させて，これを用いれば効率よく設計が行えるのではないかという考えから CAD（Computer Aided Design）があらわれた．
　初期の CAD においては，記憶させる形状は，直線や円などに限られていたので，自動車などのデザインに用いられるもう少し複雑な曲線や曲面を描くには，曲線や曲面をどのように表現すればよいかが問題であった．初期のコンピュータはハードディスクの容量も小さかったので，できるだけ少ないデータにより，設計・デザインに用いる形状を効率よく記憶することも要求された．さらに，モデルの小さな設計図から実物大の大きさのデータを容易に得るにはどうすればよいか．曲線や曲面を表現するときの要求としては，デザインされた形状を平行移動，拡大・縮小，回転移動などで容易に移動できることがあった．これらの要求を満たすように，デザインに用いる曲線や曲面のデータを効率よく与えて曲線や曲面を表現するにはどうすればよいかが問題であった．
　これらを解決するものの一つとして考えだされたのが，ベジエ曲線・曲面である．データとして制御点や重みを与えるとき，ベジエ曲線は多項式や有理式のパラメータ曲線として定まるものである．

第6章 ベジェ曲線とベジェ曲面

　これらの曲線・曲面は自動車会社などで1950年代の後半に研究が開始され，シトロエン社のド・カステリョ（de Casteljau）およびルノー社のベジェ（Bézier）によって独立に考案されたが，企業秘密として1960年代の後半になるまで公表されなかった．ベルンシュタイン多項式を用いて曲線・曲面を表現する方法はベジェの名前がついている．

　現在では，ベジェ曲線・曲面は，自動車・船・飛行機を製作するにあたってのモデリング曲面のほか，テレビ・映画における画像やコマーシャル画像の作成に代表されるコンピュータグラフィックス（CG）など多くの応用分野で使われている．また，ベジェ曲線は活字（フォント）のデザインやコンピュータのドローイング・ソフトにも取り入れられている．

　第1節では，線分の内分点を繰り返しとることにより放物線が得られることを示し，これの拡張であるド・カステリョのアルゴリズムを用いてベジェ曲線を定義する．ベジェ曲線はベルンシュタイン多項式を用いてあらわされ，逆に，多項式を用いて定義される曲線はベジェ曲線となる．さらに，ベジェ曲線の重要な概念である次数上げおよび細分割について考える．また，ベジェ曲線と制御多角形の関係，アフィン不変性などのベジェ曲線の性質を調べる．円や双曲線などの2次曲線はベジェ曲線ではあらわせないので，第2節では，ベジェ曲線の拡張である有理ベジェ曲線について考察する．有理ベジェ曲線はベジェ点と重みから定まる曲線である．射影を利用することにより，重みの概念を導く．また，有理ベジェ曲線がベジェ曲線と同様の性質をもつことを示す．さらに，有理ベジェ曲線は有理代数曲線であるが，この逆も成り立つので，いくつかの有理代数曲線を有理ベジェ曲線で表現する．特に，完全な円を有理ベジェ曲線であらわす．第3節では，双一次補間の考え方を拡張してテンソル積ベジェ曲面を定義する．ベジェ曲面とベジェネットの関係，アフィン不変性などのベジェ曲面の性質を調べる．球面や楕円面の2次曲面はテンソル積ベジェ曲面であらわせないので，有理多項式を用いるテンソル積有理ベジェ曲面を考え，2次曲面や円環面などを有理ベジェ曲面としてあらわす．

1 ベジエ曲線

ベジエ曲線は線分の内分点を繰り返しとることにより得られる曲線である．ベジエ曲線は制御点とベルンシュタイン多項式を用いてあらわされることを示し，ベジエ曲線と制御多角形の関係，アフィン不変性などのベジエ曲線の性質を調べる．

1.1 ベジエ曲線とは

まず線分の内分点を繰り返しとることにより放物線が得られることをみよう．平面 $\mathbb{R}^2$ 上の 3 点 $\boldsymbol{b}_0$, $\boldsymbol{b}_1$, $\boldsymbol{b}_2$ をとる．0 と 1 の間の実数 t に対して，2 点 $\boldsymbol{b}_0$ と $\boldsymbol{b}_1$ とを $t:1-t$ に内分する点を $\boldsymbol{b}_0^1(t)$ とし，2 点 $\boldsymbol{b}_1$ と $\boldsymbol{b}_2$ とを $t:1-t$ に内分する点を $\boldsymbol{b}_1^1(t)$ とすると

$$\boldsymbol{b}_0^1(t) = (1-t)\boldsymbol{b}_0 + t\boldsymbol{b}_1, \quad \boldsymbol{b}_1^1(t) = (1-t)\boldsymbol{b}_1 + t\boldsymbol{b}_2$$

となる．さらに，2 点 $\boldsymbol{b}_0^1(t)$ と $\boldsymbol{b}_1^1(t)$ とを $t:1-t$ に内分する点を $\boldsymbol{b}_0^2(t)$ とすると

$$\boldsymbol{b}_0^2(t) = (1-t)\boldsymbol{b}_0^1(t) + t\boldsymbol{b}_1^1(t)$$

となる．$\boldsymbol{b}_0^1(t)$, $\boldsymbol{b}_1^1(t)$ を $\boldsymbol{b}_0^2(t)$ に代入すると，

$$\boldsymbol{b}_0^2(t) = (1-t)^2\boldsymbol{b}_0 + 2t(1-t)\boldsymbol{b}_1 + t^2\boldsymbol{b}_2$$

となり，$\boldsymbol{b}_0^2(t)$ は t の 2 次式であらわされる．このとき，t を変化させると $\boldsymbol{b}_0^2(t)$ は放物線をあらわす（図 1）．

t が 0 から 1 の間を動くとき，曲線 $\boldsymbol{b}_0^2(t)$ は 3 点 $\boldsymbol{b}_0$, $\boldsymbol{b}_1$, $\boldsymbol{b}_2$ が作る三角形の内部にあり，$\boldsymbol{b}_0^2(0) = \boldsymbol{b}_0$, $\boldsymbol{b}_0^2(1) = \boldsymbol{b}_2$ となる．得られた放物線は，点 $\boldsymbol{b}_0$ で 2 点 $\boldsymbol{b}_0$ と $\boldsymbol{b}_1$ とを結ぶ直線に接し，$\boldsymbol{b}_2$ で 2 点 $\boldsymbol{b}_1$ と $\boldsymbol{b}_2$ とを結ぶ

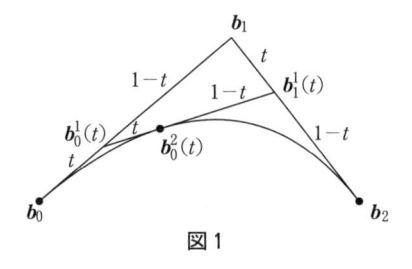

図 1

第6章　ベジエ曲線とベジエ曲面

直線に接する．

　曲線 $\boldsymbol{b}_0^2(t)$ が放物線をあらわすことを，簡単な例でみよう．

例1　$\boldsymbol{b}_0=(-1, 1)$, $\boldsymbol{b}_1=(0, -1)$, $\boldsymbol{b}_2=(1, 1)$ のとき，$\boldsymbol{b}_0^2(t)=(2t-1, (2t-1)^2)$ となり，t を消去して，放物線 $y=x^2$ を得る（図2左）．

例2　$\boldsymbol{b}_0=(5, 2)$, $\boldsymbol{b}_1=(6, 2)$, $\boldsymbol{b}_2=(6, 1)$ のとき，$\boldsymbol{b}_0^2(t)=(5+2t-t^2, 2-t^2)$ となり，（図2右）の放物線を得る．

　上の放物線の構成法を一般化したものが，ド・カステリョのアルゴリズムである．

ド・カステリョのアルゴリズム

　平面 $\mathbb{R}^2$ あるいは空間 $\mathbb{R}^3$ の $n+1$ 個の点 $\boldsymbol{b}_0$, $\boldsymbol{b}_1$, $\cdots$, $\boldsymbol{b}_n$ と実数 $t\in\mathbb{R}$ に対して，$\boldsymbol{b}_i^0(t)=\boldsymbol{b}_i$ とし，

$$\boldsymbol{b}_i^r(t)=(1-t)\boldsymbol{b}_i^{r-1}(t)+t\boldsymbol{b}_{i+1}^{r-1}(t) \quad (r=1, \cdots, n\,;\, i=0, 1, \cdots, n-r) \quad (1)$$

とおく．

　上のアルゴリズムから得られる曲線 $\boldsymbol{b}_0^n(t)$ を点 $\boldsymbol{b}_0$, $\boldsymbol{b}_1$, $\cdots$, $\boldsymbol{b}_n$ で定まる**ベジエ曲線**と呼ぶ．点 $\boldsymbol{b}_0$, $\boldsymbol{b}_1$, $\cdots$, $\boldsymbol{b}_n$ で生成される多角形 P を**ベジエ多角形**あるいは**制御多角形**と呼び，頂点 $\boldsymbol{b}_i$ を**制御点**あるいは**ベジエ点**と呼ぶ．中間の点 $\boldsymbol{b}_i^r(t)$ を三角形状にならべたものを**ド・カステリョの図式**と呼ぶ．

図2

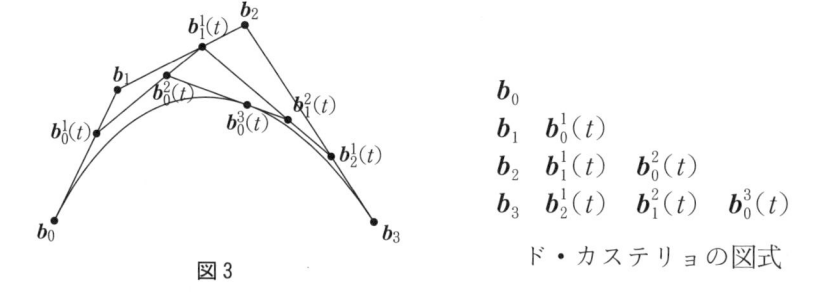

1 ベジェ曲線

$$
\begin{array}{llll}
\boldsymbol{b}_0 & & & \\
\boldsymbol{b}_1 & \boldsymbol{b}_0^1(t) & & \\
\boldsymbol{b}_2 & \boldsymbol{b}_1^1(t) & \boldsymbol{b}_0^2(t) & \\
\boldsymbol{b}_3 & \boldsymbol{b}_2^1(t) & \boldsymbol{b}_1^2(t) & \boldsymbol{b}_0^3(t)
\end{array}
$$

ド・カステリョの図式

図 3

例 3 $\boldsymbol{b}_0=(3, 3)$, $\boldsymbol{b}_3=(3, -3)$ とする.

$\boldsymbol{b}_1=(-1, -3)$, $\boldsymbol{b}_2=(-1, 3)$ のとき, ベジェ曲線は図 4 左のようになる.

$\boldsymbol{b}_1=(-1, -4)$, $\boldsymbol{b}_2=(-1, 4)$ のとき, ベジェ曲線は図 4 中のようになる.

$\boldsymbol{b}_1=(-1, -2)$, $\boldsymbol{b}_2=(-1, 2)$ のとき, ベジェ曲線は図 4 右のようになる.

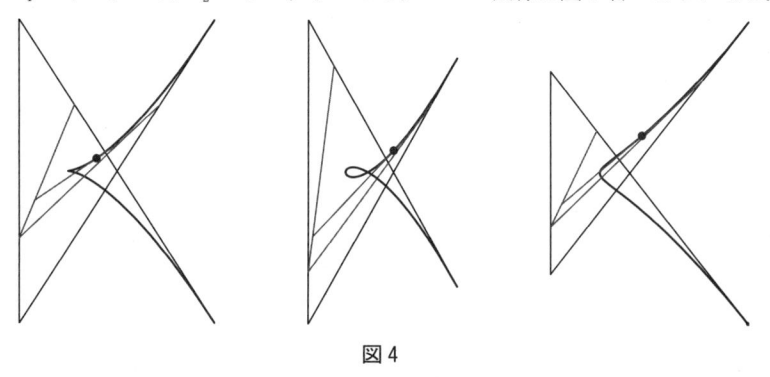

図 4

1.2 ベジェ曲線のベルンシュタイン表現

ベジェ曲線をベルンシュタイン多項式を用いてあらわすことを考える. n 次の**ベルンシュタイン多項式** $B_i^n(t)$ は次で定義される t の多項式である,

$$B_i^n(t) = {}_nC_i(1-t)^{n-i}t^i, \quad \text{ここに} \; {}_nC_i = \frac{n!}{(n-i)!\,i!}.$$

ただし, $B_0^0(t)=1$ とし, j が $\{0, 1, \cdots, n\}$ 以外の値をとるとき $B_j^n(t)=0$ とおく.

例えば, $n=2$ のとき, $B_0^2(t)=(1-t)^2$, $B_1^2(t)=2(1-t)t$, $B_2^2(t)=t^2$,

第6章　ベジェ曲線とベジェ曲面

$n=3$ のとき，$B_0^3(t)=(-t)^3$, $B_0^3(t)=3(1-t)^2 t$, $B_2^3(t)=3(1-t)t^2$, $B_3^3=t^3$,
$n=4$ のとき，$B_0^4(t)=(1-t)^4$, $B_0^4(t)=4(1-t)^3 t$, $B_2^4(t)=6(1-t)^2 t^2$,
$B_3^4(t)=4(1-t)t^3$, $B_4^4(t)=t^4$ となる．

3次，および4次のベルンシュタイン多項式のグラフは図5a，図5bのようになる．

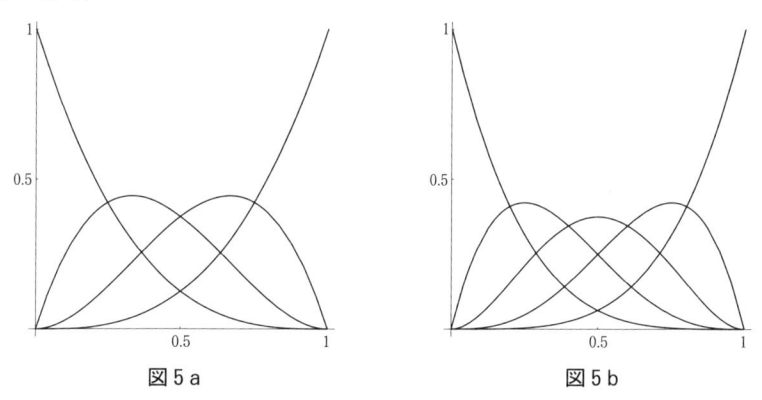

図5a　　　　　　　　図5b

ベルンシュタイン多項式の性質

補題1　ベルンシュタイン多項式について次が成り立つ．

1) ベルンシュタイン多項式 $B_i^n(t)$ は次の漸化式をみたす．

$$B_i^n(t) = (1-t)B_i^{n-1}(t) + tB_{i-1}^{n-1}(t) \tag{2}$$

2) 単項式 $\{1, t, t^2, \cdots, t^n\}$ はベルンシュタイン多項式 $\{B_0^n(t), B_1^n(t), \cdots, B_n^n(t)\}$ を用いて次のようにあらわせる．

$$1 = \sum_{i=0}^{n} B_i^n(t), \qquad t^i = \sum_{j=i}^{n} \frac{{}_j C_i}{{}_n C_i} B_j^n(t) \quad (i=1, \cdots, n) \tag{3}$$

証明． 1) $B_i^n(t) = {}_n C_i t^i (1-t)^{n-i} = ({}_{n-1}C_i + {}_{n-1}C_{i-1}) t^i (1-t)^{n-i}$
$= (1-t) {}_{n-1}C_i t^i (1-t)^{n-1-i} + t \cdot {}_{n-1}C_{i-1} t^{i-1} (1-t)^{n-i} = (1-t) B_i^{n-1} + t B_{i-1}^{n-1}$.

2) $1 = (t+(1-t))^n = \sum_{i=0}^{n} {}_nC_i t^i (1-t)^{n-i} = \sum_{i=0}^{n} B_i^n(t)$.

$t^i = 1 \cdot t^i = ((1-t)+t)^{n-i} t^i = \Big(\sum_{r=0}^{n-i} {}_{n-i}C_r (1-t)^{n-i-r} t^r\Big) t^i$

$= \sum_{r=0}^{n-i} {}_{n-i}C_r (1-t)^{n-i-r} t^{r+i} = \sum_{r=0}^{n-i} \dfrac{{}_{n-i}C_r}{{}_nC_{r+i}} \cdot {}_nC_{r+i} (1-t)^{n-i-r} t^{r+i}$ となる. ここで, $\dfrac{{}_{n-i}C_r}{{}_nC_{r+i}} = \dfrac{{}_{r+i}C_i}{{}_nC_i}$ に注意して, $j = r+i$ と添字をとりかえると, 上式は $t^i =$

$\sum_{j=i}^{n} \dfrac{{}_jC_i}{{}_nC_i} \cdot {}_nC_j (1-t)^{n-j} t^j = \sum_{j=i}^{n} \dfrac{{}_jC_i}{{}_nC_i} B_j^n(t)$ となり, 求める式を得る. □

n 次以下の t の実係数の多項式全体のなすベクトル空間を P_n であらわすと

$$P_n = \{a_0 + a_1 t + \cdots + a_n t^n \mid a_j \in \mathbb{R},\ j = 0, \cdots, n\}$$

となる. 明らかに単項式 $\{1, t, t^2, \cdots, t^n\}$ はベクトル空間 P_n の基底で, $\dim P_n = n+1$ となる. 従って, 上記の(3)から, ベルンシュタイン多項式 $\{B_0^n(t), B_1^n(t), \cdots, B_n^n(t)\}$ もベクトル空間 P_n の基底であることがわかる.

命題 2 ド・カステリョのアルゴリズムにおける中間点 $\boldsymbol{b}_i^r(t)$ は, r 次のベルンシュタイン多項式を用いて,

$$\boldsymbol{b}_i^r(t) = \sum_{j=0}^{r} \boldsymbol{b}_{i+j} B_j^r(t) \quad (r = 0, 1, \cdots, n;\ i = 0, 1, \cdots, n-r) \tag{4}$$

と表せる.

証明. r に関する数学的帰納法により示す. $\boldsymbol{b}_i^{r-1}(t)$ に対して, (4)が成り立つと仮定する. ド・カステリョのアルゴリズムの式(1)より

$$\boldsymbol{b}_i^r(t) = (1-t)\boldsymbol{b}_i^{r-1}(t) + t\boldsymbol{b}_{i+1}^{r-1}(t)$$
$$= (1-t)\sum_{j=0}^{r-1} \boldsymbol{b}_{i+j} B_j^{r-1}(t) + t \sum_{j=0}^{r-1} \boldsymbol{b}_{i+j+1} B_j^{r-1}(t)$$

となる．ここで，2項目の添字をとりかえると，

$$\boldsymbol{b}_i^r(t) = (1-t)\sum_{j=0}^{r}\boldsymbol{b}_{i+j}B_j^{r-1}(t) + t\sum_{j=0}^{r}\boldsymbol{b}_{i+j}B_{j-1}^{r-1}(t)$$
$$= \sum_{j=0}^{r}\boldsymbol{b}_{i+j}((1-t)B_j^{r-1}(t) + tB_{j-1}^{r-1}(t))$$

となる．したがって(2)により，求める結果を得る． □

特に，$r=n$ のとき，ベジェ曲線 $\boldsymbol{b}_0^n(t)$ のベルンシュタイン多項式による表現

$$\boldsymbol{b}_0^n(t) = \sum_{j=0}^{n}\boldsymbol{b}_j B_j^n(t)$$

を得る．これを，ベジェ曲線の**ベルンシュタイン表現**とよぶ．

ベジェ曲線の性質

ここで，ベジェ曲線の性質をまとめておく．

端点一致：ベジェ曲線は $\boldsymbol{b}_0^n(0) = \boldsymbol{b}_0$，$\boldsymbol{b}_0^n(1) = \boldsymbol{b}_n$ を通る．これは，$j=0$ のとき $B_j^n(0)=1$，$j\neq 0$ のとき $B_j^n(0)=0$，また，$j=n$ のとき $B_j^n(1)=1$，$j\neq n$ のとき $B_j^n(1)=0$ からもわかる．

対称性：ベジェ制御点を $\boldsymbol{b}_0$，$\boldsymbol{b}_1$，$\cdots$，$\boldsymbol{b}_n$ あるいは $\boldsymbol{b}_n$，$\boldsymbol{b}_{n-1}$，$\cdots$，$\boldsymbol{b}_0$ とするとき，これらを制御点とする2つの曲線は向きをのぞいて同じである．すなわち，

$$\sum_{j=0}^{n}\boldsymbol{b}_j B_j^n(t) = \sum_{j=0}^{n}\boldsymbol{b}_{n-j}B_j^n(1-t)$$

が成り立つ．これは，ベルンシュタイン多項式の性質 $B_j^n(t) = B_{n-j}^n(1-t)$ からわかる．

直線再現性：制御点 $\boldsymbol{b}_j$ が2点 $\boldsymbol{p}$ と $\boldsymbol{q}$ をを結ぶ直線上に等間隔に配置されていたとする：

$$\boldsymbol{b}_j = \left(1 - \frac{j}{n}\right)\boldsymbol{p} + \frac{j}{n}\boldsymbol{q} \quad (j=0,\ 1,\ \cdots,\ n).$$

1 ベジェ曲線

このとき，$\boldsymbol{b}_j (j=0, 1, \cdots, n)$から作られる曲線$\boldsymbol{b}_0^n(t)$は2点$\boldsymbol{p}$と$\boldsymbol{q}$を結ぶ直線$(1-t)\boldsymbol{p}+t\boldsymbol{q}$となる．これは$t=\sum_{j=0}^{n}\frac{j}{n}B_j^n(t)$からわかる．

単項式をベルンシュタイン多項式であらわす式(3)の応用として，多項式であらわされる曲線のベジェ点を求める．

1) 放物線$y=x^2$のベジェ点を求める．まず$1=B_0^2(t)+B_1^2(t)+B_2^2(t)$, $t=\frac{1}{2}B_1^2(t)+B_2^2(t)$, $t^2=B_2^2(t)$に注意する．

a) $x=t, y=t^2$ $(0\leq t\leq 1)$の場合

$(t, t^2) = \left(\frac{1}{2}B_1^2(t)+B_2^2(t), B_2^2(t)\right) = (0, 0)B_0^2 + \left(\frac{1}{2}, 0\right)B_1^2(t) +$

$(1, 1)B_2^2(t)$より$\boldsymbol{b}_0 = (0, 0)$, $\boldsymbol{b}_1 = \left(\frac{1}{2}, 0\right)$, $\boldsymbol{b}_2 = (1, 1)$となる．

b) $x=2t-1, y=(2t-1)^2$ $(0\leq t\leq 1)$の場合

$2t-1 = -B_0^2(t)+B_2^2(t)$, $4t^2-4t+1 = B_0^2(t)-B_1^2(t)+B_2^2(t)$より$\boldsymbol{b}_0 = (-1, 1)$, $\boldsymbol{b}_1 = (0, -1)$, $\boldsymbol{b}_2 = (1, 1)$を得る．

2) 放物線$y=x^2-2x$ $(-1\leq x\leq 3)$のベジェ点を求める．

$x=4t-1, y=(4t-1)^2-2(4t-1)$ $(0\leq t\leq 1)$とおいて$4t-1 = -B_0^2(t)+B_1^2(t)+3B_2^2(t)$, $(4t-1)^2-2(4t-1)=16t^2-16t+1=B_0^2(t)-7B_1^2(t)+B_2^2(t)$より$\boldsymbol{b}_0=(-1, 1)$, $\boldsymbol{b}_1=(1, -7)$, $\boldsymbol{b}_2=(1, 1)$を得る．

3) 曲線$y^2=x^3 (0\leq x\leq 1, -1\leq y\leq 1)$のベジェ点を求める．

$1=B_0^3(t)+B_1^3(t)+B_2^3(t)+B_3^3(t)$, $t=\frac{1}{3}B_1^3(t)+\frac{2}{3}B_2^3(t)+B_3^3(t)$, $t^2=\frac{1}{3}B_2^3(t)+B_3^3(t)$, $t^3=B_3^3(t)$に注意する．

$x=(2t-1)^2, y=(2t-1)^3$ $(0\leq t\leq 1)$とおいて$(2t-1)^2 = B_0^3(t)-\frac{1}{3}B_1^3(t)-\frac{1}{3}B_2^3(t)+B_3^3(t)$, $(2t-1)^3 = -B_0^3(t)+B_1^3(t)-B_2^3(t)+B_3^3(t)$より$\boldsymbol{b}_0=$

— 155 —

$(1, -1)$, $\boldsymbol{b}_1 = \left(-\dfrac{1}{3}, 1\right)$, $\boldsymbol{b}_2 = \left(-\dfrac{1}{3}, -1\right)$, $\boldsymbol{b}_3 = (1, 1)$ を得る.

4) 曲線 $(-u^2+1, -u^3+u)$ $(-1 \leq u \leq 1)$ のベジェ点を求める.
$x = -(2t-1)^2+1$, $y = -(2t-1)^3+(2t-1)$ $(0 \leq t \leq 1)$ とおいて
$-(2t-1)^2+1 = \dfrac{4}{3}B_1^3(t) + \dfrac{4}{3}B_2^3(t)$, $(2t-1)^3+(2t-1) = -\dfrac{4}{3}B_1^3(t) + \dfrac{4}{3}B_2^3(t)$ より $\boldsymbol{b}_0 = (0, 0)$, $\boldsymbol{b}_1 = \left(\dfrac{4}{3}, -\dfrac{4}{3}\right)$, $\boldsymbol{b}_2 = \left(\dfrac{4}{3}, \dfrac{4}{3}\right)$, $\boldsymbol{b}_3 = (0, 0)$ を得る.

ベジェ曲線の次数上げ

区分的にはベジェ曲線となっている曲線を用いて形状設計を行っているとき, 制御多角形を何度か変更した後で, ある部分が n 次の曲線では望ましい形状を作成するだけの自由度をもっていないことが分かったとする. このとき, すでにある望ましい部分の形状を変えないで, 自由度を上げる必要が生じる. すなわち, 曲線の形状を変えないようにベジェ点を1個追加することが必要となる. この問題は, ベジェ曲線の次数上げで解決される.

$\boldsymbol{b}_i (i=0, \cdots, n)$ をベジェ点とする. $n+2$ 個の点 $\boldsymbol{b}_i^{(1)}$ を
$$\boldsymbol{b}_i^{(1)} = \dfrac{i}{n+1}\boldsymbol{b}_{i-1} + \left(1 - \dfrac{i}{n+1}\right)\boldsymbol{b}_i, \quad (i=0, \cdots, n+1) \tag{6}$$
で定義すると

n 次ベジェ曲線 $\boldsymbol{b}_0^n(t) = \sum_{i=0}^{n} \boldsymbol{b}_i B_i^n(t)$ は $\boldsymbol{b}_i^{(1)}$ をベジェ点とする $n+1$ 次ベジェ曲線として表せる. すなわち,
$$\boldsymbol{b}_0^n(t) = \sum_{i=0}^{n+1} \boldsymbol{b}_i^{(1)} B_i^{n+1}(t)$$
が成り立つ.

実際，$\bm{b}_0^n(t)=\sum_{i=0}^n \bm{b}_i B_i^n(t)$ に $1=((1-t)+t)$ をかけると

$$\sum_{i=0}^n \bm{b}_i \, {}_nC_i(1-t)^{n-i+1}t^i + \sum_{i=0}^n \bm{b}_i \, {}_nC_i(1-t)^{n-i}t^{i+1}$$

となる．$B_i^{n+1}(t)$ の係数を比較して

$$\bm{b}_i^{(1)} = \frac{{}_nC_{i-1}}{{}_{n+1}C_i}\bm{b}_{i-1} + \frac{{}_nC_i}{{}_{n+1}C_i}\bm{b}_i = \frac{i}{n+1}\bm{b}_{i-1} + \left(1-\frac{i}{n+1}\right)\bm{b}_i$$

を得る．

次数上げを繰り返すことにより，n 次ベジエ曲線を $n+r$ 次ベジエ曲線としてあらわすことができる．このとき，対応するベジエ点 $\bm{b}_i^{(r)}$ は

$$\bm{b}_i^{(r)} = \sum_{j=i-r}^{i} \frac{{}_nC_j \cdot {}_rC_{i-j}}{{}_{n+r}C_i}\bm{b}_j = \sum_{j=0}^{n} \frac{{}_nC_j \cdot {}_rC_{i-j}}{{}_{n+r}C_i}\bm{b}_j, \ i=0, \cdots, n+r$$

で与えられる．

また，制御多角形を次数上げする作用素を $\bm{\mathcal{E}}$，$\bm{P}$ を n 次ベジエ多角形とし，次数上げを行ったベジエ多角形の列 $\bm{P}, \bm{\mathcal{E}P}, \bm{\mathcal{E}^2P}, \ldots$ について次の定理が成り立つ．

定理 3（収束） 次数上げを繰り返していくと，ベジエ多角形はベジエ曲線に収束する．すなわち

$$\lim_{r\to\infty} \bm{\mathcal{E}}^r \bm{P} = \bm{b}_0^n(t)$$

が成り立つ．

証明． パラメータ値 $t(0<t<1)$ を固定して，各 r について $i/(n+r)$ が t に最も近くなるような添字 i を見つける．この $i/(n+r)$ を多角形 $\bm{\mathcal{E}}^r\bm{P}$ 上のパラメータとして考えると，$r\to\infty$ のとき，この比は t に収束する．さらに，$r\to\infty$ のとき，$i\to\infty$, $r-i\to\infty$ となる．スターリングの公式を用いると

第 6 章　ベジェ曲線とベジェ曲面

$$\lim_{r\to\infty}\frac{{}_rC_{i-j}}{{}_{n+r}C_i}=\lim_{r\to\infty}\frac{r!\,i!\,(n+r-i)!}{(i-j)!(r-i+j)!(n+r)!}$$

$$=\lim_{r\to\infty}\frac{r^{r+\frac{1}{2}}i^{i+\frac{1}{2}}(n+r-i)^{n+r-i+\frac{1}{2}}}{(i-j)^{i-j+\frac{1}{2}}(r-i+j)^{r-i+j+\frac{1}{2}}(n+r)^{n+r+\frac{1}{2}}}$$

$$=\lim_{r\to\infty}\frac{i^j(n+r-i)^{n-i}}{(n+r)^n}\frac{r^{r+\frac{1}{2}}i^{i-j+\frac{1}{2}}(n+r-i)^{r-i+j+\frac{1}{2}}}{(i-j)^{i-j+\frac{1}{2}}(r-i+j)^{r-i+j+\frac{1}{2}}(n+r)^{r+\frac{1}{2}}}$$

$$=t^j(1-t)^{n-j}\lim_{r\to\infty}\left(\frac{r}{n+r}\right)^{r+\frac{1}{2}}\left(\frac{i}{i-j}\right)^{i-j+\frac{1}{2}}\left(\frac{n+r-i}{r-i+j}\right)^{r-i+j+\frac{1}{2}}$$

$$=t^j(1-t)^{n-j}\lim_{r\to\infty}\left(1+\frac{n}{r}\right)^{-r-\frac{1}{2}}\left(1-\frac{j}{i}\right)^{-i+j-\frac{1}{2}}\left(\frac{1+\frac{n}{r-i}}{1+\frac{j}{r-i}}\right)^{r-i+j+\frac{1}{2}}$$

$$=t^j(1-t)^{n-j}e^{-n}e^je^{n-j}=t^j(1-t)^{n-j}$$

となる．また，$t=0, 1$ のときは，ベジェ多角形は常にベジェ曲線に一致している．したがって

$$\lim_{r\to\infty}\mathcal{E}^r\boldsymbol{P}=\sum_{j=0}^{n}{}_nC_jt^j(1-t)^{n-j}\boldsymbol{b}_j$$

となる．　　　　　　　　　　　　　　　　　　　　　　　　　　　　　□

例 4　$\boldsymbol{b}_0=(-1,\ -1)$, $\boldsymbol{b}_1=\left(-\frac{1}{3},\ 1\right)$, $\boldsymbol{b}_2=\left(\frac{1}{3},\ -1\right)$, $\boldsymbol{b}_3(1,\ 1)$ をベジェ点とすると，ベジェ曲線 $\boldsymbol{b}_0^n(t)$ は $(2t-1, (2t-1)^3)$ となる．次数上げを行ったとき，ベジェ多角形がベジェ曲線に収束する様子は図 6 のようになる．

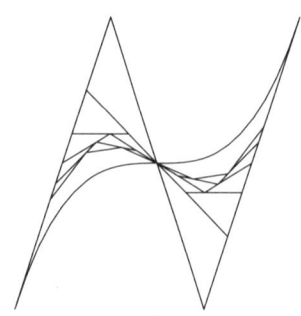

| 1, 2, 3, 4, 5 と次数上げしたとき | $1, 2, 2^2, 2^3, 2^4, 2^5$ と次数上げしたとき |

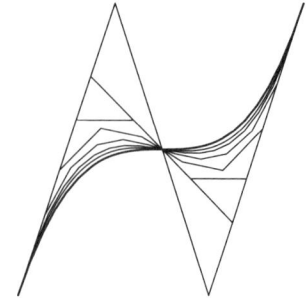

図 6

1 ベジエ曲線

ベジエ曲線の細分割

ベジエ曲線 $\boldsymbol{b}_0^n(t)$ を点 $\boldsymbol{b}_0^n(t_0)$ で2つの曲線に分割する．分割した曲線の $\boldsymbol{b}_0$ から $\boldsymbol{b}_0^n(t_0)$ への部分 $c_1(t)$ および $\boldsymbol{b}_0^n(t_0)$ から $\boldsymbol{b}_n$ への部分 $c_2(t)$ は共にベジエ曲線となる．図7は $\boldsymbol{b}_0^3(t_0)$ でベジエ曲線を分割するときのド・カステリョのアルゴリズムによる中間点の様子をあらわしている．これらの中間点が分割したベジエ曲線の制御点を与えることを示す．

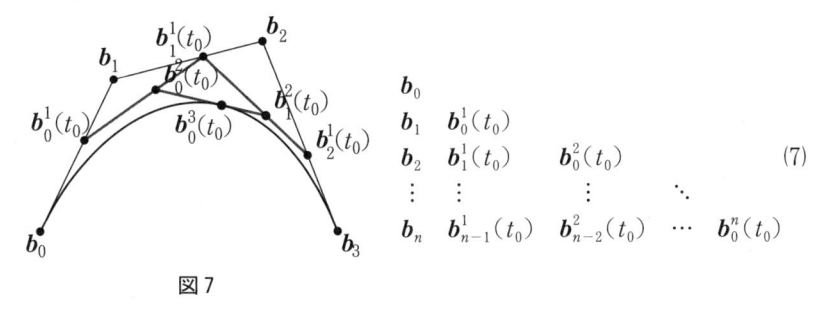

$$
\begin{array}{llll}
\boldsymbol{b}_0 & & & \\
\boldsymbol{b}_1 & \boldsymbol{b}_0^1(t_0) & & \\
\boldsymbol{b}_2 & \boldsymbol{b}_1^1(t_0) & \boldsymbol{b}_0^2(t_0) & \\
\vdots & \vdots & \vdots & \ddots \\
\boldsymbol{b}_n & \boldsymbol{b}_{n-1}^1(t_0) & \boldsymbol{b}_{n-2}^2(t_0) & \cdots & \boldsymbol{b}_0^n(t_0)
\end{array}
\tag{7}
$$

図7

補題4（細分割） ド・カステリョのアルゴリズムを用いて，ベジエ曲線を $t=t_0$ で2つのベジエ曲線 $c_1(t)$, $c_2(t)$ に細分割することができる．細分割された2つのベジエ曲線 $c_1(t)=\boldsymbol{b}_0^n(t_0 t)$, $c_2(t)=\boldsymbol{b}_0^n((1-t)t_0+t)$ のベジエ点はド・カステリョの図式(7)の境界の点で与えられる．すなわち，

$$\boldsymbol{b}_0,\ \boldsymbol{b}_0^1(t_0),\ \boldsymbol{b}_0^2(t_0),\ \cdots,\ \boldsymbol{b}_0^n(t_0),$$
$$\boldsymbol{b}_0^n(t_0),\ \boldsymbol{b}_1^{n-1}(t_0),\ \boldsymbol{b}_2^{n-2}(t_0),\ \cdots,\ \boldsymbol{b}_n$$

がそれぞれのベジエ点となる．

証明． 曲線 $c_1(t)=\boldsymbol{b}_0^n(t_0 t)$ のベジエ点を求めよう．このために，ベルンシュタイン多項式に関する関係式

$$B_j^n(st)=\sum_{r=j}^{n} B_j^r(s) B_r^n(t) \tag{8}$$

を用いる．

第 6 章　ベジエ曲線とベジエ曲面

$$\boldsymbol{b}_0^n(t_0 t) = \sum_{j=0}^n \boldsymbol{b}_j B_j^n(t_0 t) = \sum_{j=0}^n \boldsymbol{b}_j \sum_{r=j}^n B_j^r(t_0) B_r^n(t) = \sum_{j=0}^n \boldsymbol{b}_j \sum_{r=0}^n B_j^r(t_0) B_r^n(t)$$

$$= \sum_{j=0}^n \sum_{r=0}^n \boldsymbol{b}_j B_j^r(t_0) B_r^n(t) = \sum_{r=0}^n \left(\sum_{j=0}^n \boldsymbol{b}_j B_j^r(t_0) \right) B_r^n(t)$$

$$= \sum_{r=0}^n \left(\sum_{j=0}^r \boldsymbol{b}_j B_j^r(t_0) \right) B_r^n(t) = \sum_{r=0}^n \boldsymbol{b}_0^r(t_0) B_r^n(t).$$

$\boldsymbol{b}_0^0(t_0) = \boldsymbol{b}_0$ に注意して，曲線 $c_1(t)$ のベジエ点は $\boldsymbol{b}_0$, $\boldsymbol{b}_0^1(t_0)$, $\boldsymbol{b}_0^2(t_0)$, …, $\boldsymbol{b}_0^n(t_0)$ となる．同様にして，曲線 $c_2(t)$ のベジエ点は $\boldsymbol{b}_0^n(t_0)$, $\boldsymbol{b}_1^{n-1}(t_0)$, $\boldsymbol{b}_2^{n-2}(t_0)$, …, $\boldsymbol{b}_n$ となる．ここで，ベジエ点を求めるために用いた式(8)を示す．

$$B_j^n(st) = {}_nC_j(1-st)^{n-j}(st)^j = {}_nC_j(1-t+t-st)^{n-j}(st)^j$$

$$= {}_nC_j \sum_{i=0}^{n-j} {}_{n-j}C_i(1-t)^{n-j-i}t^i(1-s)^i(st)^j$$

$$= \sum_{i=0}^{n-j} {}_nC_j \cdot {}_{n-j}C_i \cdot (1-s)^i s^j \cdot (1-t)^{n-j-i} t^{i+j}$$

$i+j = r$ とおいて

$$= \sum_{r=j}^n {}_nC_j \cdot {}_{n-j}C_{r-j} \cdot \frac{1}{{}_rC_j} B_j^r(s) \cdot \frac{1}{{}_nC_r} B_r^n(t).$$

ここで $\dfrac{{}_nC_j \cdot {}_{n-j}C_{r-j}}{{}_rC_j \cdot {}_nC_r} = 1$ に注意すると求める式を得る．　　□

ベジエ曲線を細分割すると，それぞれのベジエ曲線の制御点が定まり，細分割を繰り返すとこれらの制御多角形は元のベジエ曲線に収束する．

例 5　$\boldsymbol{b}_0 = (-1, -1)$, $\boldsymbol{b}_1 = \left(-\dfrac{1}{3}, 1\right)$, $\boldsymbol{b}_2 = \left(\dfrac{1}{3}, -1\right)$, $\boldsymbol{b}_3 = (1, 1)$ をベジエ点とすると，ベジエ曲線 $\boldsymbol{b}_0^3(t)$ は $(2t-1, (2t-1)^3)$ となる．$t = 1/3$ で細分割した曲線のベジエ点は $\boldsymbol{b}_0$, $\boldsymbol{b}_0^1(1/3)$, $\boldsymbol{b}_0^2(1/3)$, $\boldsymbol{b}_0^3(1/3)$ および $\boldsymbol{b}_0^3(1/3)$, $\boldsymbol{b}_1^2(1/3)$, $\boldsymbol{b}_2^1(1/3)$, $\boldsymbol{b}_3$ となり，制御多角形は図 8a のようになる．また，$t = 1/2$ で細分割を繰り返したとき，制御多角形が元のベジエ曲線に収束する様

子は図 8b のようになる．4 回繰り返すと制御多角形はベジエ曲線とほとんど一致する．

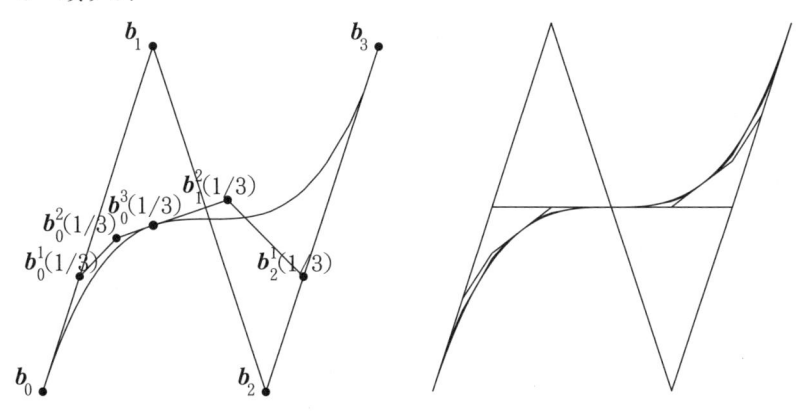

図 8a $t=\dfrac{1}{3}$ での細分割の様子 **図 8b** $t=\dfrac{1}{2}$ での細分割の繰り返し

ベジエ曲線の導関数 ベジエ曲線 $\boldsymbol{b}_0^n(t)$ の導関数は，制御点の差分を用いて計算できる．制御点の前進差分演算子 $\Delta^k \boldsymbol{b}_j$ を帰納的につぎで定義する：

$$\Delta^0 \boldsymbol{b}_j = \boldsymbol{b}_j, \quad \Delta^k \boldsymbol{b}_j = \Delta^{k-1}(\boldsymbol{b}_{j+1} - \boldsymbol{b}_j).$$

$$\frac{d}{dt}\boldsymbol{b}_0^n(t) = \sum_{j=0}^{n} \boldsymbol{b}_j \frac{d}{dt} B_j^n(t) = n \sum_{j=0}^{n} (B_{j-1}^{n-1}(t) - B_j^{n-1}(t))\boldsymbol{b}_j$$

$$= n \sum_{j=0}^{n-1} (\boldsymbol{b}_{j+1} - \boldsymbol{b}_j) B_j^{n-1}(t) = n \sum_{j=0}^{n-1} \Delta \boldsymbol{b}_j B_j^{n-1}(t)$$

となる．特に，$\dfrac{d}{dt}\boldsymbol{b}_0^n(0) = n\Delta\boldsymbol{b}_0$，$\dfrac{d}{dt}\boldsymbol{b}_0^n(1) = n\Delta\boldsymbol{b}_{n-1}$ であるから，ベジエ曲線 $\boldsymbol{b}_0^n(t)$ は端点 $\boldsymbol{b}_0$，$\boldsymbol{b}_n$ でそれぞれ，ベジエ多角形の辺 $\overline{\boldsymbol{b}_0 \boldsymbol{b}_1}$，$\overline{\boldsymbol{b}_{n-1} \boldsymbol{b}_n}$ に接することがわかる．さらに，上述の細分割とあわせると，ベジエ曲線 $\boldsymbol{b}_0^n(t)$ は点 $\boldsymbol{b}_0^n(t_0)$ で線分 $\overline{\boldsymbol{b}_0^{n-1}(t_0) \boldsymbol{b}_1^{n-1}(t_0)}$ に接していることがわかる．また，高階の導関数に対しても，

$$\frac{d^k}{dt^k}\boldsymbol{b}_0^n(t) = \frac{n!}{(n-k)!} \sum_{j=0}^{n-k} \Delta^k \boldsymbol{b}_j B_j^{n-k}(t)$$

が成り立つ．

1.3 重心結合と制御多角形

平行移動，拡大や縮小，回転移動などにより，ベジエ曲線はどのように変化するかなどを調べる．

平面 $\mathbb{R}^2$ あるいは空間 $\mathbb{R}^3$ の $n+1$ 個の点 $\boldsymbol{b}_0$, $\boldsymbol{b}_1$, $\cdots$, $\boldsymbol{b}_n$ に対して，

$$\boldsymbol{b} = \lambda_0 \boldsymbol{b}_0 + \lambda_1 \boldsymbol{b}_1 + \cdots + \lambda_n \boldsymbol{b}_n, \ \lambda_0 + \lambda_1 + \cdots + \lambda_n = 1$$

と表わされる $\boldsymbol{b}$ を $\boldsymbol{b}_0$, $\boldsymbol{b}_1$, $\cdots$, $\boldsymbol{b}_n$ の**重心結合**という．例えば3点 $\boldsymbol{b}_0$, $\boldsymbol{b}_1$, $\boldsymbol{b}_2$ の作る三角形の重心 $\boldsymbol{g} = \dfrac{1}{3}\boldsymbol{b}_0 + \dfrac{1}{3}\boldsymbol{b}_1 + \dfrac{1}{3}\boldsymbol{b}_2$ は，重心結合の一例である．

集合 $P = \left\{ \sum_{j=0}^{n} \lambda_j \boldsymbol{b}_j \ \middle| \ \sum_{j=0}^{n} \lambda_j = 1, \ 0 \leq \lambda_j \leq 1 \right\}$ を $\boldsymbol{b}_0$, $\boldsymbol{b}_1$, $\cdots$, $\boldsymbol{b}_n$ で**生成される凸包**とよぶ．

例6 2点 $\boldsymbol{b}_0$, $\boldsymbol{b}_1$ のとき，P は線分である（図9左）．

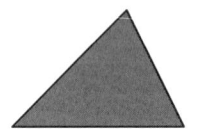

図9

例7 3点 $\boldsymbol{b}_0$, $\boldsymbol{b}_1$, $\boldsymbol{b}_2$ のとき，P は三角形の内部と境界である（図9右）．

例8 空間 $\mathbb{R}^3$ の4点 $\boldsymbol{b}_0$, $\boldsymbol{b}_1$, $\boldsymbol{b}_2$, $\boldsymbol{b}_3$ を考えると，一般には P は四面体の内部と境界である（図10）．

例9 4点 $\boldsymbol{b}_0$, $\boldsymbol{b}_1$, $\boldsymbol{b}_2$, $\boldsymbol{b}_3$ が同一平面上にあるとき，P は四辺形の内部と境界である（図11）．

1 ベジエ曲線

ベジエ曲線の凸包性

ベジエ曲線とその制御多角形との関係を考える．ベジエ曲線 $\boldsymbol{b}_0^n(t)$ $(0\leq t\leq 1)$ は，制御点で生成される凸包内にある．

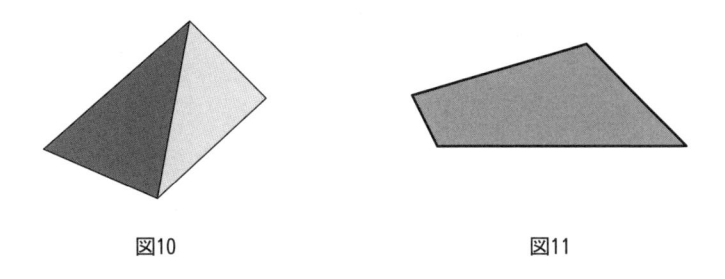

図10

図11

このことは次のことからわかる．ベルンシュタイン多項式 $B_j^n(t)$ は

$$B_j^n(t)\geq 0 \quad (0\leq t\leq 1), \quad \sum_{j=0}^n B_j^n(t)=1$$

をみたす．したがって，ベジエ曲線 $\boldsymbol{b}_0^n(t)=\sum_{j=0}^n \boldsymbol{b}_j B_j^n(t)$ は凸包

$$P=\left\{\sum_{j=0}^n \lambda_j \boldsymbol{b}_j \,\Big|\, \sum_{j=0}^n \lambda_j=1,\ 0\leq \lambda_j\leq 1\right\}$$

に含まれる．

ベジエ曲線のアフィン不変性

次に，平行移動，拡大や縮小，回転移動などと，ベジエ曲線の形の関係を調べよう．まず，平行移動，拡大や縮小，回転移動を含む写像について考える．

写像 $F:\mathbb{R}^\ell \to \mathbb{R}^m$ は，すべての $\boldsymbol{x},\ \boldsymbol{y}\in\mathbb{R}^\ell$ とすべて実数 c に対して

$$F(\boldsymbol{x}+\boldsymbol{y})=F(\boldsymbol{x})+F(\boldsymbol{y}) \quad \text{および} \quad F(c\boldsymbol{x})=cF(\boldsymbol{x})$$

が成り立つとき，**線形写像**であるという．行列 A に対して，$F(\boldsymbol{x})=A\boldsymbol{x}$ とおくと，$F(\boldsymbol{x})$ は線形写像となる．線形写像 $F:\mathbb{R}^\ell\to\mathbb{R}^m$ と $\boldsymbol{v}\in\mathbb{R}^m$ により

第6章 ベジェ曲線とベジェ曲面

$$\Phi(\boldsymbol{x}) = F(\boldsymbol{x}) + \boldsymbol{v}$$

と表わされる写像 $\Phi : \mathbb{R}^\ell \to \mathbb{R}^m$ を**アフィン写像**という．

アフィン写像の例としては次のようなものがある．
1) 平行移動: $\Phi(\boldsymbol{x}) = \boldsymbol{x} + \boldsymbol{v}$ のとき，$\boldsymbol{v}$ による平行移動という（図12）．
2) 拡大と縮小: $\boldsymbol{v} = 0$ で $\Phi(\boldsymbol{x}) = k\boldsymbol{x}$ のとき，$k > 1$ のとき拡大，$0 < k < 1$ のとき縮小という（図13）．
3) 回転移動: $\boldsymbol{v} = 0$ で F が直交変換のとき回転移動という（図14）．

アフィン写像 $\Phi : \mathbb{R}^\ell \to \mathbb{R}^m$ に対して，次が成り立つ．

$$\boldsymbol{b} = \sum_{j=0}^{n} \lambda_j \boldsymbol{b}_j, \quad \sum_{j=0}^{n} \lambda_j = 1 \text{ に対して } \Phi(\boldsymbol{b}) = \sum_{j=0}^{n} \lambda_j \Phi(\boldsymbol{b}_j)$$

これよりベジェ曲線は**アフィン写像に対して不変**であることがわかる．すなわち，次の2つの操作で得られる結果は同じである．

1) 与えられた制御点をもつベジェ曲線 $\boldsymbol{b}_n(t)$ を計算し，この曲線をアフィン写像で写す．
2) 制御点をアフィン写像で写してから，これらの制御点のベジェ曲線を計算する．

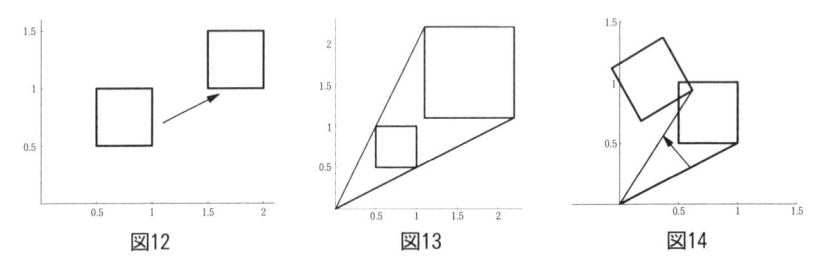

図12　図13　図14

すなわち，$\boldsymbol{b}_0, \boldsymbol{b}_1, \cdots, \boldsymbol{b}_n$ を制御点，$\Phi : \mathbb{R}^m \to \mathbb{R}^m$ をアフィン写像とするとき，次が成り立つ．

$$\Phi\left(\sum_{j=0}^{n} \boldsymbol{b}_j B_j^n(t)\right) = \sum_{j=0}^{n} \Phi(\boldsymbol{b}_j) B_j^n(t).$$

$\boldsymbol{a}, \boldsymbol{b} \in \mathbb{R}^m$ に対して，$\boldsymbol{x}(t) = (1-t)\boldsymbol{a} + t\boldsymbol{b}$ で定まるアフィン写像 $\boldsymbol{x}(t) :$

$\mathbb{R} \to \mathbb{R}^m$ を点 a, b の**線形補間**という．線形補間はアフィン写像で不変である．
すなわち，

$$\Phi((1-t)a+tb) = (1-t)\Phi(a)+t\Phi(b)$$

である．ベジエ曲線はド・カステリョのアルゴリズムにより，線形補間の繰り返しで構成されている．これからもアフィン写像に対して不変であることがわかる．

したがって，**ベジエ曲線を平行移動，拡大や縮小，回転移動させるには，ベジエ点を動かしてからベジエ曲線を求めればよい**．この性質がアニメーションの製作やフォント（活字）の設計に，ベジエ曲線が用いられる理由の1つになっている．

2　有理ベジエ曲線

3点から定まるベジエ曲線は放物線で，円や双曲線などの2次曲線はベジエ曲線としてあらわせない．では，円，楕円および双曲線などの円錐曲線はどのように構成すればいいのであろうか．これは**重み**をつけるという考え方で解決することができる．

2.1　円錐曲線

3次元空間の座標系を一つ固定するとき，射影の中心を原点 O とし，射影する平面を $z=1$ とする（図15a）．すなわち，射影を次の式で定義する．

$$(x, y, z) \to (x/z, y/z, 1).$$

また，平面 $z=1$ を2次元平面 $\mathbb{R}^2$ とを同一視する．平面 $\mathbb{R}^2$ 上の円錐曲線は3次元上半空間内にある放物線を平面 $z=1$ に射影したものと

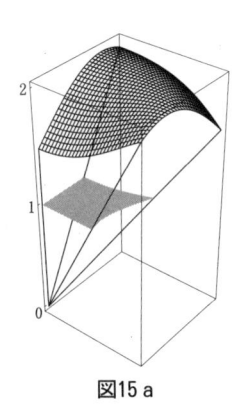

図15a

第6章 ベジェ曲線とベジェ曲面

して定義する（図15b）．

例10 3点 $\boldsymbol{p}_0 = (1, 0, 1)$, $\boldsymbol{p}_1 = (1, 1, 1)$, $\boldsymbol{p}_2 = (0, 2, 2)$ で定まる2次ベジェ曲線（放物線）を $\boldsymbol{p}(t)$ とすると，$\boldsymbol{p}(t) = (1-t^2, 2t, 1+t^2)$ となる．得られる円錐曲線 $\boldsymbol{x}(t)$ は

$$x(t) = \left(\frac{1-t^2}{1+t^2}, \frac{2t}{1+t^2} \right)$$

となり，$\boldsymbol{x}(t)$ は $(0, 0)$ を中心とする半径1の円の一部である．

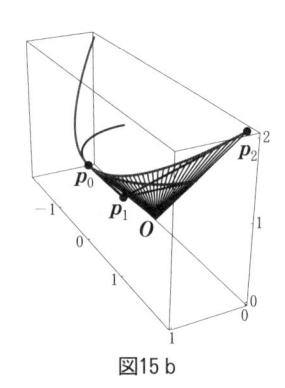

図15 b

命題5 円，楕円および双曲線などの円錐曲線 $\boldsymbol{x}(t)$ は正の実数 w_0, w_1, w_2 と点 $\boldsymbol{b}_0$, $\boldsymbol{b}_1$, $\boldsymbol{b}_2 \in \mathbb{R}^2$ により次の式で表わされる．

$$x(t) = \frac{w_0 \boldsymbol{b}_0 B_0^2(t) + w_1 \boldsymbol{b}_1 B_1^2(t) + w_2 \boldsymbol{b}_2 B_2^2(t)}{w_0 B_0^2(t) + w_1 B_1^2(t) + w_2 B_2^2(t)} \tag{9}$$

$\boldsymbol{x}(t)$ を**円錐曲線の有理表現**といい，$\boldsymbol{b}_0$, $\boldsymbol{b}_1$, $\boldsymbol{b}_2$ を制御点，w_0, w_1, w_2 を制御点 $\boldsymbol{b}_0$, $\boldsymbol{b}_1$, $\boldsymbol{b}_2$ における**重み**という．重みがすべて等しいとき，$B_0^2(t) + B_1^2(t) + B_2^2(t) = 1$ より，円錐曲線 $\boldsymbol{x}(t)$ は放物線となる．

証明． 空間 $\mathbb{R}^3$ の3点 $\boldsymbol{p}_0$, $\boldsymbol{p}_1$, $\boldsymbol{p}_2$ を $\boldsymbol{p}_0 = (w_0 \boldsymbol{b}_0, w_0)$, $\boldsymbol{p}_1 = (w_1 \boldsymbol{b}_1, w_1)$, $\boldsymbol{p}_2 = (w_2 \boldsymbol{b}_2, w_2)$ で定める．3点 $\boldsymbol{p}_0$, $\boldsymbol{p}_1$, $\boldsymbol{p}_2$ から定まるベジェ曲線 $\boldsymbol{p}(t)$ は $\mathbb{R}^3$ の放物線で，

$$\boldsymbol{p}(t) = \boldsymbol{p}_0 B_0^2(t) + \boldsymbol{p}_1 B_1^2(t) + \boldsymbol{p}_2 B_2^2(t)$$

とあらわされる．円錐曲線 $\boldsymbol{x}(t)$ は放物線 $\boldsymbol{p}(t)$ を $z=1$ 平面に射影したものであるから，放物線 $\boldsymbol{p}(t)$ と円錐曲線 $\boldsymbol{x}(t)$ との関係は

$$\boldsymbol{p}(t) = (w(t)\boldsymbol{x}(t), w(t))$$

で与えられる．$i=0, 1, 2$ に対して，点 $\boldsymbol{p}_i$ の z-成分は w_i であるから，

$$w(t) = w_0 B_0^2(t) + w_1 B_1^2(t) + w_2 B_2^2(t)$$

となる．$\boldsymbol{p}(t)$ の (x, y)-成分を $\boldsymbol{a}_0 B_0^2(t) + \boldsymbol{a}_1 B_1^2(t) + \boldsymbol{a}_2 B_2^2(t)$ であらわすと，

$$w(t)\boldsymbol{x}(t) = \boldsymbol{a}_0 B_0^2(t) + \boldsymbol{a}_1 B_1^2(t) + \boldsymbol{a}_2 B_2^2(t)$$

となる．$\boldsymbol{a}_i = w_i \boldsymbol{b}_i$ より(9)式を得る．また $\boldsymbol{b}_0$, $\boldsymbol{b}_1$, $\boldsymbol{b}_2$ はそれぞれ $\boldsymbol{p}_0$, $\boldsymbol{p}_1$, $\boldsymbol{p}_2$ を射影して得られる点となっている． □

例 11 制御点を $\boldsymbol{b}_0 = (1, 0)$, $\boldsymbol{b}_1 = (1, 1)$, $\boldsymbol{b}_2 = (0, 1)$ それぞれの点における重みを $w_0 = 1$, $w_1 = 1$, $w_2 = 2$ とすると，円錐曲線は $\boldsymbol{x}(t) = \left(\dfrac{1-t^2}{1+t^2}, \dfrac{2t}{1+t^2} \right)$ で与えられる．$0 \leq t \leq 1$ のとき，$\boldsymbol{x}(t)$ は原点を中心とする半径 1 の円 $x^2 + y^2 = 1$ の 4 分の一である．

例 12 制御点を $\boldsymbol{b}_0 = (3, -2\sqrt{2})$, $\boldsymbol{b}_1 = \left(\dfrac{1}{3}, 0 \right)$, $\boldsymbol{b}_2 = (3, 2\sqrt{2})$ とし，それぞれの点における重みを $w_0 = 1$, $w_1 = 3$, $w_2 = 1$ とすると，円錐曲線 $\boldsymbol{x}(t)$ は

$$\boldsymbol{x}(t) = \left(\frac{3 - 4t + 4t^2}{1 + 4t - 4t^2}, \frac{2\sqrt{2}(-1 + 2t)}{1 + 4t - 4t^2} \right)$$

で与えられる．$\boldsymbol{x}(t)$ は方程式 $x^2 - y^2 = 1$ をみたす双曲線である．

例 13 重みによる曲線の分類
制御点を $\boldsymbol{b}_0 = (-1, 1)$, $\boldsymbol{b}_1 = (0, -1)$, $\boldsymbol{b}_2 = (1, 1)$ とし，それぞれの点における重みを $w_0 = 1$, $w_1 = a$, $w_2 = 1$ とすると，
$a = 1$ のとき放物線，
$a = 2$ のとき双曲線，
$a = \dfrac{1}{2}$ のとき楕円となる．
図 16 は重みを変えて得られる曲線の様子をあらわしている．

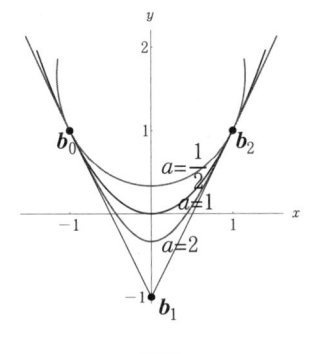

図16

第6章 ベジェ曲線とベジェ曲面

例14 円弧

原点 $(0, 0)$ を中心とする半径 1 の円弧で, 端点が $(1, 0), (\cos s, \sin s)$ $(-\pi \leq s \leq \pi)$ であるものは, ベジェ点 $\boldsymbol{b}_0 = (1, 0)$, $\boldsymbol{b}_1 = \left(1, \tan \dfrac{s}{2}\right)$, $\boldsymbol{b}_2 = (\cos s, \sin s)$ と重み $w_0 = 1$, $w_1 = \cos \dfrac{s}{2}$, $w_2 = 1$ であらわされる.

実際,

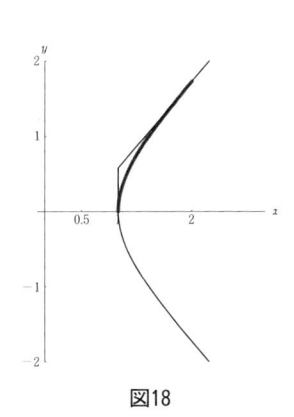

$$x(t) = \dfrac{(1-t)^2 + 2t(1-t)\cos\dfrac{s}{2} + t^2 \cos s}{(1-t)^2 + 2t(1-t)\cos\dfrac{s}{2} + t^2},$$

$$y(t) = \dfrac{2t(1-t)\sin\dfrac{s}{2} + t^2 \sin s}{(1-t)^2 + 2t(1-t)\cos\dfrac{s}{2} + t^2}$$

と表される. $s = \pi$ のとき, $w_1 = 0$ となり, 図17bのようになる.

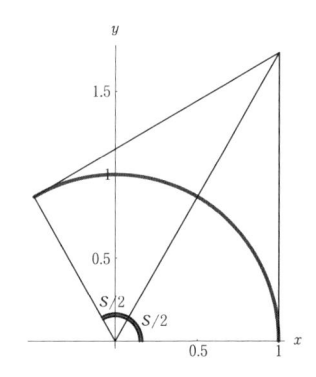

図17 a

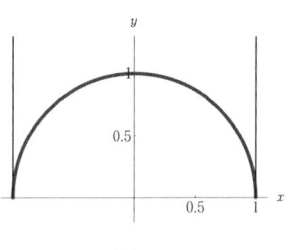

図17 b

例15 双曲弧

端点が $(1, 0), (p, q)$ である双曲線 $x^2 - y^2 = 1$ は, $p = \cosh s$, $q = \sinh s$ とするとき, ベジェ点 $\boldsymbol{b}_0 = (1, 0)$, $\boldsymbol{b}_1 = \left(1, \tanh\dfrac{s}{2}\right)$, $\boldsymbol{b}_2 = (\cosh s, \sinh s)$ と重み $w_0 = 1$, $w_1 = \cosh\dfrac{s}{2}$, $w_2 = 1$ であらわされる.

実際,

図18

2 有理ベジエ曲線

$$x(t) = \frac{(1-t)^2 + 2t(1-t)\cosh\frac{s}{2} + t^2 \cosh s}{(1-t)^2 + 2t(1-t)\cosh\frac{s}{2} + t^2},$$

$$y(t) = \frac{2t(1-t)\sinh\frac{s}{2} + t^2 \sinh s}{(1-t)^2 + 2t(1-t)\cosh\frac{s}{2} + t^2}$$

と表される．$\tanh\frac{s}{2} = \frac{p-1}{q}$, $\cosh\frac{s}{2} = \sqrt{\frac{p+1}{2}}$, $\sinh\frac{s}{2} = \sqrt{\frac{p-1}{2}}$ であることに注意せよ．

2.2 有理ベジエ曲線

円錐曲線の場合と同様に，空間 $\mathbb{R}^2$ の $n+1$ 個の点 $\boldsymbol{b}_0$, $\boldsymbol{b}_1$, $\cdots$, $\boldsymbol{b}_n$ と正の実数 w_0, $\cdots$, w_n を与えるとき，有理ベジエ曲線 $\boldsymbol{x}(t)$ を

$$\boldsymbol{x}(t) = \frac{w_0 \boldsymbol{b}_0 B_0^n(t) + \cdots + w_n \boldsymbol{b}_n B_n^n(t)}{w_0 B_0^n(t) + \cdots + w_n B_n^n(t)} \tag{10}$$

で定義する．

w_0, w_1, $\cdots$, w_n を有理ベジエ曲線 $\boldsymbol{x}(t)$ の**重み**，$\boldsymbol{b}_0$, $\boldsymbol{b}_1$, $\cdots$, $\boldsymbol{b}_n$ を**ベジエ点**あるいは**制御点**，$\boldsymbol{b}_i (i=0, 1, \cdots, n)$ で生成される多面体を**制御多角形**とよぶ．すべての重みが等しいならば，有理ベジエ曲線 $\boldsymbol{x}(t)$ はベジエ曲線となる．

例16 デカルトの葉線は $x^3 - 3xy + y^3 = 0$ で定義される曲線である．

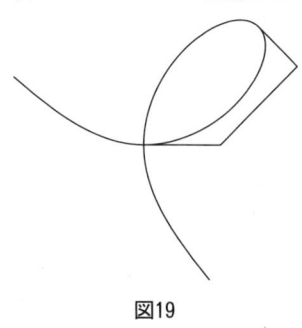

図19

これは，ベジエ曲線ではあらわせないが，次のような制御点と重みによる有理ベジエ曲線としてあらわせる．
$\boldsymbol{b}_0 = (0, 0)$, $\boldsymbol{b}_1 = (1, 0)$, $\boldsymbol{b}_2 = (2, 1)$, $\boldsymbol{b}_3 = (3/2, 3/2)$ とし，それぞれの重みを $w_0 = 1$, $w_1 = 1$, $w_2 = 1$, $w_3 = 2$ とすると

$$\boldsymbol{x}(t) = \left(\frac{3t}{(1+t^3)}, \frac{3t^2}{(1+t^3)} \right)$$

となる．

例17 アステロイドは $x^{2/3}+y^{2/3}=1$ で定義される曲線である.

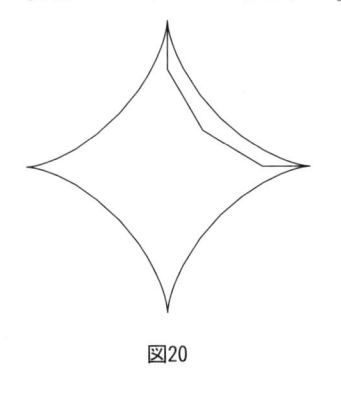

これは,ベジェ曲線ではあらわせないが,次のような制御点と重みによる有理ベジェ曲線としてあらわせる.
$\boldsymbol{b}_0=(0, 1)$, $\boldsymbol{b}_1=(0, 1)$, $\boldsymbol{b}_2=(0, 2/3)$, $\boldsymbol{b}_3=(1/4, 1/4)$, $\boldsymbol{b}_4=(2/3, 0)$, $\boldsymbol{b}_5=(1, 0)$, $\boldsymbol{b}_6=(1, 0)$ とし,それぞれの重みを $w_0=1$, $w_1=1$, $w_2=6/5$, $w_3=8/5$, $w_4=12/5$, $w_5=4$, $w_6=8$ とすると

$$\boldsymbol{x}(t)=\left(\frac{8t^3}{(1+t^2)^3}, \frac{(1-t^2)^3}{(1+t^2)^3}\right)$$

となる.

図20

例18 半円

これは,ベジェ曲線ではあらわせないが,次のような制御点と重みによる有理ベジェ曲線 $\boldsymbol{x}(t)$ としてあらわせる.
$\boldsymbol{b}_0=(1, 0)$, $\boldsymbol{b}_1=(1, 2)$, $\boldsymbol{b}_2=(-1, 2)$, $\boldsymbol{b}_3=(-1, 0)$, それぞれの重みを $w_0=1$, $w_1=1/3$, $w_2=1/3$, $w_3=1$ とすると,

$$x(t)=\left(\frac{1-2t}{1-2t+2t^2}, \frac{2t(1-t)}{1-2t+2t^2}\right)$$

となり,$0\leq t\leq 1$ を動くとき,$\boldsymbol{x}(t)$ は半径1の半円をあらわす.

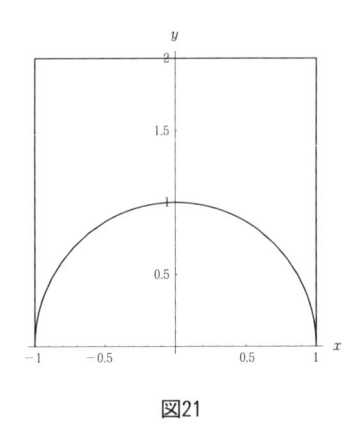

図21

例19 曲線 $r=\cos t/2$ を有理ベジェ曲線 $\boldsymbol{x}(t)$ としてあらわしたもの

2 有理ベジエ曲線

これは,ベジエ曲線ではあらわせないが,次のような制御点と重みによる有理ベジエ曲線 $\boldsymbol{x}(t)$ としてあらわせる.

$\boldsymbol{b}_0=(1, 0)$, $\boldsymbol{b}_1=\left(1, \dfrac{2}{3}\right)$, $\boldsymbol{b}_2=\left(\dfrac{4}{9}, \dfrac{10}{9}\right)$,

$\boldsymbol{b}_3=\left(-\dfrac{1}{4}, 1\right)$, $\boldsymbol{b}_4=\left(-\dfrac{5}{9}, \dfrac{4}{9}\right)$, $\boldsymbol{b}_5=$

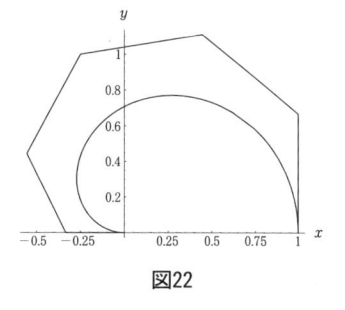

$\left(-\dfrac{1}{3}, 0\right)$, $\boldsymbol{b}_6=(0, 0)$, それぞれの重

図22

みを $w_0=1$, $w_1=1$, $w_2=6/5$, $w_3=8/5$, $w_4=12/5$, $w_5=4$, $w_6=8$ とすると,

$$\boldsymbol{x}(t)=\left(\frac{(1-t^2)(-1-2t+t^2)(-1+2t+t^2)}{(1+t^2)^3}, \frac{4t(1-t^2)^2}{(1+t^2)^3}\right).$$

ベジエ曲線の場合と同様に,有理ベジエ曲線をド・カステリョのアルゴリズムを用いて定義することもできる.

有理ベジエ曲線のド・カステリョのアルゴリズム

平面 $\mathbb{R}^2$ あるいは空間 $\mathbb{R}^3$ の $n+1$ 個の点 $\boldsymbol{b}_0$, $\boldsymbol{b}_1$, $\cdots$, $\boldsymbol{b}_n$, $n+1$ 個の正の数 w_0, $w_1\cdots$, w_n と実数 $t\in\mathbb{R}$ に対して,$\boldsymbol{b}_i^0(t)=\boldsymbol{b}_i$, $w_i^0(t)=w_i$ とし,

$$\boldsymbol{b}_i^r(t)=(1-t)\frac{w_i^{r-1}(t)}{w_i^r(t)}\boldsymbol{b}_i^{r-1}(t)+t\frac{w_{i+1}^{r-1}(t)}{w_i^r(t)}\boldsymbol{b}_{i+1}^{r-1}(t)$$

$$w_i^r(t)=(1-t)w_i^{r-1}(t)+tw_{i+1}^{r-1}(t)$$

$$(r=1, \cdots, n \ ; \ i=0, 1, \cdots, n-r)$$

とおく.

上のアルゴリズムから得られる曲線 $\boldsymbol{b}_0^n(t)$ は w_0, $w_1\cdots$, w_n を重み,$\boldsymbol{b}_0$, $\boldsymbol{b}_1$, $\cdots$, $\boldsymbol{b}_n$ を制御点とする有理ベジエ曲線となる.

有理ベジエ曲線の性質

有理ベジエ曲線はベジエ曲線と同様の性質をもつ.

端点一致：有理ベジエ曲線は $\boldsymbol{x}(0)=\boldsymbol{b}_0$, $\boldsymbol{x}(1)=\boldsymbol{b}_n$ を通る．これは，$j=0$ のとき $B_j^n(0)=1$, $j\neq 0$ のとき $B_j^n(0)=0$，また，$j=n$ のとき $B_j^n(1)=1$, $j\neq n$ のとき $B_j^n(1)=0$ からわかる．

有理ベジエ曲線の凸包性：有理ベジエ曲線 $\boldsymbol{x}(t)$ $(0\leq t\leq 1)$ は，制御点で生成される凸包内にある．

有理ベジエ曲線のアフィン不変性：有理ベジエ曲線はアフィン写像に対して不変である．

これらは有理ベジエ曲線 $\boldsymbol{x}(t)$ の式(10)を

$$\boldsymbol{x}(t)=\sum_{j=0}^{n}\frac{w_j B_j^n(t)}{\sum_{i=0}^{n} w_i B_i^n(t)}\boldsymbol{b}_j$$

と書き直すと，$0\leq t\leq 1$ のとき $0\leq (w_j B_j^n(t))/\sum_{i=0}^{n} w_i B_i^n(t)\leq 1$ で係数の和が 1 となることからわかる．

2.3 完全な円

ここでは，$0\leq t\leq 1$ で完全な円を有理ベジエ曲線として表せるかを考える．

補題 6 多項式 a, b, c が $a^2+b^2=c^2$ をみたすとき，ある多項式 $f(t), g(t), h(t)$ が存在して，

$$a=h(t)(f(t)^2-g(t)^2),\quad b=2h(t)g(t)f(t),\quad c=h(t)(f(t)^2+g(t)^2)$$

となる．

証明． $c-a=0$ ならば明らかなので，$c-a\neq 0$ とする．$c-a=2h(t)g^2(t)$ と書ける．ここで，$h(t), g(t)$ は多項式で，$h(t)$ は 2 乗の項を含まないものとする．$f(t)=\dfrac{g(t)b}{c-a}$ と置くと，$b=2h(t)f(t)g(t)$．$c^2=a^2+b^2$ より，$c+a=2h(t)f(t)^2$ となり，

— 172 —

$$a = h(t)(f(t)^2 - g(t)^2), \ b = 2h(t)f(t)g(t), \ c = h(t)(f(t)^2 + g(t)^2).$$

を得る．$c+a = 2h(t)f(t)^2$ より，$h(t)f(t)^2$ は多項式となる．$f(t)$ は有理式で，$h(t)$ は2乗の項を含まないから，$f(t)$ は多項式となる． □

上の補題6より，有理ベジエ曲線 $(x(t), y(t))$ が半径1の円 $x(t)^2 + y(t)^2 = 1$ をあらわすとき，

$$x(t) = \frac{f(t)^2 - g(t)^2}{f(t)^2 + g(t)^2}, \quad y = \frac{2f(t)g(t)}{f(t)^2 + g(t)^2} \tag{11}$$

と表せる．

有理ベジエ曲線 $(x(t), y(t))(0 \leq t \leq 1)$ が完全な円を表す条件を考える．$(x(0), y(0)) = (x(1), y(1)) = (1, 0)$ とする．次数 n のベルンシュタイン多項式 $B_j^n(t)$ を用いて，

$$f(t) = \sum_{j=0}^{n} c_j B_j^n(t), \quad g(t) = \sum_{j=0}^{n} d_j B_j^n(t). \tag{12}$$

とおく．$(x(0), y(0)) = (x(1), y(1)) = (1, 0)$ より $g(0) = d_0 = 0$, $g(1) = d_n = 0$, $f(0) = c_0 \neq 0$, $f(1) = c_n \neq 0$ となる．

特に，$n=1$ とすると $g=0$ となる．これより完全な円は2次の有理ベジエ曲線ではあらわせないことがわかる．

補題7 有理ベジエ曲線 $(x(t), y(t))$ が半径1の円をあらわすとき，曲線 $(x(t), y(t))$ が $(1, 0)$ で C^1 級となる必要十分条件は

$$\frac{g'(0)}{f(0)} = \frac{g'(1)}{f(1)}, \quad \text{すなわち}, \quad \frac{d_1}{c_0} = -\frac{d_{n-1}}{c_n}. \tag{13}$$

で与えられる．

証明． $x(t), y(t)$ の微分は

$$x'(t) = \frac{4fg(f'g - fg')}{(f^2 + g^2)^2}, \quad y'(t) = \frac{2(f^2 - g^2)(-f'g + fg')}{(f^2 + g^2)^2}$$

第6章　ベジエ曲線とベジエ曲面

となるから,
$$p(t) = \frac{2(fg' - f'g)}{f^2 + g^2}. \tag{14}$$

とおくと,
$$x'(t) = -y(t) \cdot p(t), \quad y'(t) = x(t) \cdot p(t) \tag{15}$$

となる. $y(0) = y(1) = 0$ と(15)から $x'(0) = x'(1) = 0$ となる. $x(0) = x(1) = 1$ から $y'(0) = y'(1)$ となる必要十分条件は $p(0) = p(1)$ となる. 従って, (14)と $g(0) = g(1) = 0$ から(13)を得る. □

4次の有理ベジエ曲線で完全な円を表す問題を考える. f, g を2次式とし, 一般性を失うことなく $c_0 = 1$ と仮定してもよい.

$$f = (1-t)^2 + c_1 2t(1-t) + c_2 t^2, \quad g = d_1 2t(1-t)$$

と(13)より, 曲線 $(x(t), y(t))$ が $(1, 0)$ で C^1 級となる必要十分条件は $c_2 = -1$ となる. また, $f'g - fg' = -2d_1(1 - 2t + 2t^2) \neq 0$ で $0 \leq t \leq 1$ に対して, $g(t) \neq 0$ であるから, 曲線 $(x(t), y(t))$ $(0 \leq t \leq 1)$ は各対 (d_1, c_1) $(d_1 \neq 0)$ に対して, 完全な円を表す.

$f^2 - g^2, 2fg, f^2 + g^2$ を4次のベルンシュタイン多項式で表すと,

$$f^2 - g^2 = B_0^4(t) + c_1 B_1^4(t) + \frac{-1 + 2c_1^2 - 2d_1^2}{3} B_2^4(t) - c_1 B_3^4(t) + B_4^4(t)$$

$$2fg = d_1 B_1^4(t) + \frac{4}{3} c_1 d_1 B_2^4(t) - d_1 B_3^4(t)$$

$$f^2 + g^2 = B_0^4(t) + c_1 B_1^4(t) + \frac{-1 + 2c_1^2 + 2d_1^2}{3} B_2^4(t) - c_1 B_3^4(t) + B_4^4(t).$$

$B_1^4(t)$ の係数が c_1, $B_3^4(t)$ の係数が $-c_1$ となるので, 正の重みを得るために次数上げを行なうと,

$$f^2 - g^2 = B_0^5(t) + \frac{1 + 4c_1}{5} B_1^5(t) + \frac{(-1 + 2c_1 + 2c_1^2 - 2d_1^2)}{5} B_2^5(t)$$

— 174 —

2 有理ベジェ曲線

$$+\frac{(-1-2c_1+2c_1^2-2d_1^2)}{5}B_3^5(t)+\frac{1-4c_1}{5}B_4^5(t)+B_5^5(t)$$

$$2fg=\frac{4d_1}{5}B_1^5(t)+\frac{2(1+2c_1)d_1}{5}B_2^5(t)+\frac{2(-1+2c_1)d_1}{5}B_3^5(t)-\frac{4d_1}{5}B_4^5(t)$$

$$f^2+g^2=B_0^5(t)+\frac{1+4c_1}{5}B_1^5(t)+\frac{(-1+2c_1+2c_1^2+2d_1^2)}{5}B_2^5(t)$$

$$+\frac{(-1-2c_1+2c_1^2+2d_1^2)}{5}B_3^5(t)+\frac{1-4c_1}{5}B_4^5(t)+B_5^5(t).$$

となる．これより，$-\frac{1}{4}<c_1<\frac{1}{4}$, $d_1>\frac{\sqrt{11}}{4}$ ならば，正の重みをもつことがわかる．

ベジェ点と重みの例をあげておく．

(1) $c_1=\frac{1}{16}$, $d_1=1$ のとき，$\boldsymbol{b}_0=(1, 0)$, $\boldsymbol{b}_1=\left(1, \frac{16}{5}\right)$, $\boldsymbol{b}_2=\left(-\frac{367}{145}, \frac{288}{145}\right)$, $\boldsymbol{b}_3=\left(-\frac{399}{11}, \frac{224}{113}\right)$, $\boldsymbol{b}_4=\left(1, -\frac{16}{3}\right)$, $\boldsymbol{b}_5=(1, 0)$ で，それぞれの重みは $w_0=1$, $w_1=1/4$, $w_2=29/128$, $w_3=113/640$, $w_4=3/20$, $w_5=1$ となる（図23）．

(2) $c_1=0$, $d_1=\frac{\sqrt{3}}{2}$ のとき，$\boldsymbol{b}_0=(1, 0)$, $\boldsymbol{b}_1=(1, 2\sqrt{3})$, $\boldsymbol{b}_2=(-5, 2\sqrt{3})$, $\boldsymbol{b}_3=(-5, -2\sqrt{3})$, $\boldsymbol{b}_4(1, -2\sqrt{3})$, $\boldsymbol{b}_5=(1, 0)$ で，それぞれの重みは $w_0=1$, $w_1=1/5$, $w_2=1/10$, $w_3=1/10$, $w_4=1/5$, $w_5=1$ となる（図24）．

(3) $c_1=0$, $d_1=1$ のとき，$\boldsymbol{b}_0=(1, 0)$, $\boldsymbol{b}_1=(1, 4)$, $\boldsymbol{b}_2=(-3, 2)$, $\boldsymbol{b}_3=(-3, -2)$, $\boldsymbol{b}_4=(1, -4)$, $\boldsymbol{b}_5=(1, 0)$ で，それぞれの重みは $w_0=1$, $w_1=1/5$, $w_2=1/5$, $w_3=1/5$, $w_4=1/5$, $w_5=1$ となる（図25）．

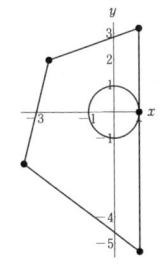

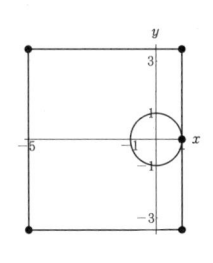

図23 $c_1=1/16$, $d_1=1$　　図24 $c_1=0$, $d_1=\sqrt{3}/2$　　図25 $c_1=0$, $d_1=1$

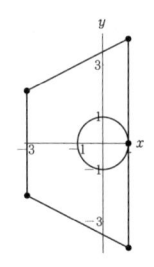

第6章　ベジエ曲線とベジエ曲面

3　ベジエ曲面

　ベジエ曲線は線分をもとに考えられたが，曲面の場合は四辺形を基本において考える．これは，次の開発上の理由によるところが大きい．初期の開発がほとんど自動車工業などで展開され，曲面の自動車ボディ設計への応用は，屋根，ドア，フードなどの外板に対するものであった．これらの部品は基本的には四辺形に近い形状であり，それらをより小さな四辺形に分割するのは自然な考え方であった．

3.1　双一次補間

　線形補間は2点を直線で結んだが，双一次補間は4つの点から曲面を作る方法である．$\boldsymbol{b}_{0,0}$, $\boldsymbol{b}_{0,1}$, $\boldsymbol{b}_{1,0}$, $\boldsymbol{b}_{1,1}$ を空間 $\mathbb{R}^3$ 内の4つの異なる点とする．$u, v \in \mathbb{R}$ に対して，$\mathbb{R}^3$ の点

$$\boldsymbol{x}(u, v) = (1-u)(1-v)\boldsymbol{b}_{0,0} + (1-u)v\boldsymbol{b}_{0,1} + u(1-v)\boldsymbol{b}_{1,0} + uv\boldsymbol{b}_{1,1}$$

を対応させる写像を**双一次補間**といい，得られた曲面を4点 $\boldsymbol{b}_{0,0}$, $\boldsymbol{b}_{0,1}$, $\boldsymbol{b}_{1,0}$, $\boldsymbol{b}_{1,1}$ から生成される**双曲放物面**という．4点を $\boldsymbol{b}_{0,0} = (0, 0, 0)$, $\boldsymbol{b}_{0,1} = (0, 1, 0)$, $\boldsymbol{b}_{1,0} = (1, 0, 0)$, $\boldsymbol{b}_{1,1}(1, 1, 1)$ とするとき，$\boldsymbol{x}(u, v) = (u, v, uv)$ となり，曲面は $z = xy$ で与えられる．この曲面は xy 平面と平行な平面で切ると，得られる曲線は双曲線，z 軸を含む平面で切ると放物線となる．図26は (u, v) が $0 \leq u \leq 1$, $0 \leq v \leq 1$ を動くときの曲面をあらわす．

　双一次補間 $\boldsymbol{x}(u, v)$ を2段階に分けて考える．まず次の式によって，$\boldsymbol{b}_{0,0}$ と $\boldsymbol{b}_{0,1}$ の中間点，$\boldsymbol{b}_{1,0}$ と $\boldsymbol{b}_{1,1}$ の中間点を計算すると

$$\boldsymbol{b}_{0,0}^{(0,1)} = (1-v)\boldsymbol{b}_{0,0} + v\boldsymbol{b}_{0,1},$$
$$\boldsymbol{b}_{1,0}^{(0,1)} = (1-v)\boldsymbol{b}_{1,0} + v\boldsymbol{b}_{1,1}$$

となる．次に $\boldsymbol{b}_{0,0}^{(0,1)}$ と $\boldsymbol{b}_{1,0}^{(0,1)}$ とを線形補間すると，$(1-u)\boldsymbol{b}_{0,0}^{(0,1)} + u\boldsymbol{b}_{1,0}^{(0,1)}$ となり，曲面

3 ベジェ曲面

$$\begin{aligned}\boldsymbol{x}(u,\ v)&=(1-u)(1-v)\boldsymbol{b}_{0,0}+(1-u)v\boldsymbol{b}_{0,1}+u(1-v)\boldsymbol{b}_{1,0}+uv\boldsymbol{b}_{1,1}\\&=\boldsymbol{b}_{0,0}B_0^1(u)B_0^1(v)+\boldsymbol{b}_{0,1}B_0^1(u)B_1^1(v)+\boldsymbol{b}_{1,0}B_1^1(u)B_0^1(v)+\boldsymbol{b}_{1,1}B_1^1(u)B_1^1(v)\end{aligned}$$

を得る.

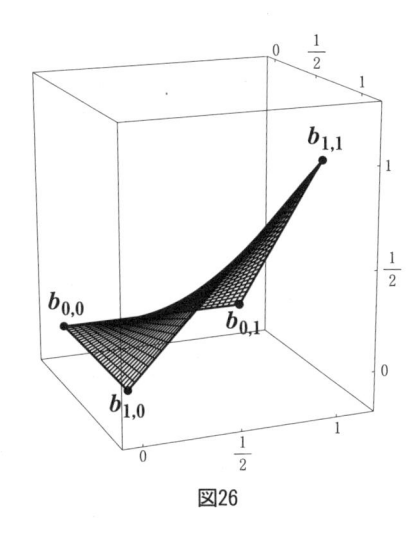

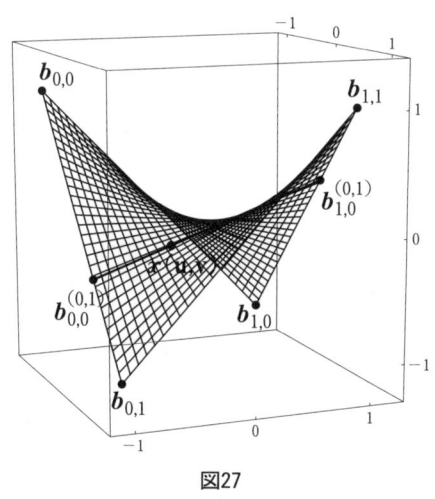

図26

図27

第6章　ベジエ曲線とベジエ曲面

3.2　テンソル積ベジエ曲面

テンソル積ベジエ曲面は，双一次補間の考え方を一般化したものである．空間 $\mathbb{R}^3$ の $(m+1)(n+1)$ 個の点 $\bm{b}_{i,j}$ を与える．最初に移動する曲線を m 次のベジエ曲線とし，

$$\bm{b}^m = \sum_{i=0}^{m} \bm{b}_i B_i^m(u)$$

とする．ここで，各 $\bm{b}_i$ が n 次のベジエ曲線上を移動すると，$\bm{b}_i = \sum_{j=0}^{n} \bm{b}_{i,j} B_j^n(v)$ となる．これら2つの式をあわせると，次の式で定義される曲面 $\bm{b}^{m,n}(u, v)$ が得られる：

$$\bm{b}^{m,n}(u, v) = \sum_{i=0}^{m} \sum_{j=0}^{n} \bm{b}_{i,j} B_i^m(u) B_j^n(v).$$

曲面 $\bm{b}^{m,n}(u, v)$ を $(m+1)(n+1)$ 個の制御点 $\bm{b}_{i,j}$ ($i=0, 1, \cdots, m, j=0, 1, \cdots, n$) から構成される**テンソル積ベジエ曲面**または**ベジエ曲面**という((図28)．格子点配列された制御点の並びは，**ベジエネット**または**制御ネット**と呼ばれる．

曲面 $\bm{b}^{m,n}(u, v)$ の $v = v_0$ である等パラメータ曲線は u についての m 次のベジエ曲線であり，その $m+1$ 個のベジエ制御点は $\sum_{j=0}^{n} \bm{b}_{i,j} B_j^n(v_0)$ ($i = 0, 1, \cdots, m$) で与えられる．

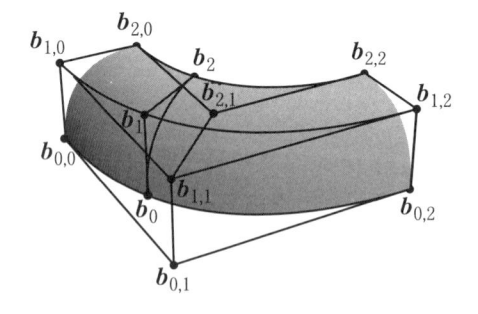

図28

3 ベジエ曲面

テンソル積ベジエ曲面の性質

テンソル積ベジエ曲面はベジエ曲線と類似の性質をもつ．

アフィン不変性：

曲面上の点 $\boldsymbol{b}^{m,n}(u, v)$ は $\sum_{i=0}^{m}\sum_{j=0}^{n} B_i^m(u)B_j^n(v)=1$ より $\boldsymbol{b}_{i,j}$ ($i=0, 1, \cdots, m, j=0, 1, \cdots, n$) の重心結合とみなせる．従って，アフィン写像で不変である．

凸包性：

曲面 $\boldsymbol{b}^{m,n}(u, v)$ は $0 \leq u, v \leq 1$ に対して制御多角形の凸包内にある．これは，多項式 $B_i^m(u)B_j^n(v)$ は非負であり，その和は1であることからわかる．

境界曲線：

曲面 $\boldsymbol{b}^{m,n}(u, v)$ ($0 \leq u, v \leq 1$) の境界曲線は u あるいは v についてのベジエ曲線である．特に，曲面 $\boldsymbol{b}^{m,n}(u, v)$ は4点 $\boldsymbol{b}_{0,0}, \boldsymbol{b}_{m,0}, \boldsymbol{b}_{0,n}, \boldsymbol{b}_{m,n}$ を通る．

例 20

$m=2, n=2$ のとき，9個の制御点を
$\boldsymbol{b}_{0,0}=(0, 0, 0), \boldsymbol{b}_{0,1}=(1, 0, 1), \boldsymbol{b}_{0,2}=(2, 0, 0),$
$\boldsymbol{b}_{1,0}=(0, 1, 1), \boldsymbol{b}_{1,1}=(1, 1, 2), \boldsymbol{b}_{1,2}=(2, 1, 1),$
$\boldsymbol{b}_{2,0}=(0, 2, 0), \boldsymbol{b}_{2,1}=(1, 2, 1), \boldsymbol{b}_{2,2}=(2, 2, 0)$
であたえると，ベジエ曲面 $\boldsymbol{b}^{2,2}(u, v)$ は図29のようになる．

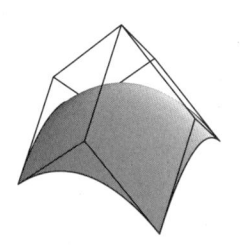

図29

例 21

$m=2, n=2$ のとき，9個の制御点を
$\boldsymbol{b}_{0,0}=(-1, -1, 0), \boldsymbol{b}_{0,1}=(-1, 0, 2), \boldsymbol{b}_{0,2}=(-1, 1, 0),$
$\boldsymbol{b}_{1,0}=(0, -1, -2), \boldsymbol{b}_{1,1}=(0, 0, 0), \boldsymbol{b}_{1,2}=(0, 1, -2),$
$\boldsymbol{b}_{2,0}=(1, -1, 0), \boldsymbol{b}_{2,1}=(1, 0, 2), \boldsymbol{b}_{2,2}=(1, 1, 0)$
であたえると，ベジエ曲面 $\boldsymbol{b}^{2,2}(u, v)$ は図30のようになる．

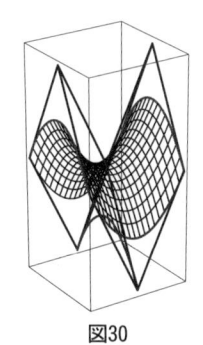

図30

第6章 ベジェ曲線とベジェ曲面

例 22

$m=2$, $n=2$ のとき，9 個の制御点を
$\boldsymbol{b}_{0,0}=(2, 0, 2)$, $\boldsymbol{b}_{0,1}=(4, 0, 2)$, $\boldsymbol{b}_{0,2}=(4, 0, 0)$,
$\boldsymbol{b}_{1,0}=(2, 2, 2)$, $\boldsymbol{b}_{1,1}=(4, 4, 2)$, $\boldsymbol{b}_{1,2}=(4, 4, 0)$,
$\boldsymbol{b}_{2,0}=(0, 2, 2)$, $\boldsymbol{b}_{2,1}=(0, 4, 2)$, $\boldsymbol{b}_{2,2}=(0, 4, 0)$
であたえると，ベジェ曲面 $\boldsymbol{b}^{2,2}(u, v)$ は図 31 のようになる．

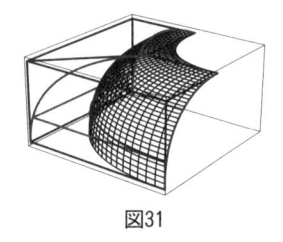

図31

例 23

$m=2$, $n=2$ のとき，9 個の制御点を
$\boldsymbol{b}_{0,0}=(1, 0, 0)$, $\boldsymbol{b}_{0,1}=(1, 0, 1)$, $\boldsymbol{b}_{0,2}=(0, 0, 1)$,
$\boldsymbol{b}_{1,0}=(1, 1, 0)$, $\boldsymbol{b}_{1,1}=(1, 1, 1)$, $\boldsymbol{b}_{1,2}=(0, 0, 1)$,
$\boldsymbol{b}_{2,0}=(0, 1, 0)$, $\boldsymbol{b}_{2,1}=(0, 1, 1)$, $\boldsymbol{b}_{2,2}=(0, 0, 1)$
であたえると，ベジェ曲面 $\boldsymbol{b}^{2,2}(u, v)$ は図 32 のようになる．

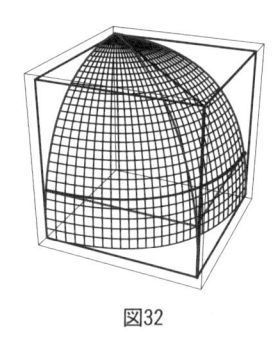

図32

例 24

$m=3$, $n=3$ で，16 個の制御点を
$\boldsymbol{b}_{0,0}=(-22, -22, 0)$, $\boldsymbol{b}_{0,1}=(10, -18, 16)$, $\boldsymbol{b}_{0,2}=(10, 18, 16)$,
$\boldsymbol{b}_{0,3}=(-22, 22, 0)$, $\boldsymbol{b}_{1,0}=(-18, 10, -16)$, $\boldsymbol{b}_{1,1}=(-22/3, -22/3, 0)$,
$\boldsymbol{b}_{1,2}=(-22/3, 22/3, 0)$, $\boldsymbol{b}_{1,3}=(-18, -10, -16)$, $\boldsymbol{b}_{2,0}=(18, 10, -16)$,
$\boldsymbol{b}_{2,1}=(22/3, -22/3, 0)$, $\boldsymbol{b}_{2,2}=(22/3, 22/3, 0)$, $\boldsymbol{b}_{2,3}=(18, -10, -16)$,
$\boldsymbol{b}_{3,0}=(22, -22, 0)$, $\boldsymbol{b}_{3,1}=(-10, -18, 16)$, $\boldsymbol{b}_{3,2}=(-10, 18, 16)$,
$\boldsymbol{b}_{3,3}=(22, 22, 0)$ であたえると，ベジェ曲面 $\boldsymbol{b}^{3,3}(u, v)$ は図 33a, 33b のような enneper 曲面になる．

3 ベジェ曲面

図33 a   図33 b

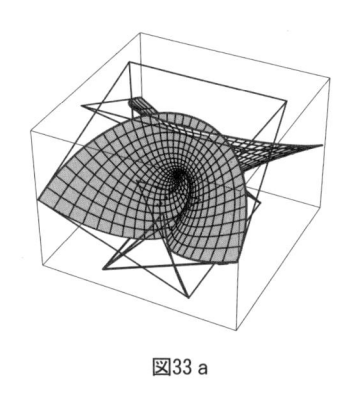

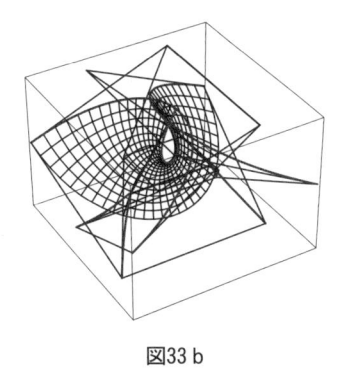

3.3 有理ベジェ曲面

球面などの回転面をベジェ曲面としてあらわすためには，有理ベジェ曲線を用いて，テンソル積曲面を拡張することが必要である．

$(m+1)(n+1)$ 個の点 $\bm{b}_{i,j}(i=0, 1, \cdots, m, j=0, 1, \cdots, n)$ と正の数 $w_{i,j}(i=0, 1, \cdots, m, j=0, 1, \cdots, n)$ をあたえるとき，**有理ベジェ曲面** $\bm{x}^{m,n}(u, v)$ を

$$\bm{x}^{m,n}(u, v) = \frac{\sum_{i=0}^{m}\sum_{j=0}^{n} w_{i,j}\bm{b}_{i,j} B_i^m(u) B_j^n(v)}{\sum_{i=0}^{m}\sum_{j=0}^{n} w_{i,j} B_i^m(u) B_j^n(v)} \quad (16)$$

で定義する．以前と同様に，$\bm{b}_{i,j}$ を制御点，$w_{i,j}$ を重みという．格子点配列された制御点の並びは，**ベジェネット**または**制御ネット**と呼ばれる．
有理ベジェ曲面は，4次元空間内のテンソル積ベジェ曲面の3次元空間への射影と定義してもよい．

有理ベジェ曲面の性質

有理ベジェ曲面はテンソル積ベジェ曲面と同様の性質をもつ．
アフィン不変性：
曲面上の点 $\bm{x}^{m,n}(u, v)$ は $\bm{b}_{i,j}(i=0, 1, \cdots, m, j=0, 1, \cdots, n)$ の重心結

第 6 章　ベジェ曲線とベジェ曲面

合とみなせる．従って，アフィン写像で不変である．

凸包性：

曲面 $\boldsymbol{x}^{m,n}(u, v)$ は $0 \leq u \leq 1$, $0 \leq v \leq 1$ に対して制御多角形の凸包内にある．これは，多項式 $B_i^m(u) B_j^n(v)$ は非負であり，$w_{i,j} > 0$ であることからわかる．

境界曲線：

$\boldsymbol{x}^{m,n}(u, v)$ $(0 \leq u \leq 1, 0 \leq v \leq 1)$ の境界曲線は u あるいは v についての有理ベジェ曲線である．特に，曲面 $\boldsymbol{x}^{m,n}(u, v)$ は 4 点 $\boldsymbol{b}_{0,0}$, $\boldsymbol{b}_{m,0}$, $\boldsymbol{b}_{0,n}$, $\boldsymbol{b}_{m,n}$ を通る．

例25

$m=2$, $n=2$ のとき，9 個の制御点とその重みを
$\boldsymbol{b}_{0,0} = (1, 1, 0)$, $\boldsymbol{b}_{0,1} = (1, 0, 1)$, $\boldsymbol{b}_{0,2} = (0, 0, 1)$,
$\boldsymbol{b}_{1,0} = (1, 1, 0)$, $\boldsymbol{b}_{1,1} = (1, 1, 1)$, $\boldsymbol{b}_{1,2} = (0, 0, 1)$,
$\boldsymbol{b}_{2,0} = (0, 1, 0)$, $\boldsymbol{b}_{2,1} = (0, 1, 1)$, $\boldsymbol{b}_{2,2} = (0, 0, 1)$,
$w_{0,0} = 1$, $w_{0,1} = 1$, $w_{0,2} = 2$, $w_{1,0} = 1$, $w_{1,1} = 1$,
$w_{1,2} = 2$, $w_{2,0} = 2$, $w_{2,1} = 2$, $w_{2,2} = 4$
とすると，有理ベジェ曲面 $\boldsymbol{x}^{m,n}(u, v)$ は半径 1 の球をあらわすが，(u, v) が $0 \leq u \leq 1$, $0 \leq v \leq 1$ を動くとき，図 34 のような 8 分の 1 の球面になる．

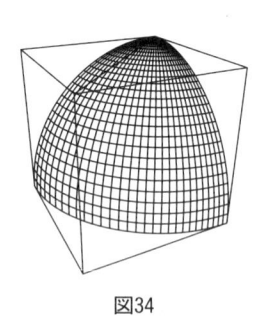

図34

例26

$m=2$, $n=2$ のとき，9 個の制御点とその重みを
$\boldsymbol{b}_{0,0} = (8, 0, 0)$, $\boldsymbol{b}_{0,1} = (8, 0, 2)$, $\boldsymbol{b}_{0,2} = (6, 0, 2)$, $\boldsymbol{b}_{1,0} = (8, 8, 0)$,
$\boldsymbol{b}_{1,1} = (8, 8, 2)$, $\boldsymbol{b}_{1,2} = (6, 6, 2)$, $\boldsymbol{b}_{2,0} = (0, 8, 0)$, $\boldsymbol{b}_{2,1} = (0, 8, 2)$,
$\boldsymbol{b}_{2,2} = (0, 6, 2)$, $w_{0,0} = 1$, $w_{0,1} = 1$, $w_{0,2} = 2$, $w_{1,0} = 1$, $w_{1,1} = 1$, $w_{1,2} = 2$,
$w_{2,0} = 2$, $w_{2,1} = 2$, $w_{2,2} = 4$ とすると，有理ベジェ曲面 $\boldsymbol{x}^{m,n}(u, v)$ はトーラスをあらわすが，(u, v) が $0 \leq u \leq 1$, $0 \leq v \leq 1$ を動くとき，図 35 ような 16 分の 1 のトーラスになる．

3 ベジェ曲面

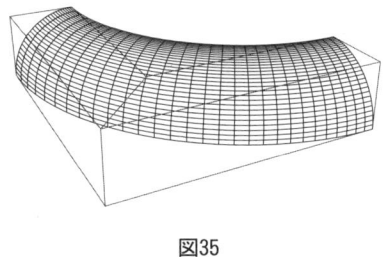

図35

例27

$m=2$, $n=2$ とき，9 個の制御点とその重みを
$\boldsymbol{b}_{0,0}=(-3, 0, -2\sqrt{2})$, $\boldsymbol{b}_{0,1}=(-3, 3, -2\sqrt{2})$, $\boldsymbol{b}_{0,2}=(0, 3, -2\sqrt{2})$,
$\boldsymbol{b}_{1,0}=(-1/3, 0, 0)$, $\boldsymbol{b}_{1,1}=(-1/3, 1/3, 0)$, $\boldsymbol{b}_{1,2}=(0, 1/3, 0)$,
$\boldsymbol{b}_{2,0}=(-3, 0, 2\sqrt{2})$, $\boldsymbol{b}_{2,1}=(-3, 3, 2\sqrt{2})$, $\boldsymbol{b}_{2,2}=(0, 3, 2\sqrt{2})$, $w_{0,0}=1$,
$w_{0,1}=1$, $w_{0,2}=2$, $w_{1,0}=3$, $w_{1,1}=3$, $w_{1,2}=6$, $w_{2,0}=1$, $w_{2,1}=1$, $w_{2,2}=2$ とすると，有理ベジェ曲面 $\boldsymbol{x}^{m,n}(u, v)$ は 1 葉の双曲面をあらわすが，(u, v) が $0 \leq u \leq 1$, $0 \leq v \leq 1$ を動くとき，図36 のような 1 葉の双曲面の 1 部になる．

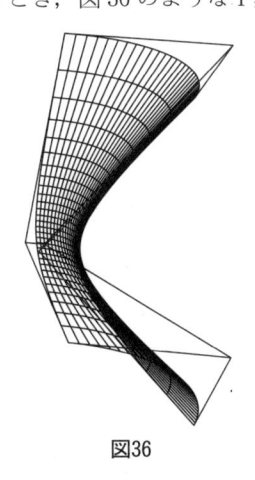

図36

2.3 節で示した 4 次の有理ベジェ曲線で完全な円を表すことを用いると，1 葉の双曲面をつぎのように描ける．

第6章 ベジェ曲線とベジェ曲面

例28

$m=5$, $n=2$ のとき，18個の制御点とその重みを

$\boldsymbol{b}_{0,0}=(3, 0, -2\sqrt{2})$, $\boldsymbol{b}_{0,1}=(3, 12, -2\sqrt{2})$, $\boldsymbol{b}_{0,2}=(-9, -6, -2\sqrt{2})$, $\boldsymbol{b}_{0,4}=(3, -12, -2\sqrt{2})$, $\boldsymbol{b}_{0,5}=(3, 0, -2\sqrt{2})$, $\boldsymbol{b}_{1,0}=(1/3, 0, 0)$, $\boldsymbol{b}_{1,1}=(1/3, 4/3, 0)$, $\boldsymbol{b}_{1,2}=(-1, 2/3, 0)$, $\boldsymbol{b}_{1,3}=(-1, -2/3, 0)$, $\boldsymbol{b}_{1,4}=(1/3, -4/3, 0)$, $\boldsymbol{b}_{1,5}=(1/3, 0, 0)$, $\boldsymbol{b}_{2,0}=(3, 0, 2\sqrt{2})$, $\boldsymbol{b}_{2,1}=(3, 12, 2\sqrt{2})$, $\boldsymbol{b}_{2,2}=(-9, 6, 2\sqrt{2})$, $\boldsymbol{b}_{2,3}=(-9, -6, 2\sqrt{2})$, $\boldsymbol{b}_{2,4}=(3, -12, 2\sqrt{2})$, $\boldsymbol{b}_{2,5}=(3, 0, 2\sqrt{2})$,

$w_{0,0}=1$, $w_{0,1}=1/5$, $w_{0,2}=1/5$, $w_{0,3}=1/5$, $w_{0,4}=1/5$, $w_{0,5}=1$, $w_{1,0}=3$ $w_{1,1}=3/5$, $w_{1,2}=3/5$, $w_{1,3}=3/5$, $w_{1,4}=3/5$, $w_{1,4}=3/5$, $w_{1,5}=3$, $w_{2,0}=1$ $w_{2,1}=1/5$, $w_{2,2}=1/5$, $w_{2,3}=1/5$, $w_{2,4}=1/5$, $w_{2,5}=1$ とすると，有理ベジェ曲面 $\boldsymbol{x}^{m,n}(u, v)$ は1葉の双曲面をあらわすが，(u, v) が $0 \leq u \leq 1, 0 \leq v \leq 1$ を動くとき，図37a ような1葉の双曲面の1部になる．

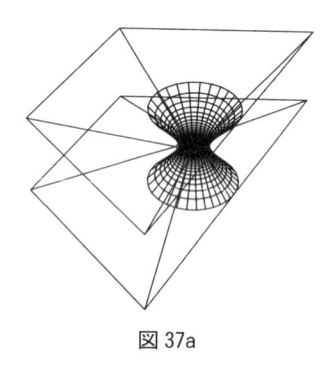

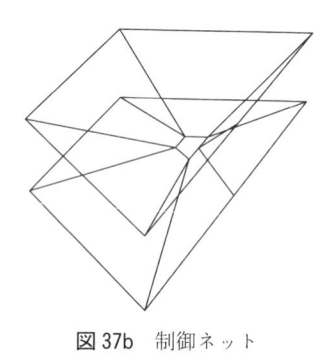

図37a　　　　　図37b 制御ネット

参考文献

[1] G. Farin, Curves and surfaces for CAGD, A Practical Guide, 5th edition, Morgan Kaufmann Pub., 2001.
[2] G. Farin, 『CAGD のための曲線・曲面理論 実践的利用法』, 2版, 共立出版, 1991.
[3] G. Farin, 『NURBS 射影幾何から実務まで, 第2版』, 共立出版, 2001.
[4] 三浦曜, 望月一正, 『CAD・CG 技術者のための実践 NURBS』, 工業調査会, 2001.

3 ベジェ曲面

ベジェ曲面によるデザインの例

第7章　アルゴリズムとその複雑さ

茨木　俊秀

　我々の社会はコンピュータによって支えられている．コンピュータは計算を実行するハードウェアと，実行手順を指令するソフトウェアからなっている．ソフトウェアは多くのプログラムの集合体であるが，個々のプログラムは，対象とする問題をどのように解決するか，その計算手続きであるアルゴリズムを，コンピュータが実行できるように具現化したものである．つまり，アルゴリズムはコンピュータの頭脳であるといってよい．本稿では，アルゴリズムとその計算量の評価について述べたのち，個々の問題の複雑さに関する話題，さらに，計算量の壁をどのように克服するかを考える．

1　はじめに

　数学の定理には，何らかの性質の成立や解の存在を証明するタイプと，具体的に解の構成手続きを与えるという2つのタイプがある．後者は，構成的証明とも呼ばれる．たとえば，2次方程式
$$ax^2 + bx + c = 0$$
の解は，よく知られているように
$$x = (-b \pm \sqrt{b^2 - 4ac})/2a$$
によって与えられるが（ただし，$a > 0$），これは解 x の具体的な計算方法を示していて，構成的である．一方，任意の多項式方程式は，複素空間にまで

第7章 アルゴリズムとその複雑さ

広げて考えると，必ず解が存在することがガウスによって証明され，代数学の基本定理と呼ばれているが，これは，存在のみを議論しているので，構成的ではない．上の2次方程式の解の公式のように，四則演算と平方根を求めるという開方計算によって解を求められるか（これを代数的解法という）という問いは，4次方程式までは可能であるが，5次以上の方程式では一般的な式を与えることはできないことが知られている（ガロア理論）．

我々の主題である**アルゴリズム**（algorithm）は，この構成的証明を具体的な計算手続きとして実現したものである．ただし，手続きに含まれる計算ステップは，代数的操作に限定されている訳ではなく，条件による分岐や，反復計算を含んだ，より柔軟な枠組みで定義されている．簡単に述べれば，コンピュータに実行できる手続きであれば何でもよい．コンピュータの手続きは適当なプログラミング言語を用いて書くことができる．プログラミング言語は，目的に応じていろいろなものが提供されているが，数学的な対象にはCやJavaといった言語がよく用いられる．プログラムとして実現されたアルゴリズムは，具体的な問題例がデータとして与えられると，有限ステップの計算で停止して，正しい解を出力するものでなければならない．誤った解を与えることがあったり，いつまでたっても停止しないプログラムはアルゴリズムとは呼ばない．

アルゴリズムをこのように考えると，上で言及した5次以上の方程式であっても，数値的に解を求めることは可能で，アルゴリズムは存在する．実際，数学の大抵の問題は，コンピュータを用いて解くことができるので，それらについてはアルゴリズムが存在するのである．

では，きちんと定義された数学の問題は，必ずアルゴリズムをもつのだろうか？ 驚いたことに，この問いの答えはノーである．そのような問題の例を与えるために，方程式の解を，整数解に限定してみよう．この種の話題で，一番有名な方程式は，多分

$$x^n + y^n = z^n$$

であろう．$n \geq 3$の整数に対し，この方程式をみたす整数解(x, y, z)が存在するかどうかは，4世紀にわたる大問題だったが，最近ついにそのような解

は存在しないことが証明された．これはフェルマーの大定理あるいは最終定理と呼ばれていて，新聞等の話題になったので，記憶にある方も多いに違いない．この簡単に見える方程式だけでもこれだけ難解な議論が必要であったことを考えると，「整数係数をもつ任意の多変数方程式に対し，整数解の存在を判定し，もし存在するならそれを具体的に求めよ」という問いはとてつもなく難しいように思える．実際，これも長い議論を経て，この問いに答えるアルゴリズムは存在しないことが証明された．言い換えると，この問題をコンピュータを用いて解こうとしても，どんな方程式に対してもいつも有限時間の計算で答えを出してくれるようなプログラムを書くことはできないのである．

アルゴリズムの存在に関する話題は計算可能性の理論と呼ばれ，数学基礎論の大変興味深い一分野であるが，ここではこれ以上立ち入らない．以下では，アルゴリズムをもつ問題に話題を絞り，一つの問題を解くために必要な計算時間について，やや詳しく述べてみる．つまり，アルゴリズムは，その定義として，計算の有限停止性が前提となっているが，その有限の大きさを問題にするのである．これは，計算の複雑さの理論，あるいは計算量の理論と呼ばれている．

1.1 問題とそのアルゴリズム

議論を進めるために，まず，各アルゴリズムは，明確に定義された一つの**問題**（problem）を解くものであることを確認しておこう．それぞれの問題は，その中にいくつかのパラメータを含んでいて，パラメータ値を具体的な数値として指定すると一つの**問題例**（problem instance）が定まる．つまり，一つの問題は，多数の（一般には無限個の）問題例の集合として捉えることができる．問題例を定めるパラメータの値は，その問題例のデータと呼ばれる．したがって，ある問題のアルゴリズムとは，その問題の任意の問題例が入力されたときに，それに対する正しい解を有限時間で計算して出力するものでなければならない．

上の2次方程式の解を求める問題はつぎのように書かれる．

第7章 アルゴリズムとその複雑さ

問題　QUAD
入力： 2次方程式の係数 $a(>0), b, c$.
出力： 方程式 $ax^2+bx+c=0$ の2つの解.

この問題のパラメータは，a, b, c の3個であるが，それぞれ任意の実数をデータとして与えることができるので，問題例は無限個ある．（一つの実数を表すには一般には無限桁必要なので，コンピュータで扱うには，きちんとした議論が必要であるが，ここでは，簡単に，任意の実数を扱えるとしておく．）問題 QUAD を解くアルゴリズムは，やはり解の公式にしたがって計算するものになるであろう．大切なことは，入力に含まれるパラメータ $a(>0), b, c$ が何であっても，有限時間で正しい解を出力できるということで，解の公式にもとづく手順は，明らかにその条件を満足している．

ところで，コンピュータが対象とする問題は，方程式に限られている訳ではない．世の中には，解決を求められている問題がそれこそ無数に存在していて，問題の記述もさまざまな形でなされる．次節では，その中で，組合せ最適化問題あるいは離散最適化問題と呼ばれているものを例としていくつか紹介する．このタイプの問題には，実用上重要であるものが多数あるのと，計算量を議論する目的に，より適切であるというのがその理由である．

2　代表的な組合せ最適化問題

最適化問題（optimization problem）とは，与えられた制約条件を満たす解（実行可能解といい，一般には多数存在する）の中で，与えられた目的関数の値を最小（場合によっては最大）にする解を一つ求めるという問題である．そのような解を最適解という．解が定義される空間や制約条件が離散的であるとき，**離散最適化問題**（discrete optimization problem），あるいは**組合せ最適化問題**（combinatorial optimization problem）という．離散とは，連続に対比される概念である．その対象には，整数の集合，グラフなどの有限構造，有限集合の部分集合，列挙，順列など，いろいろある．以下，

2 代表的な組合せ最適化問題

代表例として，2つの問題を取り上げる．

2.1 最小木問題

世の中の問題には，グラフ構造をもつものが多い．グラフとは有限個の点の集合 V とそれらを接続するいくつかの辺の集合 E で定義され，$G=(V, E)$ と書かれる．図1はグラフの一つの例である．グラフの点や辺には，物理的な量を示す数値が付随していることがある．図1のグラフの辺には数値が書かれているが，これは辺の長さを表している．このように数値の付随したグラフをネットワークという．

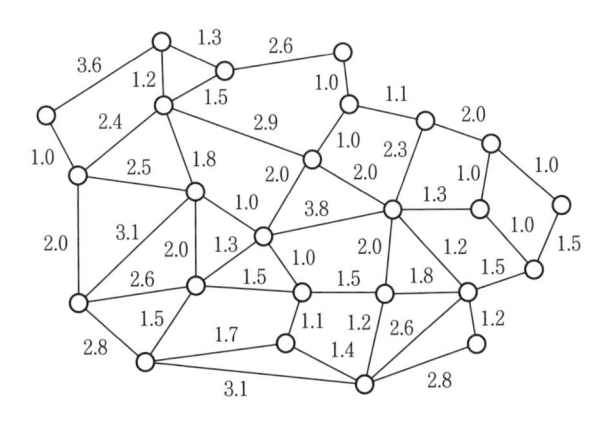

図1 ネットワークの例

ネットワークに関連して多くの問題が研究されているが，ここでは，G からいくつかの辺を選んで，次の性質をもたせることを考える．

1. 選ばれた辺によって G のすべての点が連結される．
2. そのような辺集合のなかで，辺の長さの和が最小である．

すべての点が連結されているとは，任意の2点に対して，選ばれた辺をたどって一方から他方へ到達できることをいう．性質2によって，そのような辺集合には無駄なものが含まれてはいけないので，閉路（ぐるっと回れるような経路）は存在しない．閉路をもたず全点を連結する辺集合（最小とは限らない）を全域木という．点の個数を n とするとき，全域木の辺の数は必ず $n-1$

第7章　アルゴリズムとその複雑さ

である．G の全域木の中で，辺の長さの和を最小にするものを**最小（全域）木**（minimum spanning tree）という．図2に，図1のネットワークに対して求めた最小木を示す．

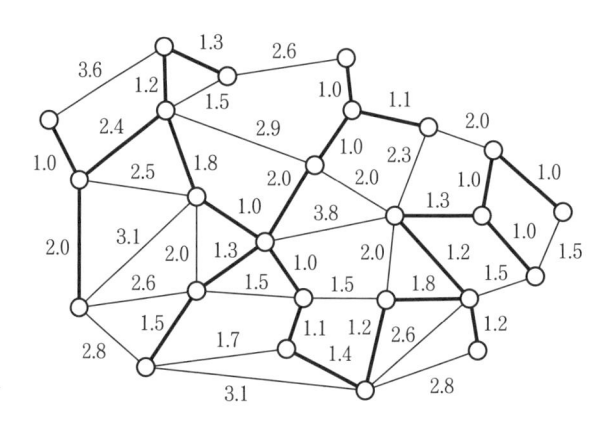

図2 最小木（太い辺の集合）

この問題を正確に書くとつぎのようになる．

問題　MIN_TREE

入力：グラフ $G = (V, E)$ および辺長 $d : E \to \mathbb{R}$．ただし，G は連結グラフであるとする．

出力： 最小木．

なお，$\mathbb{R}$ は実数集合であって，各辺 $e \in E$ に対しその長さとして実数値 $d(e)$ が入力されていることを述べている．

この問題は，辺を長さの短いものから順に整列した後，閉路が形成されないように注意しながら $n-1$ 本の辺を選ぶという簡単なアルゴリズムで解くことができ，つぎのように書かれる．集合 T に最小木の辺がつぎつぎと貯えられるという仕組みである．

アルゴリズムの名前は，提案者 J. B. Kruskal からきている．

アルゴリズム　KRUSKAL

1. すべての辺を重みの小さなものから順に整列し，

$$d(e_1) \leq d(e_2) \leq \cdots \leq d(e_m)$$

とする．$T := \emptyset$ とおく．

2. $i=1, 2, \ldots$ の順に T が全域木となる（つまり，$|T|=n-1$ が成立する）まで，次の手順を反復する．

   $T \cup \{e_i\}$ が閉路をもたなければ $T := T \cup \{e_i\}$ とする．

3. T を出力する．計算終了．

まず，この計算手続きは，データの G が連結しているという前提の下に，ステップ2で必ず $|T|=n-1$ が達成されて，ステップ3に進んで停止する．このように有限停止性は明らかである．得られた T が最小木であることを示すには，つぎの定理が必要である．なお，グラフ G の全域木 T が与えられたとき，T に属さない辺を補木辺という（図2の細い辺）．T に補木辺 b を1本加えると，b と T のいくつかの辺を使って閉路がちょうど一つできるが，これを b の基本閉路といい，C_b と書く．

[**最小木定理**] 上記のネットワークにおいて，全域木 T が最小である必要十分条件は，任意の補木辺 b とそれによって定まる基本閉路 C_b において，すべての $a \in C_b$ に対し $d(a) \leq d(b)$ が成立することである．

詳細は略すが，考え方のポイントは，条件が成立せず，$d(a) > d(b)$ をみたす $a \in C_b$ が存在したとすれば，a と b を入れ替えて得られる辺集合も全域木であり，しかもその長さ和は小さくなるという性質である．アルゴリズム KRUSKAL で得られた T が，この定理をみたすことは，比較的容易に証明でき，最小木であることが結論できるのである．

2.2 巡回セールスマン問題

平面上に位置する n 個の街がある．そのすべてを一度ずつ訪問して元に戻る巡回路の中で長さ最短のものを求めよ．これが**巡回セールスマン問題**

(traveling salesman problem, TSP) である.

問題 TSP
入力： 平面上にある n 個の街の x 座標と y 座標.
出力： すべての街を廻る最短巡回路.

ここでは，街 i と街 j の距離 $d(i, j)$ を平面上 i と j を結ぶ線分の長さ（ユークリッドの距離）と定める．（一般には，もっと自由に定めることもできる．その場合，最短巡回路の計算はより難しくなる．）

図 3 巡回セールスマン問題

図 3 はアメリカ合衆国の 532 個の街とそれらをめぐる巡回路を示している．この解は M. W. Padberg と G. Rinaldi によって最初に求められたものであって，最短である．二人の研究者の名前が残っているという事実からも想像されるように，TSP は困難な問題の代表として有名である．計算法も進歩し，コンピュータの性能も飛躍的に向上しているので，最近では，1 万を越す街の問題例が厳密に解かれたという報告があるが，長時間の計算の結果であり，しかも同じ程度の規模の問題例がいつでも解けるという訳ではない．

2.3 計算量の評価

　最小木問題と巡回セールスマン問題を比べると，前者は大規模な問題例でも効率よく解くことができるものであり，後者はそうではない．この難しさの違いを評価するにはどうすればよいだろうか．問題を解くにはコンピュータを走らせることが前提であることから，その計算時間がひとつの指標である．しかし，すぐ気が付くように，コンピュータの計算時間は使用コンピュータやプログラムの仕方で大きく異なってくるので，客観的な物差しとはなり難い．また，最小木問題といっても，問題例は無数にあって，大規模な問題例には相応の計算時間がかかるであろう．つまり，一つの問題例に対する結果では意味がなく，全体を総合的に捉える必要がある．

　計算量理論（complexity theory）では，これらの要求を満足させるため，問題例のデータの入力長をその問題例の規模と考え，計算量が入力長 N のどのような関数 $T(N)$ であるかに着目する．とくに，N が無限大へ増加していく時，その関数の増加速度を計測するために，オーダーを問題にする．計算量 $T(N)$ がオーダー $f(N)$ であるとは，適当な定数 c と N_0 が存在して，すべての $N \geq N_0$ に対して，

$$T(N) \leq cf(N)$$

が成立することをいう．これを $T(N) = O(f(N))$ と書く．N_0 の役割は，有限個の例外は許すということであり，c の役割は，定数倍程度の違いには目をつぶるということである．例として，N^2, $1000N^2$, $1000 + 5N + 3N \log N + 2N^2$ などはすべて $O(N^2)$ と書いてよい．

　ところで，入力長が N といっても，同じ入力長をもつ問題例は多数存在する．たとえば，TSP の問題例では，街の数 n が入力長に相当するが，n が同じであっても，街の位置が異なれば解を求めるための計算量も異なるのが普通であろう．これに対応するために，平均計算量と最悪計算量がある．名前から分かるように，前者は，同じ入力長の問題例それぞれに対する計算量の平均を考え，後者は，最も時間量の大きな，最悪の問題例に対する結果を採用するのである．本章では，とくに断らなければ，理論的に扱いやすい最悪

第7章　アルゴリズムとその複雑さ

時間量を指すことにする．

　なお，計算量という用語を使ったが，代表的な計算量は，時間量と領域量である．時間量は，四則演算やジャンプ命令など，コンピュータの基本的なステップの実行回数で評価する．領域量は，計算の実行中に記憶しておくべきデータ数であって，要は，計算に必要なメモリ領域の広さである．これらの量をきちんと評価するのは大変という印象を受けるかもわからないが，上述のように，N についてのオーダーだけが問題で，定数倍程度の違いは無視するという大雑把な数え方なので，慣れてくると，比較的簡単に評価できるものである．

　例として，前述の最小木問題 MIN_TREE のアルゴリズム KRUSKAL を考えてみよう．データ長はグラフ G の入力のために点の数 $n=|V|$ と辺の数 $m=|E|$ のデータ，また辺の長さ $d(e)$ を辺ごとに入力するとして，m 個の数値データがいる．一つの数値データはコンピュータの 1 語に格納できると考えると(数値誤差はここでは無視)，全体で $N=m+n$ とできる（定数倍は問題にしないことに注意)．つぎに，KRUSKAL の時間量であるが，ステップ 1 では m 本の辺を長さの短いものから順に整列する必要があって，これには $O(m\log m)$ 時間かかる（整列のアルゴリズムについては，既知とする).ステップ 2 では，$T \cup \{e_i\}$ に閉路ができるかどうかを判定することになるが，辺 e_i から T の辺をたどって元に戻ってこれるかを調べればよいので，T の辺数が高々 $n-1$ であることに注意すると，$O(n)$ 時間で可能である．ステップ 2 の反復回数は，最大 m なので，全体で $O(mn)$ である．ステップ 3 は，結果の出力だけだから，$O(T)=O(n)$ でよい．これらを合わせ，KRUSKAL の時間量は $O(m\log m+mn)=O(mn)=O(N^2)$ と評価できる．実際には，ステップ 2 の部分をデータ構造を工夫して改良すれば，全時間量を $O(N\log N)$ とするのは難しくない．領域量は，入力データを貯えるために $O(N)$，途中の計算領域に $O(N)$ あればよいので，合わせて $O(N)$ である．

　なお，オーダー表記における等号＝の意味は，通常の数式におけるものとは少し異なっているので注意が必要である．たとえば $1000N^2=O(N^2)$ という記述は正しいが，$O(N^2)=1000N^2$ とは書かない．つまり，等号の右辺が

— 196 —

左辺より精度の高い情報を提供することはない，というルールが適用されるのである．このルールに従うと，たとえば上の $O(m\log m + mn) = O(mn) = O(N^2)$ が意味する内容を正しく理解することができよう．

3 組合せ最適化問題の困難さ

3.1 クラス P と NP

最小木問題と巡回セールスマン問題に関して，前者は易しく，後者は困難であると述べた．この違いを客観的に示すには，それらの計算量に基づいた比較がなければならない．最小木問題を解くための時間量は，KRUSKAL法によれば，$O(N^2)$ あるいは $O(N\log N)$ で可能である．このように，入力長 N の定数乗 $O(N^k)$ 時間で解くことができるとき（最小木問題は $k=2$ に相当する），その問題はクラス P に属するという．P は**多項式時間**(polynomial time)の頭文字であって，そのような問題は，多項式時間で解ける，ともいう．

どのような問題でも，入力長 N が大きくなると時間量も増えるのが普通であるので，N の関数としてどの程度の速さで増加するかが重要である．P の定義には，定数 k に対する $O(N^k)$ の増加速度はそれほど速くないという認識があって，実用上この程度の時間量ならば許容できると考えるのである．定数乗 $O(N^k)$ に対比して考えられるのは，指数乗 $O(k^N)$ やそれより速い $O(N^N)$，$O(k^{N^2})$，$O(k^{N^N})$，…などである．このような時間量は，N とともに急激に増加するので，アルゴリズムが存在するとしても，N が少し大きくなると実際には使えなくなる．このことから，計算の複雑さの理論では，クラス P の問題は，実用的に解くことができる易しい問題と考え，対象とする問題がクラス P に属するかどうかにまず着目するのである．

それでは，クラス P に入らない難しい問題であることを示すにはどうすればよいだろうか．一生懸命頑張っても多項式時間のアルゴリズムが見つからなかったとしても，意外なアルゴリズムが存在するかも分からないので，P に入らないとはいえない．この目的に，クラス NP が重要な役割を果たす．つぎにその定義を述べる．

第7章　アルゴリズムとその複雑さ

クラス NP は，答えとしてイエスあるいはノーを求める問題（このような問題を判定問題という）を対象とする．最小木問題や巡回セールスマン問題などの最適化問題は，判定問題ではないが，問いの内容を，入力の一部として数値 a が与えられたとして，

「長さ a 以下の解（全域木 T や巡回路 x など）が存在するか？」

とすれば，これは判定問題であり，実質的に元の最適化問題と同様の情報を提供してくれる．したがって以下しばらくの間，必要ならこのような書き換えを済ませたとして，判定問題のみを考える．

組合せ判定問題の多くは，すべての解を列挙し，その中で条件を満たすものがあるかどうかを調べることによって，解くことができる．たとえば，最小木問題ならば，辺集合 E の部分集合 $T \subseteq E$ をすべて列挙し，そのなかで全域木という条件と，辺の長さの和が a 以下であるという条件の両方を満たす T が一つでも存在すればイエスを出力すればよい．同様に，巡回セールスマン問題の場合は，街 1 からスタートするとして，2 番目の街，3 番目の街，$\ldots$，n 番目の街という訪問順序（つまり，集合 $\{2, 3, \ldots, n\}$ の順列であって，n 番目のあと街 1 に戻って巡回路を完成する）を列挙すればよい．その中で，一つでも，長さ a 以下の巡回路があれば，イエスを出力するのである．このような列挙法で解ける問題のクラスを NP（nondeterministic polynomial time の略）という．

クラス NP の問題がみたすべき条件をもう一度整理するとつぎのようになる．

1. 可能な解をすべて列挙することができる．
2. 解がみたすべき条件の判定が簡単に（多項式時間で）できる．
3. 一つでも条件をみたす解が存在すれば，イエスを出力する．

もちろん，列挙された解のどれに対してもイエスでなければ，その問題例に対する答えはノーとなる．

身近にある組合せ問題を考えると，ほとんどの場合このような列挙法で解くことができるであろう．その意味で，クラス NP は実用上大変重要である．

クラスNPの問題は，すべての場合を列挙すれば，ともかく有限時間で終了することはできる．つまり，アルゴリズムをもつことを結論できる．しかし，列挙法の計算時間は，最小木の場合，Eの部分集合$T \subseteq E$は2^m個あるので，列挙するだけで$O(2^m)$時間，つまり指数時間かかってしまう．巡回セールスマン問題についても同様で，$\{2, 3, \ldots, n\}$の順列の数は$(n-1)! \approx 2^{n\log n}$なので，やはり指数時間である．クラスNPに入るということと，実用的な意味で解けることとは，全く別の概念であることに注意しなければならない．

以上の議論から，P$\subseteq$NPであることが分かる（正確にはもう少し細かい議論が必要である）．最小木問題の場合，上のような列挙法にはよらない効率のよいアルゴリズムKRUSKALがあるので，Pに属するのである．しかし，巡回セールスマン問題については，そのようなアルゴリズムは知られておらず，Pに入るかどうかは分かっていない．むしろ，次節で述べるように，Pには属さないことを示唆する強い根拠がある．

3.2 NP完全性とNP困難性

二つの問題AとBがあるとして，これらの問題の難しさを比較する手段として，帰着可能性の概念がある．すでに述べたように，問題AとBは，それぞれ多数の具体的な問題例から構成されている．Aの任意の問題例Iが与えられたとき，それを変換してBの問題例$f(I)$を多項式時間で作ることができ，しかも，

　AにおけるIの答え（イエスあるいはノー）とBにおける

　$f(I)$の答えは一致する，

ならば，AはBへ**帰着可能**（reducible）であるといい，$A \leq B$と記す．つまり，この場合，Bを解くアルゴリズムを用いてAを解くことができるので，BはA以上に難しい問題であると考えるのである．

クラスNPに関する理論研究の結果，つぎの事実が証明された．NPの中のある問題Cは，すべての$A \in$NPについて，それらからCへ帰着可能$A \leq C$という性質をもつ．このような問題Cは**NP完全**（NP-complete）であるという．

問題 C が NP 完全であるということは，クラス NP の問題のどれをもってきても C へ帰着できるということであるから，どれと比べてもそれ以上に難しい問題であることを意味する．問題の帰着自体は，定義にあるように多項式時間でできるので，もし NP 完全問題 C を解く多項式時間アルゴリズムを見つけることができれば，それを用いてクラス NP の任意の問題 A を多項式時間で解くことができる．一方，クラス NP は，身近にある多くの組合せ問題を含むクラスであって，その中には以前から難しいとされてきた問題が数多くあるので，そのすべてが多項式時間で解けるとは考え難い．そうならば，NP 完全問題 C を多項式時間で解くことはできない，つまり $C \notin P$ と考えるのが自然である．

以上の議論をまとめると，クラス NP の内部の様子は，図 4 のようになっていて，易しい問題のクラス P，難しい問題のクラス NP 完全，およびそれらの中間のクラスに分かれている．

帰着可能性の証明は，比較的簡単にできる場合が多いので，この議論は幅広く適用され，NP 完全のクラスには，重要な問題の多くが所属していることが明らかになった [1]．巡回セールスマン問題もそうであることが分かり，その困難さの理論的裏づけが得られたのである．

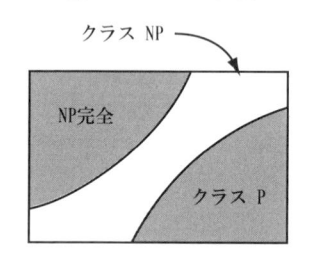

図 4 クラス NP の構造

なお，クラス NP および NP 完全性の概念を最適化問題に拡張して議論するため，対応する判定問題が NP 完全であるような最適化問題については，**NP 困難**（NP-hard）という用語を用いる．つまり，巡回セールスマン問題の最適化版は NP 困難であって，やはり多項式時間では解けないと予想される．

ところで，上の議論では，NP完全（困難）問題は多項式時間で解けない，と断定してはいないことに注意いただきたい．実は，図4のような構造，つまりP⊂NP，換言すれば，P≠NPという性質の数学的証明はまだ得られていない．21世紀に残されたこの分野の最大の未解決問題と言われている．この証明が簡単でないのは，クラスNPの問題に対しては，条件をみたす解が一つあれば他の解を見なくてもイエスを結論できるため，すべての解を列挙しなくても，多項式時間で可能な小さな領域を調べるだけでよいという可能性を排除できないからである．実際，最小木問題では，全部の全域木を列挙することなしに最小木を見つけている訳であるが，巡回セールスマン問題のようなNP完全問題ではどうなのか，そこが未解決のまま残されているのである．しかし，巡回セールスマン問題などのNP完全問題を多項式時間で解く試みがすべて失敗していることから，P≠NPであるに違いないと信じられており，本書もその前提で以下の話を進めることにする．

3.3　困難さを分けるもの ——クラスNPとクラスcoNP

　ある問題 A を解かねばならないとして，まずどの程度困難な問題であるかを知ることから始めたい．A がクラスNPに属するかどうかは，その定義に当てはめれば簡単に分かることが多い．要は列挙法で解けるかどうかである．$A \in$ NPとして，つぎは，$A \in$ Pかどうかが問題である．具体的に多項式時間のアルゴリズムを開発するか，あるいは逆に，A のNP完全性を証明できれば話は終わるが，どちらについても簡単には行かないこともある．このような場合，新しいクラスcoNPを用いて考えると，$A \in$ Pを見当付ける強い根拠が得られることがある．

　クラスcoNPは次のように定義される．問題 A は判定問題であることに注意して，それぞれの問題例に対する答え，イエスとノーを逆にした問題を $\overline{A}$ と記す．そこで，問題 $\overline{A}$ がクラスNPに属するとき，A はクラスcoNPに属すると定義するのである．この定義の背景には，クラスNPの定義において，答えがイエスの場合とノーの場合で，結論を出す条件が非対称であるという事情がある．つまり，条件をみたす解を一つ見つけることができれば，

答えはイエスであるが，ノーの場合は，すべての解についてイエスでないことを言わねばならない．クラス coNP では，話が反対で，答えがノーならば，ノーという解を一つ見つければよく，イエスの場合は，すべての解がノーではないことを確認するわけである．

ところで，問題によっては，それがクラス NP と coNP の両方に属することを示せる場合がある．これは，答えがイエスの場合もノーの場合も，それを示す解を一つ見つければよいということである．このような問題は大抵多項式時間のアルゴリズムをもつと予想されている．（これも，P≠NP と同様，厳密に証明されている訳ではない．）

例として，最小木問題（の判定問題版）を考えてみよう．与えられた問題例が，長さ a 以下の全域木をもつかどうかは，前述のように全域木 T を列挙して，その一つでも長さ a 以下のものが見つかればイエスだから，この問題は NP に属する．一方，全域木 T を列挙するとき，ある T が 2.1 節の最小木定理の条件をみたし，さらにその長さが a より大きければ（これらの条件は多項式時間でチェックできる），その T は最小木なので，この問題例には長さ a 以下の全域木は存在しないことが結論できる．つまり，この問題はクラス coNP にも属する．実際，この問題は，アルゴリズム KRUSKAL によって，クラス P に属することが分かったのであるが，それを知らなくても，上の議論によって，P の問題であることが強く示唆されているのである．

それでは，巡回セールスマン問題はどうだろうか．この問題がクラス NP に属することは，すでに述べたとおりである．もし，この問題がクラス coNP にも属するとすれば，ある順列に対して，多項式時間で判定できる何らかの条件を調べることによって，長さ a 以下の巡回路は存在しないことが結論できなければならない．しかし，今までそのような条件は見つかっていないし，多分存在しないと予想されている．このことから，巡回セールスマン問題はクラス coNP のメンバーではないと思われる．ここにも，最小木問題と巡回セールスマン問題の困難さの違いが，如実に現れている．

4 困難さの克服

これまでの議論で,身の回りにある組合せ最適化問題の中には,困難な問題が沢山あり,しかも,その困難さが理論的に確認されつつあることが分かった.しかし,そのような問題を何としても解決しなければならないとしたら,困難さの証明を得たとしても何の役にも立たない.困難さをどのように克服するかを考えねばならない.本章では,そのような試みのいくつかを紹介する.

4.1 近似アルゴリズム

対象とする問題を厳密に解くことが困難であれば,近似的に解を求めるという手段が考えられる.最適化問題の場合,厳密な最適解でなくても,それに近い近似最適解であれば実用的に十分使えることは多い.近似解なら,高速に(多項式時間で)求め得る可能性がある.

近似アルゴリズムの例として,巡回セールスマン問題に対する最近近傍法を紹介する.ここでは,n 個の街の順列で巡回路を表し,選ばれた初期街からはじめ,次の街として,未探索の街の中で現在の街に最も近いものを選ぶという手順を反復する.全街の順列が得られたところで計算を終える.

アルゴリズム NEAREST_NEIGHBOR
1. 適当な初期街 j を一つ選び,順列 $\pi := (j)$ を得る.
2. 次の手順を $|\pi|=n$ が達成されるまで反復する.(ただし,$|\pi|$ は順列 π に含まれる要素数.)

    π の最後の要素 j に着目し,π に含まれていない k の中で,j と k の距離が最小のものを選び $\pi := (\pi, k)$ とする.
3. $\pi = (j_1, j_2, \ldots, j_n)$ を出力して,計算終了.

この構成法は,直感的には納得できるものであるが,もちろん,いつも最短巡回路を見つける訳ではない.構成の後半部分に残っている街は,お互いに遠く離れた位置にある傾向があって,そのようなものを結んで巡回路を作

第7章 アルゴリズムとその複雑さ

るために,結局あまり質の高くない解になってしまうこともある.

一般に,近似アルゴリズム A の性能の評価には,問題例 I に対して A が出力する解の目的関数値 $A(I)$ と真の最適値 $OPT(I)$ の比 $A(I)/OPT(I)$ を用いる(だだし,$OPT(I)>0$ を仮定する).最小化問題の場合,この比は1以上である.そこで,すべての問題例 I における最悪の場合を考えて,

$$\alpha_A = \sup_I A(I)/OPT(I)$$

をアルゴリズム A の**近似比**(approximation ratio)と呼び,近似アルゴリズムとしての性能評価の指標とする.もちろん,α_A は1以上の値であって,小さい方が望ましい.なお,最大化問題の場合も同様の方法で α_A を定義できて,この場合は α_A の値は1以下であり,大きい方が望ましい.

巡回セールスマン問題に対する NEAREST_NEIGHBOR(NN と略記する)については,街 i から街 j への距離 $d(i,j)$ が対称性 $d(i,j)=d(j,i)$ と三角不等式 $d(i,j) \leq d(i,k)+d(k,j)$ をみたすという前提の下で,

$$\alpha_{NN} \leq \frac{1}{2}(\lceil \log n \rceil + 1)$$

であることが分かっている.

しかし,上式の近似比は,街の数 n が大きくなるといくらでも増加するので,少なくとも定数で抑えられるような近似アルゴリズムが探求され,その結果,3角不等式の成立を前提として,近似比が2とか1.5であるようなTSP の近似アルゴリズムがいくつか見つかっている.最近ではさらに研究が進んで,$d(i,j)$ が2点を結ぶ線分の長さである場合(ユークリッドの距離)に限定されるが,任意の実数 $\epsilon > 1$ に対して,(ϵ を定数と考えたとき)多項式時間で動作し,しかも近似比が ϵ 以下であるようなスキーム(ϵ をパラメータとして含むアルゴリズム)が考案されている.このような性質をもつスキームは,PTAS(polynomial time approximation scheme)と呼ばれる.一方,$d(i,j)$ の定義が全く自由に与えられる場合には,(P≠NP が正しいとして)近似比をどのような有限値で抑えることもできない,という否定的な結果も知られている.

近似アルゴリズムは，現在最も活発に研究がなされている分野の一つであり，さまざまな最適化問題に対して，多様な発想による提案があって，近似比に対する結果もつぎつぎと改良されている [2]．

4.2 確率アルゴリズム

アルゴリズム理論への確率の関わり方として2つのタイプがある．その一つは，アルゴリズムの性能評価に確率的議論を持ち込むもので，典型的な例は，最悪時間量ではなく，問題例が確率的に生起するとして，平均時間量を用いるものである．NP完全性をはじめ計算の複雑さの議論の多くは，最悪の場合の解析に基づいているため，結果が悲観的になる傾向がある．平均時間量の方が現実的な評価であり，最悪時間量では良くないアルゴリズムも平均の意味では悪くないかもわからない．近似比の解析についても，同様のことがいえる．

たとえば，巡回セールスマン問題の問題例の生成法として，辺長1の正方形領域内にランダムに n 点をばらまいたと考えると，最短巡回路の長さの期待値は $O(\sqrt{n})$ であることを証明できる．この事実に基づいて，種々の近似アルゴリズムの近似比の平均値が評価され，平均の意味で性能の良いアルゴリズムが提案されている．

確率利用のもう一つタイプは，アルゴリズム中に確率的ステップを含めるものである．すなわち，アルゴリズムの中で次の動作を"さいころ"を振って決めるわけである．この手段の効果として，確率的に無視できるような特殊な状況を簡単に除外できるので，アルゴリズム自体やその解析を簡単化することができる．この種のアルゴリズムを**乱択**（randomized）**アルゴリズム**と呼んでいる．

やはり，巡回セールスマン問題の例をあげると，アルゴリズム NEAREST_NEIGHBOR の変形として，初期街を n 個の中からランダムに選ぶ，また，ステップ2で次の街 k を選ぶ際に，近いものが高い確率になるように傾斜を与えつつやはりランダムに選ぶ，などによってランダム性を導入することができる．実際には，この方法で，多数の巡回路を構成したのち，それらの中の

最短のものを出力することになる．このようにすると，元の NEAREST_NEIGHBOR に内在する，一度の選択の誤りがその後の構成に悪い影響を与えてしまうという欠点を緩和することができる．

4.3 メタヒューリスティクス

近似アルゴリズムや乱択アルゴリズムを理論的に性能評価することは望ましいが，簡単な構造を持つものでないと，議論が複雑になって，意味のある結論を出すことは困難になる．理論的評価は難しいが，実際に，具体例に適用すると，きわめて高い性能を示すといったタイプの近似アルゴリズムも盛んに研究されている．

その一つは，**局所探索法**（local search）である．これは，何らかの方法で得られた近似解をさらに改良するという考え方である．すなわち，現在の解 x を少し変形して得られる解の集合を x の近傍とよび $H(x)$ と記す．そこで，$H(x)$ 内に x よりよい解があればそれに置きかえるという操作を可能なかぎり反復するのである．反復終了時に得られている解 x は，その近傍 $H(x)$ 内にそれよりよい解が存在しないという意味で，（近傍 H に関する）局所最適解と呼ばれる．以下は局所探索法のアルゴリズムの一般的な記述である．

アルゴリズム LOCAL_SEARCH
1. 適当な実行可能解を求め初期解 x とする．
2. つぎの操作を可能なかぎり反復する．
   $H(x)$ 内に x よりよい解 y があれば $x := y$ とする．
3. 得られている解 x を出力する．

局所探索法では近傍 H をどのように定めるかが大きなポイントである．巡回セールスマン問題における代表的な近傍として λ 近傍を説明する．これは現在の巡回路 x から，最大 λ 本の辺を除き，その後同じ本数の辺を加えて得られる巡回路の全体を $H(x)$ とするものである．図5は $\lambda = 2, 3$ の場合の近傍解を示す．同図 (b) は2近傍に入らない3近傍解を示している．x から除くべき λ 本の辺（破線）としてはすべての組合せを考えるので，$H(x)$

は $O(n^\lambda)$ の大きさをもつ．実用的には $\lambda=2, 3$ 程度が用いられる．

局所探索法は強力であるが，まだ未探索の解領域にもっとよい解が隠れているという危惧が残る．そこで，この方向をさらに進めて，局所探索を部品として何度も利用することによって，性能をさらに高めようという試みがある．このようなアルゴリズムの枠組みを，**メタヒューリスティクス**（metaheuristics）と呼んでいる．すなわち，初期解の生成と局所探索による改良を反復するわけであるが，初期解の生成を，過去の計算過程の情報に基づいて行うのが特徴である．具体的にはそれまでに得られている優良解のリストを利用して，それらを組み合わせたり変形して次の初期解をつくるのである．さらに，

- 探索に確率的動作を導入する，
- 現在の解よりも悪い解への移動も試みる，
- 制約条件の一部を無視する，
- 複数の候補解を保持し全体として改良する，

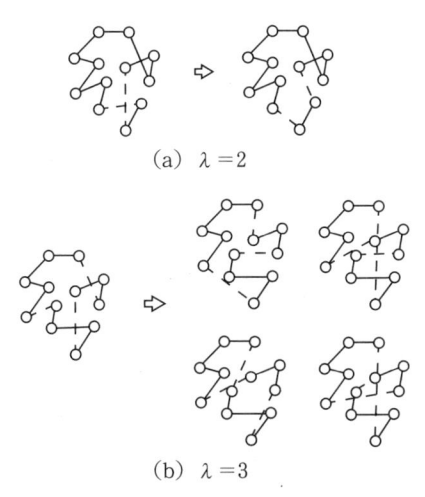

(a) $\lambda=2$

(b) $\lambda=3$

図5 巡回セールスマン問題における λ 近傍

などの変形が考えられている．その結果得られる具体的なアルゴリズムは，多スタート局所探索法，反復局所探索法，GRASP法（greedy randomized adaptive search procedure），アニーリング法，タブー探索，アント（蟻）システム法，可変近傍探索法，遺伝アルゴリズム，進化計算，粒子群最適化法など多種にわたっている [3]．このような研究には，コンピュータの性能の驚異的進歩によって，局所探索を何度も反復するという計算も苦にしなくなったという背景がある．メタヒューリスティクスは，実用的手法として，きわめて高い性能をもち，現実のシステムの中で利用されるケースが増えてきている．

4.4 ハードウエアからのアプローチ

いうまでもなく，計算とは，アルゴリズムとそれを実行するコンピュータの共同作業である．そこで，コンピュータ側をさらに強化するために，それらを複数台用いるという発想があり，この方向を追求するのが，並列コンピュータおよび分散計算の研究である．

1 台のコンピュータの中に，多数のプロセッサを組み込み，それらを同時に稼動させることによって，強大な性能を実現するという並列コンピュータは，コンピュータの初期の頃から構想され，LSI 技術の進歩によって，実際に数百台，数千台のプロセッサをもつものが製作されている．このような並列コンピュータは，いわゆるスーパーコンピュータの一つのタイプであるが，最近わが国で開発された「地球シミュレータ」など，その規模は次第に大きくなり，国家プロジェクトといったレベルの話題になってきている．

ところで，現代社会はネットワーク社会と呼ばれているように，多くのコンピュータがネットワーク状に結合されて運転されているので，これらのコンピュータが協力すれば，最大規模の並列コンピュータをも凌駕するような計算能力を達成できるであろう．これは，計算を多数のコンピュータに分散して独立に受け持たせるという分散計算の発想であり，アルゴリズムの面からも新しい視点である．グリッド計算と呼ばれているのも，同様の考え方である．

2.2 節で，巡回セールスマン問題について，街の数が万を越す問題例も厳密に解かれていると述べたが，実は，ネットワークにつながれた数百台のコンピュータが何日間も協力して計算した結果である．これが可能になったのは，

アルゴリズムの面からは，それを多数の部分アルゴリズムに分解して実行する方法が開発されたこと，また，ネットワーク技術の面からは，大量の情報を誤りなく高速に交換することが可能になってきたことなど，両面の進歩の結果である．最近では，巡回セールスマン問題の他にも，いろいろな分野でこの種の計算の成功例が報告されている．大きな可能性を秘めた分野である．

コンピュータ・ハードウエアに高い計算能力をもたせるために，新しい原理の素子を開発しようという研究もある．その中で，**量子計算**（quantum computation）は，原子の状態（たとえばスピン）が，各時点で一つに決まっているわけではなく，すべての状態が確率的に重なって存在しているという量子力学の結果に着目する．例として，二つの状態が重なった原子を n 個並べると，2^n 個の状態が共存している訳で，たとえば組合せ計算における n 次元 0-1 ベクトルの 2^n 個のすべてが同時に存在しているようなものである．そこで，このような量子状態をうまく制御して，2^n ステップの逐次計算を，一括して処理できれば，画期的な計算性能を実現できる可能性がある．ただし，量子状態の観測は確率としてのみ可能であり，しかも，観測することによってその時点の量子状態は破壊されてしまうという性質，さらに，量子状態の変換は，エルミート行列によって定義されたある特別な写像としてのみ可能であるなど，量子計算特有の制約がある．これまで困難とされていた整数の素因数分解が，量子計算によれば多項式時間で可能であるなど，いくつかの重要な発見はなされているものの，計算量の観点から，未知である部分が大きい．また，実際に量子計算に使えるような素子の開発も，まだ暗中模索の段階である．現時点では，大きな可能性を秘めた試みの一つという認識が適当であろう．

参考文献

[1] M. R. Garey and D. S. Johnson, Compters and Intractability: A Guide to the Theory of NP-Completeness, Freeman, 1979.
[2] G. Ausiello et al., Complexity and Approximation, Springer, 1999.
[3] 柳浦，茨木，『組合せ最適化—メタ戦略を中心として—』，朝倉書店，2001.

第8章　数式処理ソフト MAPLE による数学教育

西谷　滋人

1　はじめに

　高等教育において数式処理ソフトを教える試みがいろいろなされているが，教員の個人レベルでの試験的導入でしかなく，学科のカリキュラム全体に組み込まれていることはまれである．これは，数式処理ソフトの導入による学生への教育効果，教官の負担を読み切ることができないからであろう．電卓や計算尺と同じ問題をはらんでいる．しかし，わからないからと言って一歩も踏み出せずにいては，日本の大学が抱える数学教育の問題を克服することはできない．2009年度より，関西学院大学理工学部数理科学科において数式処理ソフトを用いた演習が必修化されることは，単に学生に数式処理ソフトの使用を奨励するという段階を超えて，全教員が数式処理ソフトの使用を前提に講義を進めることが可能となる画期的な試みである．著者個人は10年以上にわたって高等教育の現場で数式処理ソフトの導入をいろいろと試みたが，学科の教員・学生大多数が数式処理ソフトを日常的に使用することを説得できず，成功したとは言いがたい．しかし，いくつかの試行錯誤のなかで，学習者の多様性を体感してきた．その経験を通して得られた，学習者レベルに合った効率的な数式処理ソフト習得法を紹介する．

2 シングルステップの式変形：数式処理ソフトで簡単にできること

数式処理ソフトを習得するのは，プログラミング言語を習得するのとは少し違ったセンスが必要である．しかしそのセンスはなにもむずかしい構文を新たに覚えるのではなく，それまで積み上げてきた数学の知識にほんの少し修正を加えるだけでいい．この修正は中学の1，2年生あたりで導入される代数計算，あるいは式変形の約束と似たところがある．まずは，数式処理ソフト Maple で簡単にできることを観ながら，等号の意味を再確認しよう．

中学あたりでつまずく学生の多くが，式の変形，代入，方程式を混同していることがある．例えば，小島寛之の著書に，よくある中学生の間違いとして，

$$3x - x = 3$$

という例が載っている[1]．これは $3x$ が $3 \times x$ の略記であることを知らずに「3 と x から x を引いたら 3 が残る」と思っているらしい．たしかに小学校の「$3\frac{1}{2} - \frac{1}{2} = 3$」なら正しい計算となる．期待している正しい「変形」は

$$3x - x = 2x$$

である．ところが，元の式も方程式と見なせば正しく，その辺りの混乱を引きずって知識を積み上げているようである．もうひとつ，プログラミングを大学で教えていて，なかなか納得しない学生のなかに，

$$x = x + 1$$

は明らかに「式の変形，および方程式」として間違っているからというのがいる．刷り込まれた知識を否定するのはことのほか困難なようだ．しかし，いざ自分が教えるときには「プログラミング言語の仕様上そうなっているから自分で適当に判断してね．」となる．これらすべては等号「＝」があまりにも無節操に利用されているからと見なすことができよう．

2 シングルステップの式変形

コンピュータが解釈しなければいけない数式処理ソフトである Maple ではこのような曖昧さが許されない．たとえば，

　　　　$a=3$, $b=2$ のとき，$3a+4b$ の式の値はいくらか．

という問題を Maple に教えてやる場合には，

```
> a:=3;
  b:=2;
  3*a+4*b;
```

$$a := 3$$
$$b := 2$$
$$17$$

となる．等号の代わりに使われている記号":="は，代入を意味している．これに，等号を間違って使ったとしても

```
> restart;
  a=3;
  b=2;
  3*a+4*b;
```

$$a = 3$$
$$b = 2$$
$$3a+4b$$

となりなにも意味のある答えを返してこない．$a=3$ や $b=2$ は単にこういう式があると解釈され，a, b に数値が代入されることはない．ちなみに，restart は上の方で a, b に代入した値を忘れさせるための初期化(restart)操作であり，行末の";"は Maple が解釈すべきひとかたまりの入力の区切りを意味している．こういう解釈で問題を読み直すと，

　　　　a に 3 を，b に 2 を代入したとき，$3 \times a + 4 \times b$ の式の値はい
　　　　くらか．

第8章 数式処理ソフト MAPLE による数学教育

となる．かけ算も含めて省略することは許されないし，等号の意味を明示的に教える必要がある．

同様に，

> $3x-x=3$ の方程式を満たす x はいくらか．

は

> $3\times x-x=3$ を x の方程式として解け(solve)．

と読み直して，

```
> solve(3*x-x=3,x);
```

$$\frac{3}{2}$$

という Maple のコマンドになる．また，展開や因数分解といった式変形も明示的に

> $(x-2)^2$ を展開(expand)せよ．

および

> x^2-3x+2 を因数分解(factor)せよ．

と読み直して，

```
> expand((x-2)^2);
```

$$x^2-4x+4$$

```
> factor(x^2-3*x+2);
```

$$(x-1)(x-2)$$

としなければならない．また通分(normal)は

```
> normal(1/a+1/b);
```

$$\frac{b+a}{ab}$$

となる.

さらに,

$ax+bx-c$ を同類項でまとめよ.

というちょっと曖昧な問題は

$ax+bx-c$ を x の同類項でまとめよ(collect).

と読み直して,

```
> collect(a*x+b*x-c,x);
```

$$(a+b)x-c$$

となる. また関数のプロット

$y=4x+3$ をプロットせよ.

は,

```
> plot(4*x+3,x);
```

となる.

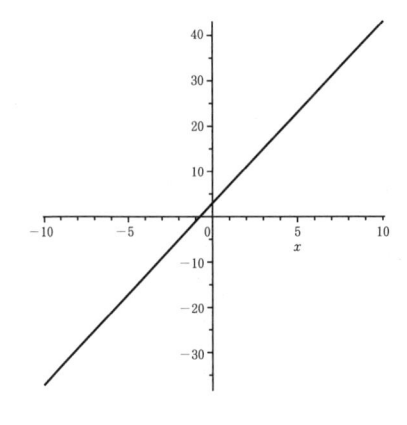

第8章 数式処理ソフトMAPLEによる数学教育

またこれだけでなく，微分(diff)や積分(int)も

> diff(4*x+3,x);

$$4$$

> int(4*x+3,x);

$$2x^2+3x$$

として求めることができる．これらを新たな式(eq2)として代入すれば，

> eq2:=int(4*x+3,x);

$$eq2 := 2x^2+3x$$

再利用が可能となり，

> solve(eq2=0,x);

$$0, -\frac{3}{2}$$

などとできる．

　数式処理ソフトではもっと複雑な計算もコマンド一発ででき，2次方程式の解法や部分積分，線形代数などの途中の複雑な計算・手順にわずらわされることはない．ただし，数学の用語に該当する英単語を覚えなければならない．理系に来ている学生の多くは，英語ができないという消去法で理系を選択していることが多いので，横文字を見ただけで凍り付く傾向がある．しかし，専門用語を覚え，英語の論文を読む際に不可欠の単語に早いうちからなじむという観点から，この程度の暗記は避けるべきではなかろう．逆に，ある程度の経験のある研究者は，ほとんど自分の知識だけで自然にMapleが習得・操作できる．

3 マルチステップの式変形：数式処理ソフトでも簡単にできないこと

　先ほど紹介した例がコマンド一発で解が得られるのに対して，だいぶ込み入った例を次に紹介する．まず，次に示す式変形の課題は，普通の試験問題

としては，成立していないことに注意していただきたい．学生さんたちは，紙面の上で導出されてしまっている式を再度込み入ったソフトを使って導出することに問題としての意味を感じない，あるいは何をすればいいか分からないそうである．ところが，数式処理ソフトの熟達者にとっては，こういう類いの問題は，使っている数式処理ソフトで何が簡単にできて何がやりにくいかという評価や，どういったときにどういった手法を使うのかが学習できる典型的な問題である．また，実際の研究においても，式の導出を確認し，さらに値を変えるという作業はもっとも遭遇頻度が高い．数式処理ソフトの熟達者が備えているべき行動，つまり数式処理ソフト学習のターゲット行動はこのような「式の導出をコマンドでおこなう」あるいは「マルチステップの式変形」である．

3.1 課題．プランクの法則によれば，黒体の表面から放出される光の強度（I）は以下のようになる．

(1) $$I(\nu, T) = \frac{2h\nu^3}{c^2} \frac{1}{\exp\left(\dfrac{h\nu}{kT}\right) - 1}$$

ここで，h はプランク定数，c は光速度，k はボルツマン定数，ν は振動数，T は温度を表している．つまり，面積 A の黒体の表面からは，立体角 $d\Omega$ に向かって，$(\nu + d\nu)$ の振動数帯から $I(\nu, T)A d\nu d\Omega$ の強度を持った光が放出されていることを示している．これをすべての立体角および振動数で積分すれば，黒体の放出する単位面積あたりの全強度（j）を示すステファン・ボルツマンの関係

(2) $$j = \sigma T^4$$

が導かれる．この法則を以下のヒントを参考にして Maple で導出せよ．

3.2 ヒント：導出．立体角の積分公式から，全積分は

第 8 章　数式処理ソフト MAPLE による数学教育

(3) $$j = \frac{2h}{c^2} \int_0^\infty \int_0^{2\pi} \int_0^{\frac{\pi}{2}} \frac{\nu^3}{\exp\left(\frac{h\nu}{kT}\right)-1} \cos(\phi)\sin(\phi) \mathrm{d}\nu \mathrm{d}\theta \mathrm{d}\phi$$

で与えられる．θ と ϕ についてまず積分すると，被積分関数の中の定数を A として，

(4) $$\int_0^{2\pi} \int_0^{\frac{\pi}{2}} \mathrm{A}\cos(\phi)\sin(\phi) \mathrm{d}\theta \mathrm{d}\phi = \mathrm{A}\pi$$

が得られる．これより

(5) $$j = \frac{2\pi h}{c^2} \int_0^\infty \frac{\nu^3}{\exp\left(\frac{h\nu}{kT}\right)-1} \mathrm{d}\nu$$

となる．ここで $\nu = \dfrac{xkT}{h}$ で置換すると，$\mathrm{d}\nu = \dfrac{kT}{h}\mathrm{d}x$ を忘れず，

(6) $$j = \frac{2\pi k^4 T^4}{c^2 h^3} \int_0^\infty \frac{x^3}{\exp(x)-1} \mathrm{d}x$$

となる．この積分は

(7) $$\int_0^\infty \frac{x^3}{\exp(x)-1} \mathrm{d}x = \frac{\pi^4}{15}$$

であるので，

(8) $$j = \sigma T^4$$

(9) $$\sigma = \frac{2}{15} \frac{\pi^5 k^4}{h^3 c^2}$$

が得られる [2]．

3.3　ヒント：Maple のテクニック． どこから手をつけてもよいが，最終的な Maple スクリプトとしては，プランクの法則の式から σ の値までがすべて式の変形，代入であらわされていることが理想である．特に難しいのは係

数の取り出しで，例えば，

```
> restart;
  nu:=x*k*T/h;
  cdx:=diff(nu,x);
```

$$\nu := \frac{xkT}{h}$$

$$cdx := \frac{kT}{h}$$

とすれば，置換積分に伴う係数を定義することができる．また，$\frac{2\pi k^4 T^4}{c^2 h^3}$ などは coeff 関数で x の 3 乗の係数を取り出すなどとすればよい．ただし，

```
> c1:=A2*x^3/(exp(x)-1);
  coeff(c1,x^3);
```

$$c1 := \frac{A2\, x^3}{\exp(x)-1}$$

Error, unable to compute coeff

となるが，以下のようにすれば係数 A2 が取り出せる．

```
> coeff(c1*(exp(x)-1),x^3);
```

$$A2$$

3.4 解答例． 解答例を示しておく．まず立体角に対する積分の確認は

```
> restart;
  eq1:=int(int(A*sin(phi)*cos(phi),phi=0..Pi/2),
                                    theta=0..2*Pi);
```

$$eq1 := A\pi$$

となる．次に，この結果を受けて Planck の公式を書き下すと

```
> eq2:=2*h*nu^3/c^2/(exp(h*nu/k/T)-1)*Pi;
```

第8章　数式処理ソフトMAPLEによる数学教育

$$eq2 := \frac{2h\nu^3\pi}{c^2\left(\exp\left(\dfrac{h\nu}{kT}\right)-1\right)}$$

である．ここで変数変換

```
> nu:=x*k*T/h;
  dx:=diff(nu,x);
```

$$\nu := \frac{xkT}{h}$$

$$dx := \frac{kT}{h}$$

をおこなう．するとeq2は

```
> eq2*dx;
```

$$\frac{2x^3k^4T^4\pi}{h^3c^2(\exp(x)-1)}$$

となる．このままとりあつかっても変形できるが，ややこしい係数を切り離しておく．上記のMapleのテクニックのヒントに従って

```
> eq2*dx*(exp(x)-1);
```

$$\frac{2x^3k^4T^4\pi}{h^3c^2}$$

とした後で，係数を取り出す．

```
> c1:=coeff(eq2*dx*(exp(x)-1),x^3);
```

$$c1 := \frac{2k^4T^4\pi}{h^3c^2}$$

残された被積分関数を取り出す．

```
> eq3:=eq2*dx/c1;
```

$$eq3 := \frac{x^3}{\exp(x)-1}$$

— 220 —

積分を実行して，

> eq4:=int(eq3,x=0..infinity)*c1;

$$eq4 := \frac{2}{15}\frac{\pi^5 k^4 T^4}{h^3 c^2}$$

ここでは係数をつけなおしている．最終的に σ の値は，それぞれの物理定数を代入して

> h:=6.6261*10^(-34);
  k:=1.3807*10^(-23);
  c:=2.9979*10^8;
  evalf(coeff(eq4,T^4));

$$h := 6.626100000 \; 10^{-34}$$
$$k := 1.380700000 \; 10^{-23}$$
$$c := 2.997900000 \; 10^{8}$$
$$5.671228656 \; 10^{-8}$$

となり，ステファン・ボルツマン定数が正しく導かれる．

3.5 分析． この問題を2つの演習クラスの受講生に，学習を初めて一ヶ月たった時点での試験問題として課した．かたや数学科，かたや情報科学科の3回生である．それまでに基本操作を教え，使いそうなコマンドの一覧表を手渡している．その結果，数学科の学生は18人中6名がこの問題を解いた．一方，情報科学科学生は51人中3名しか解けなかった．問題を観ればわかる通り，広義積分をのぞけば，これは典型的な高校の数式変形の問題である．複雑な問題をコマンド一発で答えが出るシングルステップの問題に分解し，その解を設定して問題を試行錯誤しながら解決して行く能力に差がついていることがうかがわれる．入学時の学力差はそれほど大きくないことから，1,2回生での数学の演習においてこのような類いの問題になじんでいるかいないかが大きな差となって現れたと考えられる．

一方，プログラミングの要素が強くなる問題においてはこの傾向が逆転す

第8章 数式処理ソフト MAPLE による数学教育

ることを申し添えておく．いずれにしろ，数式処理ソフトを使わなくても解ける学習者は，数式処理ソフトを使っても解けるという試験結果であった．この結果は，一般のカリキュラムへ数式処理ソフトを導入しても教育効果はあまりないと判断されても仕方がないものである．しかし，もう少し学習行動を突っ込んで考えると，少し違った観点を得ることができる．

4 数値計算と視覚化：非線形最小二乗法を例に

数式処理ソフトのスキル向上の方策を示す前に「Maple を使うご利益」を実感できる例を示そう．それは数値計算と視覚化で，非線形最小二乗法によるデータフィットが好例である．

4.1 課題． 図1のようなデータにローレンツ関数をフィットする非線形最小二乗法の問題を考えよう．ただし，以下では結果を見やすくするためデータ数を8個として解説している．

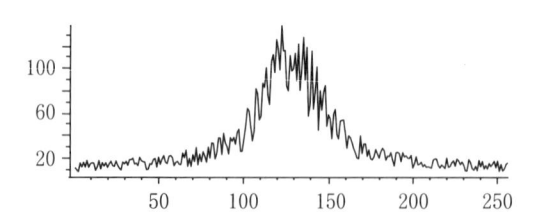

図1 ローレンツ関数にノイズを加えて作成したサンプルデータ

フィッティング関数を

$$(10) \quad f(t\ ;\ \mathbf{a}) = a + \frac{b}{c+(t-d)^2}$$

のような単純な4個のパラメータ $\mathbf{a}=(a, b, c, d)$ を持ち，時間 t で変動するローレンツ関数とする．パラメータの初期値を $\mathbf{g_0}+\delta\mathbf{g_1}=(a_0+\delta a_1, b_0+\delta b_1, c_0+\delta c_1, d_0+\delta d_1)$ とする．このとき関数 f をパラメータの真値 $\mathbf{g_0}=(a_0, b_0, c_0, d_0)$ のまわりでテイラー展開して，高次項を無視すると，

—222—

(11) $\delta f = f(t\ ;\ \mathbf{g_0} + \delta \mathbf{g_1}) - f(t\ ;\ \mathbf{g_0})$

$$= \left(\frac{\partial}{\partial a}f\right)_{\mathbf{g_0}} \delta a_1 + \left(\frac{\partial}{\partial b}f\right)_{\mathbf{g_0}} \delta b_1 + \left(\frac{\partial}{\partial c}f\right)_{\mathbf{g_0}} \delta c_1 + \left(\frac{\partial}{\partial d}f\right)_{\mathbf{g_0}} \delta d_1$$

となる．ここで，偏微分はパラメータの組 $\mathbf{a_0}$ での関数であることを明示している．時刻 $t = 1, 2, \ldots, 8$ に対応したデータ値を $f_1, f_2, \ldots, f_8$ としよう．各データ点とモデル関数から予測される値との差を $\delta f_1, \delta f_2, \ldots, \delta f_8$ とすると，この差分ベクトルは

$$(12)\quad \begin{pmatrix} \delta f_1 \\ \delta f_2 \\ \vdots \\ \delta f_8 \end{pmatrix} = J \begin{pmatrix} \delta a_1 \\ \delta b_1 \\ \delta c_1 \\ \delta d_1 \end{pmatrix}$$

となる．ここで J はヤコビ行列と呼ばれる行列で，8行4列の行列

$$(13)\quad J = \begin{pmatrix} \left(\frac{\partial}{\partial a}f\right)_{t=1} & \left(\frac{\partial}{\partial b}f\right)_{t=1} & \left(\frac{\partial}{\partial c}f\right)_{t=1} & \left(\frac{\partial}{\partial d}f\right)_{t=1} \\ \left(\frac{\partial}{\partial a}f\right)_{t=2} & \left(\frac{\partial}{\partial b}f\right)_{t=2} & \left(\frac{\partial}{\partial c}f\right)_{t=2} & \left(\frac{\partial}{\partial d}f\right)_{t=2} \\ \vdots & \vdots & \vdots & \vdots \\ \left(\frac{\partial}{\partial a}f\right)_{t=8} & \left(\frac{\partial}{\partial b}f\right)_{t=8} & \left(\frac{\partial}{\partial c}f\right)_{t=8} & \left(\frac{\partial}{\partial d}f\right)_{t=8} \end{pmatrix}$$

である．これは，関数 f の各パラメータによる偏微分関数にデータ点の t 値を入れた値で構成される．このような矩形行列の逆行列は転置行列 J^T を用いて，

(14) $\quad J^{-1} = (J^T J)^{-1} J^T$

で求められる．従って真値からのずれは

$$(15)\quad \begin{pmatrix} \delta a_2 \\ \delta b_2 \\ \delta c_2 \\ \delta d_2 \end{pmatrix} = (J^T J)^{-1} J^T \begin{pmatrix} \delta f_1 \\ \delta f_2 \\ \vdots \\ \delta f_8 \end{pmatrix}$$

第8章 数式処理ソフト MAPLE による数学教育

となる．理想的には $(\delta a_2, \delta b_2, \delta c_2, \delta d_2)$ は $(\delta a_1, \delta b_1, \delta c_1, \delta d_1)$ に一致するはずだが，測定誤差とテイラー展開で無視した高次項のために一致しない．それでも初期値に比べ，真値により近づく．そこで，新たに得られたパラメータの組を新たな初期値に用いて，より良いパラメータに近付けていくという操作を繰り返す．新たに得られたパラメータと前のパラメータとの差がある誤差以下になったところで計算を打ち切り，フィッティングの終了となる．

4.2 Maple によるデータの準備．

線形代数計算のためにサブパッケージとして LinearAlgebra を呼びだしておく．

```
> restart;
  with(plots):
  with(LinearAlgebra):
```

ローレンツ型の関数を仮定し，関数として定義する．

```
> f:=t->a+b/(c+(t-d)^2);
```

$$f := t \to a + \frac{b}{c+(t-d)^2}$$

関数を一次代入(subs)を用いて作り，データをリスト T に入れておく．

```
> ndata:=8:
  f1:=t->subs({a=1,b=10,c=1,d=4},f(t));
  T:=[seq(f1(i),i=1..ndata)];
```

$$f1 := t \to \mathrm{subs}(\{a=1,\ b=10,\ c=1,\ d=4\},\ f(t))$$

$$T := \left[2,\ 3,\ 6,\ 11,\ 6,\ 3,\ 2,\ \frac{27}{17}\right]$$

初期値（g1 = guess1）を真値からずらして仮定して作った関数と，先ほど作ったデータをともに表示する．

```
> l1:=listplot(T,connect=false):
  g1:=Vector([1,8,1,4.5]):
  guess1:={a=g1[1],b=g1[2],c=g1[3],d=g1[4]};
  p1:=plot(subs(guess1,f(x)),x=1..ndata):
  display(l1,p1);
```

$$guess1 := \{a=1,\ b=8,\ c=1,\ d=4.5\}$$

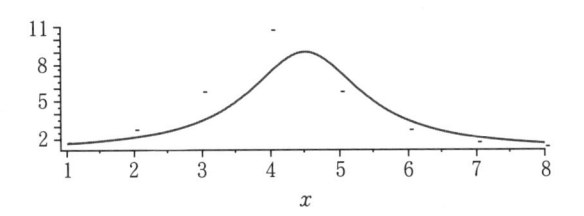

4.3 Maple による解法例．

ヤコビ行列の中の微分を新たな関数として定義しておく．

```
> dfda:=unapply(diff(f(x),a),x);
  dfdb:=unapply(diff(f(x),b),x);
  dfdc:=unapply(diff(f(x),c),x);
  dfdd:=unapply(diff(f(x),d),x);
```

$$dfda := x \rightarrow 1$$

$$dfdb := x \rightarrow \frac{1}{c+(x-d)^2}$$

$$dfdc := x \rightarrow -\frac{b}{(c+(x-d)^2)^2}$$

$$dfdd := x \rightarrow -\frac{b(-2x+2d)}{(c+(x-d)^2)^2}$$

関数値 $f(i)$ とデータ値 $T[i]$ との差分ベクトルを df として求める．

第8章 数式処理ソフト MAPLE による数学教育

```
> df:=Vector([seq(subs(guess1,T[i]-f(i)),i=1..ndata)]);
```

$$df := \begin{pmatrix} 0.39623 \\ 0.89655 \\ 2.53846 \\ 3.60000 \\ -1.40000 \\ -0.46154 \\ -0.10345 \\ -0.01554 \end{pmatrix}$$

for-loop で，データ点でのヤコビ行列を求める．

```
> Jac:=Matrix(ndata,4):
  for i from 1 to ndata do
    Jac[i,1]:=subs(guess1,dfda(i));
    Jac[i,2]:=subs(guess1,dfdb(i));
    Jac[i,3]:=subs(guess1,dfdc(i));
    Jac[i,4]:=subs(guess1,dfdd(i));
  end do:
```

このまま表示すると見にくいので，桁数を落として出力する．

```
> interface(displayprecision = 3):
  Jac;
```

$$\begin{pmatrix} 1.000 & 0.075 & -0.046 & -0.319 \\ 1.000 & 0.138 & -0.152 & -0.761 \\ 1.000 & 0.308 & -0.757 & -2.272 \\ 1.000 & 0.800 & -5.120 & -5.120 \\ 1.000 & 0.800 & -5.120 & 5.120 \\ 1.000 & 0.308 & -0.757 & 2.272 \\ 1.000 & 0.138 & -0.152 & 0.761 \\ 1.000 & 0.075 & -0.046 & 0.319 \end{pmatrix}$$

J^{-1} を求める．

4 数値計算と視覚化

```
> InvJac:=(MatrixInverse(Transpose(Jac).Jac)).
                                    Transpose(Jac);
```

$$\begin{pmatrix} 0.565 & 0.249 & -0.354 & 0.040 & 0.040 & -0.354 & 0.249 & 0.565 \\ -2.954 & -0.506 & 4.012 & -0.552 & -0.552 & 4.012 & -0.506 & -2.954 \\ -0.352 & -0.029 & 0.557 & -0.176 & -0.176 & 0.557 & -0.029 & -0.352 \\ -0.005 & -0.012 & -0.035 & -0.080 & 0.080 & 0.035 & 0.012 & 0.005 \end{pmatrix}$$

J^{-1} と差分ベクトル df との積を計算する．

```
> dg:=InvJac.df;
```

$$dg := \begin{pmatrix} -0.235 \\ 5.592 \\ 0.613 \\ -0.520 \end{pmatrix}$$

これをまたもとのパラメータの近似値(guess1)に入れ直して表示させる．

```
> g1:=g1+dg:
  guess1:={a=g1[1],b=g1[2],c=g1[3],d=g1[4]};
  p1:=plot(subs(guess1,f(x)),x=1..ndata):
  display(l1,p1);
```

$guess1 := \{a=0.765,\ b=13.592,\ c=1.613,\ d=3.980\}$

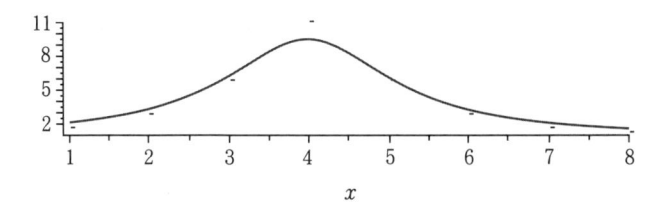

カーブがデータに近づいているのが確認できよう．差分ベクトルを求める操作以降を繰り返すと，dg の各要素が0に収束していく．これらの操作を4回繰り返した後のパラメータの値とフィッティング関数の様子を以下に示す．

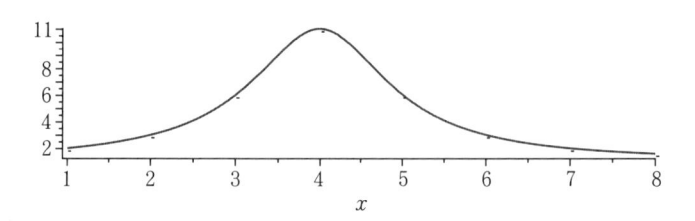

第8章 数式処理ソフト MAPLE による数学教育

$$guess1 := \{a=1.006,\ b=9.926,\ c=.989,\ d=4.000\}$$

非線形のデータフィットは数式による説明だけではパラメータが多く何をすればいいのかが分かりにくい．しかし Maple を使えば，データから求まる差分ベクトル，ヤコビ行列などの成分や，データと関数との適合具合をグラフで見ながら計算の進行を確かめることができる．

5　数式処理ソフトスキル向上の方策の提案

最後の例は，数式処理ソフトが備える視覚化と数値計算の利点を示している．このような作業は，C 言語や FORTRAN などのプログラミング言語と視覚化ソフトを使ってもできるが，数式処理ソフトの操作に熟達していると極めて容易である．これだけでも数式処理ソフトを学習させる動機となろう．しかし，そこで示したスクリプトはすこし凝りすぎで，高度なテクニックの習得が必要となり，初学者に学習させるような代物ではない．どちらかというとそのまま使ってもらう見本のような物であろう．

真の数式処理ソフトの熟達者となるためのターゲット行動は，「マルチステップの式変形」である．では，そのようなスキルの獲得にはどのような教授法が適当であろうか．数学のスキルがすでにある学習者が数式処理ソフトに習熟することはそれほど難しくない．「シングルステップの式変形」で示した通り英語になじむぐらいである．数学を使う動機も数学のスキルも高い学生が，無理して数式処理ソフトを使う必要はなさそうに思えるかもしれな

5 数式処理ソフトスキル向上の方策の提案

```
数学スキル ──ある── 簡単なソフトの操作法.
   │ない
   ↓
 強い動機 ──ある── 難しい問題をじっくりと.
         ──ない── 易しい問題をたっぷりと.
```

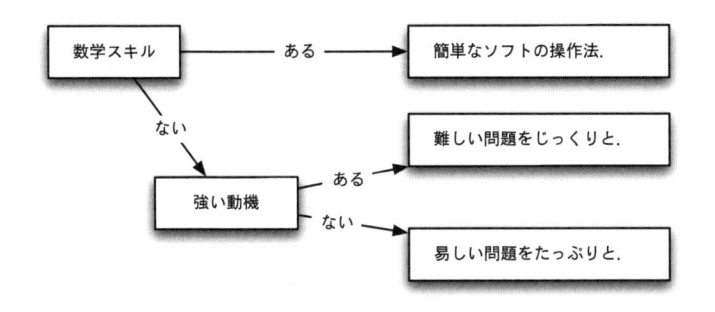

図 2 数式処理ソフトスキルの学習法

い．しかし，数式処理ソフトを使った問題解決法は，一度身に付けた戦略を捨てる必要はなく，手軽に計算ミスをなくしたり，新たな展開の方向を見つけることができる．

では，数学のスキルが低い学生にどのようにして数式処理ソフトのスキルを習得させればいいだろうか．まず，「数学」と「計算」を分けて考えよう．著名な物理学者のファインマンはその著書のなかで，物理の問題を解く際に必要となる代数や，微分，積分は，小学生時代の九九と同じように暗記するよう薦めている．ところが直後に彼は，「（物理学者のやり方を習うには，）公式の暗記だけに頼ることはやめて，自然界の様々なものごとの相互の関連性を理解すること，そのことを心がけてほしい．」としている[3]．この線引きに数学の先生方はご立腹されるだろうが，ある程度の下位技能の自動化は不可欠である．「マルチステップの式変形：数式処理ソフトでも簡単にできないこと」でお見せした通り，数式処理ソフトを使えば，「数学」にあたる式変形と，単なる「計算」とを区別することができる．そして「計算」はほとんどの場合に自動化してもよい下位技能にあたる．

まず数学のスキルは低くとも，動機は高い学習者に対する適切な方策を考えよう．この場合は難しい問題をじっくりと解くのが良さそうだ．前報において，学生が Maple を使うのに障壁を感じる原因の一つとして，「すぐに問題が難しくなり，Maple に費やす時間よりも問題とその解答を理解するの

第8章 数式処理ソフト MAPLE による数学教育

に多くの時間が割かれ，実際に Maple をいじっている時間はわずかのように思われます.」という学生の感想をあげた[4]．その当時は，この批判に対して，筆者個人の経験から，簡単な問題をいくらやってもすぐにコマンドを忘れてしまい時間の無駄と反論した．それは，強い動機を持った学習者，すなわち複雑な問題を解かなければならず，かつ「計算」の能力が低い場合には数式処理ソフトが不可欠と信じている学習者，に対する方策であったのであろう．いくつかの問題を数式処理ソフトを使って自力で解けたという成功体験が，ソフトに対する強い信頼感を生み，習熟への動機を高めていく．

では，数学のスキルが低く，さらに動機も低い学生に対する適切な方策はなんであろうか．数学の問題解決は，自動車の運転や，ピアノの運指と同じで，手続き的知識と見なすことができる．このようなスキルを身につけるためには，ある程度のレベルまで単純練習を集中して繰り返すのが効果的とされている[5]．ある程度の「料理」の能力がなければ，「包丁」の使い方になじんでも，料理を作ることはなくそのスキルもすぐに忘れてしまい，身に付く物が何もない．現在の「ゆとり」あるいは「大学全入」世代に高校での相当量の演習を通じた「数学」能力の習得はあまり期待できない．「計算」を数式処理ソフトに頼りながらでも，簡単な「数学」の演習を多くこなさせることが効果的な方策ではなかろうか．そのような視点からのテキストの試みとして，「チャート式 Maple 演習」を公開している[6]．逆説的な言い方になるが，いままで何もしていないというのはこだわる解決法がないのだから，数式処理ソフトを使うという新しいやり方に抵抗感がなく，素直に習慣化するかも知れない．学生たちがその昔関数電卓を手に数学や物理の問題に挑んだように，まずは数式処理ソフトを立ち上げるようになることを願う．

参考文献

[1] 小島寛之,『数学でつまずくのはなぜか』,講談社，2008.
[2] 英語版 Wikipedia, 項目「Stefan-Boltzmann law」より訳出,
    http://en.wikipedia.org/wiki/Stefan-Boltzmann_law.
[3] ファインマン, ゴットリーブ, レイトン,『ファインマン流物理がわかるコツ』,

岩波書店，2007，p.31.
[4] 西谷滋人，『Maple を利用した応用数学教育』，コンピュータ＆エデュケーション，Vol.13(2002), 33－39.
[5] B.フィールディング，『同じテーブルの 10 人の名前，簡単に覚えられます』，三笠書房，2005.
[6] 西谷滋人，『チャート式 Maple 演習』，

http://ist.ksc.kwansei.ac.jp/~nishitani/Lectures/Maple/
BottomLine0.html

第9章　多項式による準補間

影山　康夫

1　はじめに

本章では関数近似の新しい手法を紹介する．そもそも関数近似には，大きく分けて次の2つの目的があると考えられる．

(1) 既知の関数を，より扱いやすい関数で近似的に表現すること．
(2) 未知の関数を，それに関係する有限個の値から推定すること．

このうち，後者の方がより工学的なテーマであるが，それは前者と密接な関係にある．既知の関数を近似する効果的な方法がみつかれば，それがそのまま未知の関数の推定に応用できるからである．

関数近似は数値解析（数値計算）という分野の根幹をなしており，数値解析は応用数学の重要な柱の一つである．数値解析には，方程式の数値解法（例えば，2分法，Newton法）や，数値積分法（例えば，台形公式，Simpsonの公式）など，様々なテーマがあるが，それらすべての基礎にあるのが関数近似である．さらに，関数近似それ自身が現在ではCGなどに応用されている．（例えば，後述する「Bernstein多項式」は **Bézier 曲線**というものに関係している[1]．）

本研究では特に，等間隔標本点上の関数値のみを用いて多項式によって近似関数を構成する問題を考察する．標本点が等間隔で近似関数が多項式の場

合というのは，関数近似の手法としては最も基本的であるが，意外に難しい問題である．その理由は本章を読み進むにつれて明らかになるであろう．

2　Lagrange 補間多項式

関数 $f : \mathbf{R} \to \mathbf{R}$ と，相異なる標本点 $x_i \in \mathbf{R}$ ($n \in \mathbf{N}$, $0 \leq i \leq n$) があり，f に関する既知の情報は $f(x_i)$ だけであるとする[*2]．このとき，この情報のみから元の関数 f を復元するための最も素朴な発想は，多項式で補間することであろう．

いま，高々 n 次の多項式

$$L(x) = \sum_{j=0}^{n} a_j x^j$$

を考える．この多項式に**補間条件** $L(x_i) = f(x_i)$ を課すと，各 a_j を未知数とする連立 1 次方程式

$$\sum_{j=0}^{n} a_j x_i^{\,j} = f(x_i)$$

を得る．ここで，正方行列 X と，縦ベクトル $\boldsymbol{a}$, $\boldsymbol{f}$ を

$$X = (x_i^{\,j})_{0 \leq i,\,j \leq n},\ \boldsymbol{a} = (a_j)_{0 \leq j \leq n},\ \boldsymbol{f} = (f(x_i))_{0 \leq i \leq n}$$

で定めると，上記の連立方程式は

$$X\boldsymbol{a} = \boldsymbol{f}$$

と表せる．係数行列 X の行列式は，いわゆる Vandermonde の行列式であ

[*1] Bézier 曲線については本書の第 6 章で取り上げられている．
[*2] 本章では，自然数全体の集合を $\mathbf{N}$，実数全体の集合を $\mathbf{R}$，複素数全体の集合を $\mathbf{C}$ で表す．また，閉区間 $[a, b]$ において，連続な関数全体の集合を $C[a, b]$，r 回微分可能かつ r 階導関数が連続な関数全体の集合を $C^r[a, b]$，何回でも微分可能な関数全体の集合を $C^\infty[a, b]$ で表す．なお，特に関数近似においては混乱を避けるため，関数をあくまで写像の一種としての純粋な立場で扱う．すなわち，関数 f のことを $f(x)$ とは記述しない．$f(x)$ とはあくまで「関数 f の x における値」である．

2 Lagrange 補間多項式

るから，
$$\det(X) = \prod_{0 \leq i < j \leq n} (x_j - x_i)$$
が成り立ち，各標本点が相異なることから，$\det(X) \neq 0$ すなわち X の正則性が分かる．ゆえに，
$$\boldsymbol{a} = X^{-1} \boldsymbol{f}$$
と解ける[*3]．したがって，縦ベクトル $\boldsymbol{x} = (x^j)_{0 \leq j \leq n}$ を用いると，
$$L(x) = \boldsymbol{x}^{\mathrm{T}} \boldsymbol{a} = \boldsymbol{x}^{\mathrm{T}} X^{-1} \boldsymbol{f}$$
となるから，$\boldsymbol{l}^{\mathrm{T}} = \boldsymbol{x}^{\mathrm{T}} X^{-1}$ とおき，$\boldsymbol{l} = (l_k(x))_{0 \leq k \leq n}$ と成分表示すれば，
$$L(x) = \sum_{k=0}^{n} f(x_k) l_k(x)$$
と表現できる[*4]．一方，$\boldsymbol{l}^{\mathrm{T}} X = \boldsymbol{x}^{\mathrm{T}}$ であるから，$\boldsymbol{l}$ は方程式
$$X^{\mathrm{T}} \boldsymbol{l} = \boldsymbol{x}$$
の解である．$\det(X^{\mathrm{T}}) = \det(X) \neq 0$ であるから，この方程式を Cramer の公式で解けば，$l_k(x)$ の分母は $\det(X)$ であり，分子は $\det(X)$ に含まれるすべての x_k を x で置き換えたものとなる．そこで，$\det(X)$ から x_k を含む因子のみを抽出することにより，

$$\begin{aligned}\det(X) &= \prod_{0 \leq i < j \leq n} (x_j - x_i) \\ &= \prod_{0 \leq i < k} (x_k - x_i) \cdot \prod_{k < j \leq n} (x_j - x_k) \cdot (x_k \text{を含まない因子})\end{aligned}$$

と変形できる．ゆえに，
$$l_k(x) = \frac{\prod_{0 \leq i < k} (x - x_i) \cdot \prod_{k < j \leq n} (x_j - x) \cdot (x_k \text{を含まない因子})}{\prod_{0 \leq i < k} (x_k - x_i) \cdot \prod_{k < j \leq n} (x_j - x_k) \cdot (x_k \text{を含まない因子})}$$

[*3] この種の問題は，$n = 2, 3$ 程度の場合なら，高校数学でもおなじみであろう．
[*4] 行列の右肩の T は転置行列を表す．純粋数学では左肩に t を書く場合が多いが，筆者の専門分野の流儀に従った．

第9章 多項式による準補間

$$= \prod_{i=0}^{k-1} \frac{x-x_i}{x_k-x_i} \cdot \prod_{j=k+1}^{n} \frac{x_j-x}{x_j-x_k}$$

$$= \prod_{j=0,\, j\neq k}^{n} \frac{x-x_j}{x_k-x_j}$$

を得る．以上をまとめると，

$$L(x) = \sum_{k=0}^{n} f(x_k) \prod_{j=0,\, j\neq k}^{n} \frac{x-x_j}{x_k-x_j}$$

となり，これを **Lagrange 補間多項式** という．通例，右辺の式はアマクダリ式に導入されるが，Cramer の公式と Vandermonde の行列式をうまく利用することによって，導出過程を明確にしたことが，今回の講義で工夫した点である．なお，Lagrange 補間多項式が，補間条件を満たす高々 n 次の多項式であることは，容易に確認できる．

以下では特に，標本点が $x_\nu = \nu/n\,(0 \leq \nu \leq n)$ の場合を考える．このとき，f に L を対応させる作用素を L_n で表すと，これは線形作用素であり，

$$L_n f(x) = \sum_{\nu=0}^{n} f\left(\frac{\nu}{n}\right)\binom{nx}{\nu}\binom{n(1-x)}{n-\nu}$$

と表現できる．ただし，任意の $a\in\mathbf{C}$ と $r\in\mathbf{N}_0(:=\mathbf{N}\cup\{0\})$ に対して，

$$\binom{a}{r} = \frac{\prod_{j=0}^{r-1}(a-j)}{r!} = \prod_{j=0}^{r-1}\frac{a-j}{r-j}$$

と定義する．これはいわゆる **一般化された 2 項係数** である．

3　収束性・数値的安定性について

以下では，$C[0,1]$ 上の **一様ノルム** $\|\cdot\|$ を

$$\|f\| = \max_{x\in[0,1]} |f(x)| \quad (f\in C[0,1])$$

で定義する[5]．(閉区間で連続な関数は最大値をもつことに注意．)

[5] 右辺は x を動かしたときの最大値であるから，$\|f\|$ 自体は x に依存しない．したがって $\|\cdot\|$ の中に書くべきは純粋な関数 f であって，決して $f(x)$ ではない．(通俗的には許容された表記であるが．)

一般に，**ノルム**とは（実数や複素数の）絶対値の概念の拡張であり，以下の条件を満たすものをいう．（ここでは，$f, g \in C[0, 1]$ とする．）

(1) $\|f\| \geqq 0$ かつ，$\|f\| = 0 \Leftrightarrow f = 0$．

(2) $\|af\| = |a| \cdot \|f\|$ ($a \in \mathbf{R}$)．

(3) $\|f+g\| \leqq \|f\| + \|g\|$．（3角不等式）

上で定義した $C[0, 1]$ 上の一様ノルムがこれらの条件を満たすことは容易に確認できる．なお，関数列 $\{f_n\}_{n=1}^{\infty}$ が関数 f に一様収束するということと

$$\lim_{n \to \infty} \|f_n - f\| = 0$$

とは同等である．

Lagrange 補間多項式に関する最大の関心事は，任意の $f \in C[0, 1]$ に対して $\{L_n f\}_{n=1}^{\infty}$ が f に一様収束するかどうか，すなわち，

$$\lim_{n \to \infty} \|L_n f - f\| = 0$$

が成立するかどうかであろう．しかし，この問いに対する答えは残念ながら「No.」である．よく知られている例として，

$$f_r(x) = \frac{1}{1 + 25(2x-1)^2} \quad (x \in [0, 1])$$

で定義される関数 f_r がある．この関数は $C[0, 1]$ に属するのはもちろん，$C^{\infty}[0, 1]$ に属しており，さらに，複素関数と見なした場合に実軸の近傍で正則である．これだけの滑らかさをもつ関数であるにもかかわらず，$\{L_n f_r\}_{n=1}^{\infty}$ は f_r に一様収束しないことが知られている．これを **Runge の現象**という．（実際，グラフを描いてみると，n が大きくなるほど両端点付近での振動が激しくなる様子がよく分かる．図1は $n=20$ の場合である．緩やかな山のような形をしているグラフが f_r で，激しく振動しているグラフが $L_{20} f_r$ である．）等間隔標本点に対する Lagrange 補間多項式の列の収束条件についての詳細は，例えば [10, pp.187-189] を参照されたい．

第 9 章 多項式による準補間

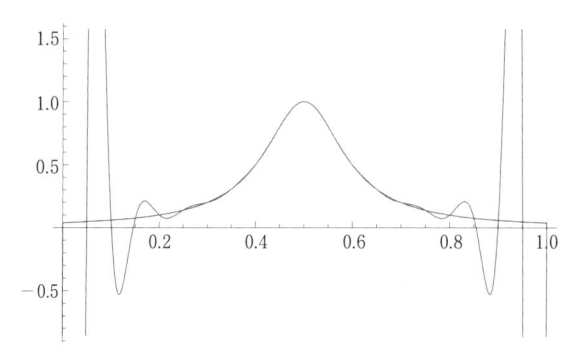

図 1 Runge の現象の例

線形作用素 L_n のもう一つの欠点は,数値的不安定性である.一般に,$C[0, 1]$ 上の線形作用素 T に対して,**作用素ノルム**を

$$\|T\| = \sup\{\|Tf\| \mid f \in C[0, 1], \|f\| = 1\}$$

で定義する.いま,被近似関数 f に,誤差としての関数 ε が混入した場合,

$$\|T(f+\varepsilon) - Tf\| = \|T\varepsilon\| \leq \|T\| \cdot \|\varepsilon\|$$

であるから,$\|T\|$ は入力誤差に対する出力誤差の最大増幅率を意味しており,この値が大きいほど線形作用素 T は数値的に不安定であると言える.一般に,

$$Tf(x) = \sum_{\nu=0}^{n} f\left(\frac{\nu}{n}\right) \tau_\nu(x) \quad (f \in C[0, 1], x \in [0, 1])$$

という形で T が与えられているとき,

$$\|T\| = \max_{x \in [0, 1]} \sum_{\nu=0}^{n} |\tau_\nu(x)|$$

が成り立つことがよく知られている.この式の右辺を **Lebesgue 定数**という.したがって,

$$\|L_n\| = \max_{x \in [0, 1]} \sum_{\nu=0}^{n} \left|\binom{nx}{\nu}\binom{n(1-x)}{n-\nu}\right|$$

となるが，この $\|L_n\|$ は n に関してほぼ 2^n のオーダーで増大することが知られている．(詳細は，[10, pp.210−211]，[4, p.27]を参照.)

以上のように，等間隔標本点に対する Lagrange 補間多項式は，収束性・数値的安定性のいずれの観点から見ても，実用的でないとされている．そこで，低次の多項式を滑らかに繋ぎ合わせてできる関数（**スプライン関数**）による補間法というものがある．これは，収束性・数値的安定性のいずれにおいても Lagrange 補間より優れているので，実用上はそれで十分な場合が多い．しかしそれは有限回しか微分可能でないため，被近似関数の滑らかさを近似精度の改善に有効活用できない．また，当然ながら，被近似関数の高階導関数の近似には不向きである．

4 Bernstein 多項式

上述の通り，単独の多項式であっても，区分的多項式であっても，補間条件 $Tf(\nu/n) = f(\nu/n)$ に固執する限り，望ましい関数近似法は見当たらない．そこで，補間条件には固執せず，しかし f に関する既知の情報としてはあくまで $f(\nu/n)$ のみを用いる近似法を考える．これを**準補間**という．準補間多項式として最もよく知られているのは **Bernstein 多項式**である．(例えば [12]や，専門書[3]を参照.)

関数 $f: [0, 1] \to \mathbf{R}$ に対する，位数 $n \in \mathbf{N}$ の Bernstein 多項式 $B_n f$ は

$$B_n f(x) = \sum_{\nu=0}^{n} f\left(\frac{\nu}{n}\right) \binom{n}{\nu} x^\nu (1-x)^{n-\nu} \quad (x \in [0, 1])$$

で定義される．収束性に関して，以下の基本的な定理がある．

定理 4.1 関数 $f \in C[0, 1]$ に対する Bernstein 多項式の列 $\{B_n f\}_{n=1}^{\infty}$ は f に一様収束する．すなわち，

$$\lim_{n \to \infty} \|B_n f - f\| = 0$$

が成り立つ．

第 9 章 多項式による準補間

証明. まず，等式

$$\sum_{\nu=0}^{n}(\nu-nx)^2\binom{n}{\nu}x^\nu(1-x)^{n-\nu}$$
$$=\sum_{\nu=0}^{n}(\nu-nx)(\nu(1-x)-(n-\nu)x)\binom{n}{\nu}x^\nu(1-x)^{n-\nu}$$
$$=\sum_{\nu=0}^{n}(\nu-nx)\nu\binom{n}{\nu}x^\nu(1-x)^{n-\nu+1}$$
$$\quad-\sum_{\nu=0}^{n}(\nu-nx)(n-\nu)\binom{n}{\nu}x^{\nu+1}(1-x)^{n-\nu}$$
$$=\sum_{\nu=1}^{n}(\nu-nx)n\binom{n-1}{\nu-1}x^\nu(1-x)^{n-\nu+1}$$
$$\quad-\sum_{\nu=0}^{n-1}(\nu-nx)n\binom{n-1}{\nu}x^{\nu+1}(1-x)^{n-\nu}$$
$$=\sum_{\nu=0}^{n-1}(\nu+1-nx)n\binom{n-1}{\nu}x^{\nu+1}(1-x)^{n-\nu}$$
$$\quad-\sum_{\nu=0}^{n-1}(\nu-nx)n\binom{n-1}{\nu}x^{\nu+1}(1-x)^{n-\nu}$$
$$=nx(1-x)\sum_{\nu=0}^{n-1}((\nu+1-nx)-(\nu-nx))\binom{n-1}{\nu}x^\nu(1-x)^{n-1-\nu}$$
$$=nx(1-x)\sum_{\nu=0}^{n-1}\binom{n-1}{\nu}x^\nu(1-x)^{n-1-\nu}$$
$$=nx(1-x)$$

を準備する．(最後の変形で 2 項定理を用いた．) そして，任意の $\varepsilon>0$ をとる．関数 f は閉区間 $[0,1]$ で連続であるから，この区間で一様連続である．ゆえに，$\delta>0$ が存在して，すべての $\nu(0\leqq\nu\leqq n)$ とすべての $x\in[0,1]$ について，

$$\left|\frac{\nu}{n}-x\right|<\delta \;\Rightarrow\; \left|f\left(\frac{\nu}{n}\right)-f(x)\right|<\frac{\varepsilon}{2}$$

が成り立つ．また，$|\nu/n-x|\geqq\delta$ のときには，

$$\left|f\left(\frac{\nu}{n}\right)-f(x)\right|\leqq\left|f\left(\frac{\nu}{n}\right)\right|+|f(x)|\leqq\|f\|+\|f\|$$

$$\leqq\frac{2\|f\|(\nu/n-x)^2}{\delta^2}=\frac{2\|f\|(\nu-nx)^2}{\delta^2 n^2}$$

が成り立つ．ゆえに，いずれの場合でも，

$$\left|f\left(\frac{\nu}{n}\right)-f(x)\right|\leqq\frac{2\|f\|(\nu-nx)^2}{\delta^2 n^2}+\frac{\varepsilon}{2}$$

が成立する．したがって，

$$|B_n f(x)-f(x)|=\left|\sum_{\nu=0}^{n}f\left(\frac{\nu}{n}\right)\binom{n}{\nu}x^\nu(1-x)^{n-\nu}-f(x)\sum_{\nu=0}^{n}\binom{n}{\nu}x^\nu(1-x)^{n-\nu}\right|$$

$$=\left|\sum_{\nu=0}^{n}\left(f\left(\frac{\nu}{n}\right)-f(x)\right)\binom{n}{\nu}x^\nu(1-x)^{n-\nu}\right|$$

$$\leqq\sum_{\nu=0}^{n}\left|f\left(\frac{\nu}{n}\right)-f(x)\right|\binom{n}{\nu}x^\nu(1-x)^{n-\nu}$$

$$\leqq\sum_{\nu=0}^{n}\left(\frac{2\|f\|(\nu-nx)^2}{\delta^2 n^2}+\frac{\varepsilon}{2}\right)\binom{n}{\nu}x^\nu(1-x)^{n-\nu}$$

$$=\frac{2\|f\|}{\delta^2 n^2}\sum_{\nu=0}^{n}(\nu-nx)^2\binom{n}{\nu}x^\nu(1-x)^{n-\nu}+\frac{\varepsilon}{2}\sum_{\nu=0}^{n}\binom{n}{\nu}x^\nu(1-x)^{n-\nu}$$

$$=\frac{2\|f\|}{\delta^2 n^2}\cdot nx(1-x)+\frac{\varepsilon}{2}$$

$$\leqq\frac{\|f\|}{2\delta^2 n}+\frac{\varepsilon}{2}$$

となり，左辺の最大値をとると，

$$\|B_n f-f\|\leqq\frac{\|f\|}{2\delta^2 n}+\frac{\varepsilon}{2}$$

を得る．そこで，$n_0>\|f\|/(\delta^2\varepsilon)$ を満たす $n_0\in\mathbf{N}$ をとると，すべての $n\geqq n_0$ について $n>\|f\|/(\delta^2\varepsilon)$ であるから，

第9章　多項式による準補間

$$\|B_n f - f\| < \frac{\varepsilon}{2} + \frac{\varepsilon}{2} = \varepsilon$$

が成立する． □

上記の証明はいわゆる **Weierstrass の多項式近似定理**の初等的証明でもある．（[11, pp.284−286]を参照．）なお，上の定理は次のように一般化される．（証明は略．）

定理 4.2　任意の $r \in \mathbf{N}_0$ と任意の $f \in C^r[0, 1]$ に対して，

$$\lim_{n\to\infty} \|(B_n f)^{(r)} - f^{(r)}\| = 0$$

が成り立つ．

この定理は，被近似関数の微分可能性に応じて，それの高階導関数までもが Bernstein 多項式の高階導関数で同時に近似できることを意味する．この性質は，例えばスプライン関数などではもちえない特長である．一方，数値的安定性については，

$$\|B_n\| = \max_{x \in [0,1]} \sum_{\nu=0}^{n} \left|\binom{n}{\nu} x^\nu (1-x)^{n-\nu}\right| = \max_{x \in [0,1]} \sum_{\nu=0}^{n} \binom{n}{\nu} x^\nu (1-x)^{n-\nu} = \max_{x \in [0,1]} 1 = 1$$

であるから，入力誤差をまったく増幅させない．すなわち，最良の数値的安定性をもつことが分かる．

このように Bernstein 多項式は様々な優れた性質をもっているが，欠点がある．それは収束が非常に遅いことである．実際，次の定理がある．（証明は略．）

定理 4.3（Voronovskaya）．　任意の関数 $f \in C^2[0, 1]$ に対して，

$$\lim_{n\to\infty} \left\| n(B_n f - f) - \frac{e_2}{2} f'' \right\| = 0$$

が成り立つ．ただし，$e_2(x) = x(1-x)$ である[*6]．

このことは，収束精度が一般には $O(n^{-1})$ であり，f の滑らかさが増しても改善されないことを意味する．このため，Bernstein 多項式には理論上重要な性質がたくさんあるにもかかわらず，やはり実用的でないとされている．

そこで，Bernstein 多項式をうまく補正した新しい多項式を考えることにより，収束を速めることを試みる．いま，

$$\widetilde{B}_n f = B_n f - \frac{e_2}{2n}(B_n f)''$$

とおけば，任意の $f \in C^2[0, 1]$ に対して，

$$n\|\widetilde{B}_n f - f\| = \left\| n(B_n f - f) - \frac{e_2}{2} f'' - \frac{e_2}{2}((B_n f)'' - f'') \right\|$$

$$\leq \left\| n(B_n f - f) - \frac{e_2}{2} f'' \right\| + \left\| \frac{e_2}{2} \right\| \|(B_n f)'' - f''\|$$

$$\to 0 \quad (n \to \infty).$$

が成り立つ．この事実は，$B_n f$ よりも $\widetilde{B}_n f$ のほうが収束が速いことを意味する．このような原理に基づいて，Bernstein 多項式をどんどん補正してゆくとどうなるかが，本研究のテーマである．

5 修正 Bernstein 多項式

Stancu [5, 6, 7, 8, 9] は，関数 $f : [0, 1] \to \mathbf{R}$ に対して，以下のように，各 $n \in \mathbf{N}$ と $s \in \mathbf{C}$ （ただし $\prod_{\mu=0}^{n-1}(1+\mu s) \neq 0$）について，多項式 $P_n^{\langle s \rangle} f$ を導入した．

$$P_n^{\langle s \rangle} f(x) = \sum_{\nu=0}^{n} f\left(\frac{\nu}{n}\right) \binom{n}{\nu} \frac{\prod_{\mu=0}^{\nu-1}(x+\mu s) \cdot \prod_{\mu=0}^{n-\nu-1}(1-x+\mu s)}{\prod_{\mu=0}^{n-1}(1+\mu s)} \quad (x \in [0, 1])$$

この多項式は 2 つの恒等式

[*6] 記号 $\|\cdot\|$ の中には x を書かないという方針を貫くために，あえてこのように記述した．

第 9 章　多項式による準補間

$$P_n^{\langle 0 \rangle} f(x) = \sum_{\nu=0}^{n} f\left(\frac{\nu}{n}\right) \binom{n}{\nu} x^\nu (1-x)^{n-\nu} = B_n f(x),$$

$$P_n^{\langle -1/n \rangle} f(x) = \sum_{\nu=0}^{n} f\left(\frac{\nu}{n}\right) \binom{nx}{\nu} \binom{n(1-x)}{n-\nu} = L_n f(x)$$

をもつ．（容易に確認できる．）これは，Stancu の多項式が Bernstein 多項式と Lagrange 補間多項式の両方を含んでいることを意味する．Stancu 自身は特に $s \geqq 0$ の場合を探究したのだが，ここでは，Stancu の多項式を全く違った観点で取り扱う．すなわち，それを用いて以下のように新しい多項式を導入する．

定義 5.1　関数 $f:[0,1] \to \mathbf{R}$ に対して，位数 $n \in \mathbf{N}$，鋭度 $\alpha \in \mathbf{N}_0 \cup \{\infty\}$ の **修正 Bernstein 多項式** $_\alpha B_n f$ を

$$_\alpha B_n f(x) = \sum_{j=0}^{\alpha} \frac{1}{j!} \left.\frac{\partial^j P_n^{\langle s \rangle} f(x)}{\partial s^j}\right|_{s=0} \left(-\frac{1}{n}\right)^j \quad (x \in [0,1])$$

で定義する．すなわち，固定された f, x に対して，$P_n^{\langle s \rangle} f(x)$ を s の関数と見て Maclaurin 展開（$s=0$ における高階微分係数を用いた Taylor 展開）し，それを次数 α で打ち切り，$s = -1/n$ とおいたものを $_\alpha B_n f(x)$ と定める．

注意　s についての関数 $P_n^{\langle s \rangle} f(x)$ は $(n-1)|s| < 1$ において解析的である．なぜなら，

$$|1 + \mu s| \geqq 1 - \mu |s| \geqq 1 - (n-1)|s| > 0 \quad (\mu = 0, 1, \ldots, n-1)$$

だからである．そして，$s = -1/n$ は領域 $(n-1)|s| < 1$ に属している．

さて，$_0 B_n f = P_n^{\langle 0 \rangle} f = B_n f$ と $_\infty B_n f = P_n^{\langle -1/n \rangle} f = L_n f$ が成り立っていることに注意．したがって，修正 Bernstein 多項式は，通常の Bernstein 多項式と Lagrange 補間多項式との「中間」の概念である．以下で，この多項式の 2 種類の表現を与える．（以下では，筆者の証明した定理を羅列するのみで，証明はすべて略す．詳細は [1, 2] を参照．）

5 修正 Bernstein 多項式

定理 5.1 修正 Bernstein 多項式は

$$_{\alpha}B_n f = \sum_{j=0}^{\alpha} \frac{1}{n^j} \sum_{k=0}^{2j} \frac{\gamma_{j,k}}{k!} (B_n f)^{(k)}$$

と表現できる．ここで，$\gamma_{j,k}$ は次の漸化式で決まる高々 k 次の多項式であり，$e_1(x) = 1-2x$, $e_2(x) = x(1-x)$ とおく．

$\gamma_{j,-1} = 0 \ (j \geq 0)$, $\quad \gamma_{0,0} = 1$, $\quad \gamma_{j,0} = 0 \ (j \geq 1)$, $\quad \gamma_{0,k} = 0 \ (1 \leq k \leq n)$,

$\gamma_{j,k+1} = k(\gamma_{j-1,k+1} - e_1 \gamma_{j-1,k} - e_2 \gamma_{j-1,k-1}) \quad (j \geq 1, \ 0 \leq k \leq n-1)$.

注意 $\gamma_{j,k}$ は n に依存せず，しかも n はいくらでも大きく取れるから，$\gamma_{j,k}$ はすべての $j, k \in \mathbf{N_0}$ について定義されていると見なすことができる．

上の定理によれば，$_1B_n f = \widetilde{B}_n f$ であることが容易に確認できる．

定理 5.2 修正 Bernstein 多項式は

$$_{\alpha}B_n f(x) = \sum_{\nu=0}^{n} f\left(\frac{\nu}{n}\right) \sum_{k=0}^{n} (-1)^{n-k} \binom{n}{k} \binom{kx}{\nu} \binom{k(1-x)}{n-\nu} \left(\frac{k}{n}\right)^{\alpha} \quad (x \in [0,1])$$

という直接的な表現をもつ．

この定理を用いると，$_{\alpha}B_n f$ の鋭度 α の変域を非負の実数全体に拡張できることに注意．これは驚くべき事実である．（なお，両辺で $\alpha \to \infty$ とすると，$_{\infty}B_n f = L_n f$ も確認できる．）

さて，以下の定理は本研究の最も重要な結果である．ここで，$e_{2p}(x) = (x(1-x))^p \ (p \in \mathbf{N_0})$ と定義しておく．

定理 5.3 各 $\alpha \in \mathbf{N_0}$ について，以下のことが成り立つ．

(1) 任意の $p, q, r \in \mathbf{N_0}$ に対し，定数 M が存在して，すべての $n \in \mathbf{N}$ と $f \in C^r[0,1]$ に対し，

$$\|e_{2p}(_{\alpha}B_n f)^{(q+r)}\| \leq M n^{q - \min\{p, [q/2]\}} \|f^{(r)}\|.$$

(2) 任意の $\beta, \gamma \in \mathbf{N_0} \ (\beta \leq \alpha)$ と $f \in C^{2\beta + \gamma}[0,1]$ に対し，

第 9 章　多項式による準補間

$$\|({}_\alpha B_n f)^{(\gamma)} - f^{(\gamma)}\| = o(n^{-\beta}) \ (n \to \infty).$$

(3)　任意の $\gamma \in \mathbf{N}_0$ と $f \in C^{2\alpha+\gamma+2}[0, 1]$ に対し，

$$\lim_{n \to \infty} \left\| n^{\alpha+1}(({}_\alpha B_n f)^{(\gamma)} - f^{(\gamma)}) + \left(\sum_{k=0}^{2\alpha+2} \frac{r_{\alpha+1,\,k}}{k!} f^{(k)} \right)^{(\gamma)} \right\| = 0.$$

この定理の(1)は $\|B_n\| = 1$ という事実の一般化であり，数値的安定性に関係している．(2)は被近似関数の滑らかさに応じて高精度の近似が可能であることと，そのことが高階導関数についても成り立つことを意味している．(3)は漸近的誤差評価であり，Voronovskaya の定理の一般化である．

6　数値積分への応用

積分作用素 I を

$$If = \int_0^1 f(x)dx \ (f \in C[0, 1])$$

で定義し，数値積分作用素 ${}_\alpha I_n$ を

$${}_\alpha I_n = I {}_\alpha B_n$$

で定義する．

定理 5.3 から直ちに次の定理が得られる．

定理 6.1　各 $\alpha \in \mathbf{N}_0$ について，以下のことが成り立つ．
(1)　定数 M が存在して，すべての $n \in \mathbf{N}$ と $f \in C[0, 1]$ に対し，

$$|{}_\alpha I_n f| \leq M\|f\|.$$

(2)　任意の $\beta \in \mathbf{N}_0$ ($\beta \leq \alpha$) と $f \in C^{2\beta}[0, 1]$ に対し，

$$|{}_\alpha I_n f - If| = o(n^{-\beta}) \ (n \to \infty).$$

(3) 任意の $f \in C^{2\alpha+2}[0, 1]$ に対し,

$$\lim_{n\to\infty} n^{\alpha+1}({}_\alpha I_n f - If) = -I \sum_{k=0}^{2\alpha+2} \frac{T_{\alpha+1,k}}{k!} f^{(k)}.$$

さて, 数値積分作用素は, 重み ${}_\alpha w_{n,\nu}$ を用いて

$${}_\alpha I_n f = \sum_{\nu=0}^{n} f\left(\frac{\nu}{n}\right) {}_\alpha w_{n,\nu}$$

という形に表現できる. (各重みの具体的な計算方法については割愛するが, 例えば,

$${}_0 w_{n,\nu} = \frac{1}{n+1} \quad (0 \leqq \nu \leqq n),$$

$${}_1 w_{n,\nu} = \frac{1}{n} \quad (1 \leqq \nu \leqq n-1), \qquad {}_1 w_{n,0} = {}_1 w_{n,n} = \frac{1}{2n}$$

が成り立つ. したがって, ${}_0 I_n$ は関数値の単なる平均に対応し, ${}_1 I_n$ はいわゆる「台形公式」に対応する.) もし, すべての ν ($0 \leqq \nu \leqq n$) について, ${}_\alpha w_{n,\nu} \geqq 0$ であれば, この数値積分公式は数値的に最も安定していると言える. なぜなら,

$$\|{}_\alpha I_n\| = \sum_{\nu=0}^{n} {}_\alpha w_{n,\nu} = 1$$

が成り立つからである. また, 修正 Bernstein 多項式は高々 n 次の多項式 ${}_\alpha p_{n,\nu}$ を用いて

$${}_\alpha B_n f = \sum_{\nu=0}^{n} f\left(\frac{\nu}{n}\right) {}_\alpha p_{n,\nu}$$

という形に表現できるが,

$$\|{}_\alpha B_n\| = \max_{x \in [0,1]} \sum_{\nu=0}^{n} |{}_\alpha p_{n,\nu}(x)|$$

であり,

$${}_\alpha w_{n,\nu} = \int_0^1 {}_\alpha p_{n,\nu}(x) dx$$

第 9 章　多項式による準補間

という関係があるから，${}_\alpha w_{n,\nu} \geqq 0$ であれば，平均的に ${}_\alpha p_{n,\nu}(x) \geqq 0$ が成り立っていると見なせるから，$\|{}_\alpha B_n\|$ の値は極端に大きくならないであろうと推定できる．つまり，修正 Bernstein 多項式自体の数値的安定性の目安にもなるのである．そこで，数値実験した結果，次の定理を得た．

定理 6.2　各 $n \in \mathbf{N}$ に対して，

$$\alpha(n) = \max\{\alpha \in \mathbf{N_0} \cup \{\infty\} \mid {}_\alpha w_{n,\nu} \geqq 0 \ (0 \leqq \nu \leqq n)\}$$

とおくと，

$$\alpha(n) = \begin{cases} \infty & (1 \leqq n \leqq 7,\ n=9) \\ 13 & (n=8,\ 10,\ 11) \\ 12 & (n=12) \\ 11 & (13 \leqq n \leqq 15) \\ 10 & (16 \leqq n \leqq 23) \\ 9 & (24 \leqq n \leqq 104) \\ 8 & (n \geqq 105) \end{cases}$$

が成立する．さらに，すべての $\alpha < \alpha(n)$ に対して，${}_\alpha w_{n,\nu} \geqq 0\ (0 \leqq \nu \leqq n)$ が成り立つ．

注意　作用素 ${}_\infty I_n$ は

$$_\infty I_n f = \int_0^1 {}_\infty B_n f(x) dx = \int_0^1 L_n f(x) dx$$

を意味する．すなわち，${}_\infty I_n$ は Newton-Cotes の公式に対応する作用素である．

7　おわりに

本研究は，「等間隔標本点を用いた多項式近似は実用にならない」という従来の常識に対し，「収束精度・数値的安定性の観点から見て実用的な近似

法が存在する」という新たな知見を提示した．今後もこの分野の研究をさらに掘り下げてゆく所存である．

参考文献

[1] Y. Kageyama, Generalization of the left Bernstein quasi-interpolants, *J. Approx. Theory* **94** (1998), 306-329.

[2] Y. Kageyama, A new class of modified Bernstein operators, *J. Approx. Theory* **101** (1999), 121-147.

[3] G. G. Lorentz, "Bernstein Polynomials," 2nd ed., Chelsea, New York, 1986.

[4] T. J. Rivlin, "Chebyshev Polynomials," 2nd ed., Wiley, New York, 1990.

[5] D. D. Stancu, On a new positive linear polynomial operator, *Proc. Japan Acad.* **44** (1968), 221-224.

[6] D. D. Stancu, Approximation of functions by a new class of linear polynomial operators, *Rev. Roumaine Math. Pures Appl.* **13** (1968), 1173-1194.

[7] D. D. Stancu, Use of probabilistic methods in the theory of uniform approximation of continuous functions, *Rev. Roumaine Math. Pures Appl.* **14** (1969), 673-691.

[8] D. D. Stancu, Approximation properties of a class of linear positive operators, *Studia Univ. Babes-Bolyai Ser. Math.-Mech.* **15**, No.2 (1970), 33-38.

[9] D. D. Stancu, On the remainder of approximation of functions by means of a parameter-dependent linear polynomial operator, *Studia Univ. Babes-Bolyai Ser. Math.-Mech.* **16**, No.2 (1971), 59-66.

[10] 杉原 正顯・室田 一雄, 『数値計算法の数理』, 岩波書店, 東京, 1994.

[11] 高木 貞治, 『解析概論』(改訂第3版), 共立出版, 東京, 1961.

[12] 竹之内 脩・西白保 敏彦, 『近似理論』, 培風館, 東京, 1986.

第10章　ある多項式の零点分布について

小谷　眞一

1　はじめに

　ここで多項式とは複素係数の1変数多項式をいう．一般に n 次の多項式は重複度もこめて勘定すると n 個の零点を持つことが知られている（**ガウスによる代数学の基本定理**）．しかし，その零点がどのように分布しているのかについては，計算機により大体の様子を知ることは可能ではあるが，確定的なことを知ること，あるいは一般的なことを知ることは，重要であるにもかかわらず非常に困難である．筆者は約10年前に，当時同僚であった大阪大学の山本芳彦理学部教授より次のようなお話を伺った．指数関数 e^z に収束する多項式

$$p_n(z) = 1 + \frac{z}{1!} + \frac{z^2}{2!} + \frac{z^3}{3!} + \cdots + \frac{z^n}{n!}$$

の零点の分布の状況について，特に n が大きくなったときにどのようになっていくのか知りたくて計算機で計算するときれいな曲線（図1参照）が出てくるが，数学的に何かわからないのだろうか，ということであった．それで少し計算してみることにした．その結果，n 個の零点の中で絶対値が最大のものと最小のものについては多少わかったのであるが，全体の零点がどのように分布するかについては詳しくはわからなかった．その後，10年が経過し再び考え直したところ，ある等式に気づきこの問題が大きく進展し，e^z

第10章　ある多項式の零点分布について

ばかりではなく指数関数の和で表される多くの他の整関数についても，そのマクローリン展開で定義される多項式の零点分布について，一般的な結果を得ることができた．

そこで，ある機会に今度は現在の同僚である関学の北原和明教授に少しお話し，零点分布の様子を紹介したところ，翌日に，「どこかで見たような図形だったので，文献を当たってみたらありました」という情報をいただいた．調べたところ，直交多項式に関する解析的な研究で知られている大御所のSzegö（セゲー）が1924年に，まさに上の $p_n(z)$ の零点分布が $n\to\infty$ でどのような図形に収束するか考察していることが判明した．その後，イギリスに出張し5週間ほど滞在したが，その間にこの話を話題にしたところ，2006年に指数関数の和で表される整関数の場合にもSzegöの結果の拡張が得られていることがわかった．そのようなわけで筆者が得た結果はほとんどすでに知られていることであった．

しかし，Szegöの定理が発火点になり，その後この問題は，多項式近似論の観点から一般化され深く研究されている．近年では2次元の対数ポテンシャル論を通じて他の分野とも関係してきているので，筆者自身の計算と筆者が理解した範囲で近年の関連する話題についてここで解説させていただくことにした．

上の多項式 $p_n(z)$ の零点の中で絶対値が最少のものを α_n，最大のものを β_n とする．ただし，これらは複数存在する可能性があるが，その場合にはいずれか一つを選んでおく．また零点全体の集合を

$$\mathcal{Z}_n = \{z\in\mathbb{C}\,;\,p_n(z)=0\}$$

とおく．このとき次のことが成り立つ．κ を

$$\kappa e^{1+\kappa} = 1$$

の根とすると，$n\to\infty$ で

$$\frac{\alpha_n}{n}\to -\kappa, \qquad \frac{\beta_n}{n}\to 1$$

となる．また，複素平面上の曲線 C（図 2 参照）を $C=\{z\in\mathbb{C};|ze^{1-z}|=1\}$
で定めると

$$\frac{1}{n}\mathcal{Z}_n \to C$$

がわかる．

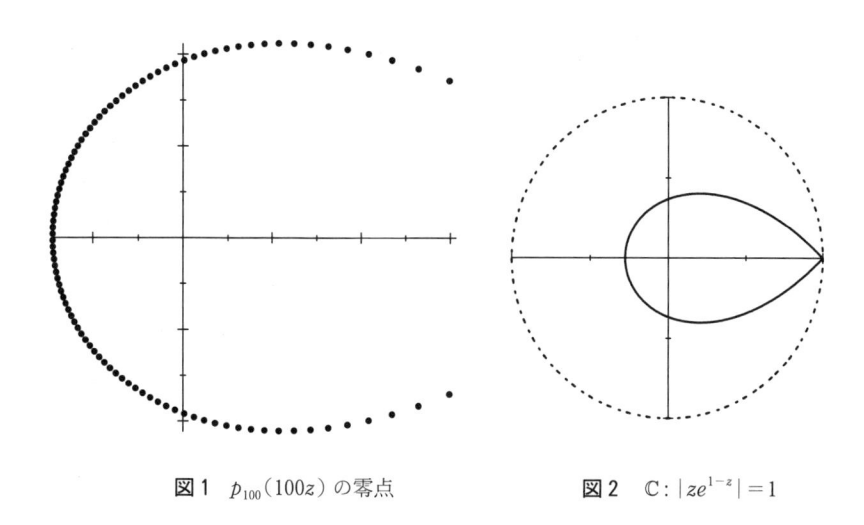

図1　$p_{100}(100z)$ の零点　　　図2　$\mathbb{C}:|ze^{1-z}|=1$

2　p_n 零点：n 固定

この節では n を固定したときの p_n の零点について初等的な方法でわかることを述べる．まず p_n の多重根について調べてみよう．$z\in\mathbb{C}$ が単根でないとすると

$$p_{n-1}(z) = p_n'(z) = 0$$

となる．したがって

$$\frac{z^n}{n!} = p_n(z) - p_{n-1}(z) = 0$$

となり，$z=0$ となってしまうが，$p_n(0)=1$ であるから，こんなことはあり

第10章 ある多項式の零点分布について

えず，したがって p_n は単根しか持たないことがわかる．また p_n の係数が実数であることより，$p_n(z)=0$ なら $p_n(\bar{z})=0$ となるので，零点集合 $\mathcal{Z}_n$ は実軸に関して対称になる．さて，p_n に付随して $2n$ 次の多項式

$$q_n(z) = p_n(z)p_n(-z) - 1$$

を導入する．記号の省略のために

$$r_n(z) = \begin{cases} \dfrac{1}{n!}\sum_{k=0}^{\frac{n-1}{2}} \dfrac{z^k}{(n+2k+1)(2k)!} & \text{奇数の } n \\ \dfrac{1}{n!}\sum_{k=0}^{\frac{n-2}{2}} \dfrac{z^k}{(n+2k+2)(2k+1)!} & \text{偶数の } n \end{cases}$$

とおく．r_n の係数は全て正であることを注意しておく．このとき，q_n は r_n を使い

$$q_n(z) = \begin{cases} -z^{n+1}r_n(z^2) & \text{奇数の } n \\ z^{n+2}r_n(z^2) & \text{偶数の } n \end{cases} \tag{1}$$

と表わすことができる．(1) により p_n の零点についていくつかの性質がわかる．**偶数の n に対して p_n は実数の零点をもたない**．なぜなら，(1)より

$$p_n(z)p_n(-z) = 1 + z^{n+2}r_n(z^2)$$

となっているので，p_n 実軸上正になるからである．また，奇数の n 対しては p_n は唯一つの実の零点をもち，それは負である．さらにこの負の零点が p_n の絶対値最小の零点である．なぜなら

$$p_n'(x) = p_{n-1}(x) > 0, \quad x \in \mathbb{R}$$

となるので，p_n は単調増大になり，したがって p_n はただ一つの実の零点をもつ．$p_n(0)=1$ であるからこの零点は負である．$w \in \mathbb{C}$ を他の零点とすると，(1)より

$$1 = -p_n(w)p_n(-w) = w^{n+1}r_n(w^2)$$

となるので，多項式 r_n の係数が全て正であることに注意すると

$$1 \leq |w|^{n+1} r_n(|w|^2)$$

がわかり，結局 $|w|$ は負の零点の絶対値より大きいことがわかる．

p_n の特殊性に注目すると $|\beta_n|$ の上からの評価を得ることができる．次の定理を示そう．

補題1（掛谷-Eneström の定理） $0 \leq a_0 \leq a_1 \leq \cdots \leq a_n$ で $a_n > 0$ とする．このとき

$$p(z) = a_0 + a_1 z + \cdots + a_n z^n$$

の零点 z はすべて $|z| \leq 1$ を満たす．またもしある $k \leq n-2$ に対して

$$a_k < a_{k+1} < a_{k+2}$$

となるならば $|z| < 1$ となる．

証明． 補助的に

$$p_k = \frac{a_k - a_{k-1}}{a_n}, \; p_0 = \frac{a_0}{a_n}$$

とおくと

$$p_k \geq 0, \; p_0 + p_1 + \cdots + p_n = 1$$

を満たす．この $\{p_k\}$ により

$$a_n^{-1} p(z) = p_0(1 + z + \cdots + z^n) + p_1 z(1 + z + \cdots + z^{n-1}) + \cdots + p_n z^n$$

となるので

$$a_n^{-1}(z-1)p(z) = z^{n+1} - (p_0 + p_1 z + \cdots + p_n z^n)$$

が成り立つ．そこで $|z| \geq 1$ を満たす z に対して $p(z) = 0$ とすると

$$z^{n+1} = p_0 + p_1 z + \cdots + p_n z^n$$

第10章 ある多項式の零点分布について

となるので

$$|z|^{n+1} = |p_0 + p_1 z + \cdots + p_n z^n|$$
$$\leq p_0 + p_1 |z| + \cdots + p_n |z|^n$$
$$\leq |z|^{n+1}$$

であるが，不等式 $|z|^k \leq |z|^n$ $(0 \leq k \leq n)$ より

$$p_0 + p_1 |z| + \cdots + p_n |z|^n \leq (p_0 + p_1 + \cdots + p_n)|z|^n = |z|^n$$

がわかる．しかし，$|z|^n \leq |z|^{n+1}$ に注意すると，結局，上の不等号はすべて等号になる．特に $|z|^n = |z|^{n+1}$ より

$$|z| = 1 \text{ かつ } |p_0 + p_1 z + \cdots + p_n z^n| = 1$$

が成り立つ．したがって $p(z) = 0$ なら $|z| \leq 1$ である．$|z| = 1$ を満たす根を調べるために $z = e^{i\theta}$ $(\theta \in \mathbb{R})$ とおくと

$$1 = |p_0 + p_1 z + \cdots + p_n z^n|^2 = \sum_{0 \leq k,l \leq n} p_k p_l e^{i(k-l)\theta}$$

となるが，実数部分をとると

$$\sum_{0 \leq k,l \leq n} p_k p_l (1 - \cos(k-l)\theta) = 0.$$

が成り立つ．この和のどの項も負にはならないことに注意すると，すべての $0 \leq k, l \leq n$ に対して

$$p_k p_l (1 - \cos(k-l)\theta) = 0$$

となることがわかる．ある k に対して $a_k < a_{k+1} < a_{k+2}$ となるなら，$p_k p_{k+1} > 0$ となるので，$\theta = 2\pi m$（ある $m \in \mathbb{Z}$ に対して）がわかり，$z = 1$ となる．しかし

$$p(1) = a_0 + a_1 + \cdots + a_n \neq 0$$

よりこれはありえず，結局この場合には $|z| < 1$ ということになる． □

この補題を
$$p_n(nz) = 1 + nz + \frac{n^2 z^2}{2!} + \cdots + \frac{n^n z^n}{n!}$$
に適用すると，係数が真に増大するので

$$n \geq 2 \text{ ならば } p_n \text{ の零点は全て } |z| < n \text{ を満たす} \tag{2}$$

ことがわかる．

次に $\mathcal{Z}_n/n$ の"下からの評価"について Buckholtz の簡明な結果を示しておく．等式

$$1 - e^{-nz} p_n(nz) = (ze^{1-z})^n \sum_{k=n+1}^{\infty} \frac{n^k e^{-n} z^{k-n}}{k!}$$

に注目すると，もし z が，$|ze^{1-z}| \leq 1$ かつ $|z| \leq 1$ を満たすなら

$$|1 - e^{-nz} p_n(nz)| \leq \sum_{k=n+1}^{\infty} \frac{n^k e^{-n}}{k!}$$
$$= e^{-n} \left(\sum_{k=0}^{\infty} \frac{n^k}{k!} - \sum_{k=0}^{n} \frac{n^k}{k!} \right)$$
$$= 1 - e^{-n} p_n(n) < 1$$

となるので，この領域では $p_n(nz) \neq 0$ である．$|nz| < n$ はすでに分かっているので，結局

$$\frac{\mathcal{Z}_n}{n} \subset \{z \in \mathbb{C}; |ze^{1-z}| > 1\} \cap \{z \in \mathbb{C}; |z| < 1\} \tag{3}$$

となる．図 2 で，$\mathcal{Z}_n/n$ は点線で示されている単位円周と閉曲線 C で挟まれた領域に入ることになる．

$\mathcal{Z}_n$ の性質についてはさらに詳細なことが分かっている．証明なしで主な結果を述べよう．

(1) (Buckholtz) $\mathcal{Z}_n/n$ は閉曲線 C から距離 $2e/\sqrt{n}$ 以内にある．
(2) (Newman-Rivlin) c を

$$ce^c < \frac{\pi}{2}$$

を満たす任意の正の定数とすると，すべての n に対して

$$\mathcal{Z}_n \subset \{z \in \mathbb{C}; y^2 > cx\}.$$

3　単葉関数

　零点の $n\to\infty$ での極限分布について議論を進めるためには関数論の知識が必要である．最終的な目標は $p_n(z)$ の零点分布を漸近的にパラメータ表示することなので，単葉関数について基礎的な事項を述べておく．$w(z)$ を複素平面 $\mathbb{C}$ 内の領域 D で正則な関数とすると，定数でない限りその像 $w(D)$ は $\mathbb{C}$ の開集合になる．w が D 上 1 対 1，つまり

$$w(z_1) = w(z_2), \quad z_1, z_2 \in D \Rightarrow z_1 = z_2$$

が成り立つとき，w は D 上**単葉**であるという．このとき逆関数 w^{-1} が $w(D)$ から D への写像として定義できるが，これも正則関数になる．単葉であるためには w の導関数は D 内で零点をもたないことが必要である．正則関数 w がある点 z_0 でその導関数が 0 でなければ，z_0 の近傍では w は単葉になることが分かっている．しかし D のすべての点で導関数が 0 にならなくても，$w(z) = e^z$, $D = \mathbb{C}$ の場合でわかるように，w が D で単葉になるかどうかはわからない．D 上の正則関数 w が単葉であるかどうか判定するための便利な定理がある．ここで，自分自身と交わらない連続曲線を **Jordan 曲線**という．

Darboux の定理　単連結領域 D で正則な関数 w が，D 内にある区分的に滑らかな Jordan 閉曲線 C 上で 1 対 1 ならば，w は C を境界とする閉領域で単葉である．

この定理により，序文に登場した正則関数

$$w(z) = ze^{1-z}$$

が単位円盤 $\overline{\Delta} = \{|z| \leq 1\}$ 上で単葉になることを確かめるためには，境界

$\partial\Delta$ 上で w が 1 対 1 になることを示せばよいが，それは困難なく示せる．

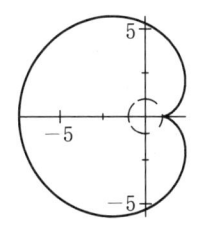

図3 $w(z) = ze^{1-z} : |z| = 1$

$w(z)$ による単位円周 $\partial\Delta$ の像は図3の閉曲線になる．この閉曲線は像空間の単位円（点線部分）を含んでいる．$z(u) = w^{-1}(u)$ とおく．$z(u)$ は $w(\overline{\Delta})$（上図の閉曲線で囲まれた図形）から $\overline{\Delta}$ への単葉関数である．

零点の個数に関して次の重要な定理がある．

Rouché の定理 f, φ は単連結領域 D で正則とする．Γ を D 内の区分的に滑らかな Jordan 閉曲線で，f, φ が Γ 上

$$|f(z)| > |\varphi(z)|$$

をみたすならば，f と $f+\varphi$ は Γ の内部で同数の零点をもつ．

Rouché の定理を適用してのちに必要になる補題を示しておこう．

補題1 $\{f, f_n\}_{n \geq 1}$ は単連結領域 D で正則とする．Γ を D 内の区分的に滑らかな Jordan 閉曲線とし，Γ で囲まれた領域を E とする．さらに f は $\overline{E}$ で単葉であり，f_n は $\overline{E}$ 上一様に f に収束するとする．K を $f(E)$ 内のコンパクト集合とすると，ある整数 $N > 1$ があり，すべての $n \geq N$ に対して次の命題が成り立つ．「$w \in K$ に対して，方程式

$$f_n(z) = w$$

は E 内に唯一の解をもつ．」

証明. $$m = \min\{|w-f(z)|\,;\,w\in K,\,z\in\Gamma\}$$
とおく. f は $\overline{E}$ 上単葉であり, $f(\Gamma)\cap K=\phi$ であるので m は正である. 十分大きな N を選び, すべての $n\geq N$ に対して

$$\max_{z\in\Gamma}|f_n(z)-f(z)| < m$$

が成り立っているようにすると, $w\in K$ に対して $z\in\Gamma$ ならば

$$|(f_n(z)-w)-(f(z)-w)| < |f(z)-w|$$

となる. Rouché の定理を, $f \Rightarrow f(z)-w$, $\varphi \Rightarrow (f_n(z)-w)-(f(z)-w)$ に適用すれば, E 内で f_n-w の零点の個数は $f-w$ と同じであるが, それは1個である. □

4 p_n の零点の極限分布：Szegö の定理

Szegö の定理を証明する際, 次の等式が鍵となる.

$$e^{-z}p_n(z) = 1 - \frac{1}{n!}\int_0^z e^{-x}x^n dx \tag{4}$$

p_n の零点を $1/n$ のスケールで見る必要があるので, $z\to nz$ と置き換えると

$$\begin{aligned}e^{-nz}p_n(nz) &= 1 - \frac{1}{n!}\int_0^{nz} e^{-x}x^n dx \\ &= 1 - \frac{n^{n+1}z^{n+1}}{n!}e^{-nz}\int_0^1 e^{nz(1-t)}t^n dt \\ &= 1 - \frac{n^n z^{n+1}}{n!}e^{-nz}\int_0^n e^{zs}\left(1-\frac{s}{n}\right)^n ds\end{aligned}$$

となる. $0<\epsilon<1$ となる ϵ に対して $\mathrm{Re}\,z\leq 1-\epsilon$ である限り, $n\to\infty$ とするとき

$$\left|\int_0^n e^{zs}\left(1-\frac{s}{n}\right)^n ds - \frac{1}{1-z}\right| \leq \left|\int_0^n e^{zs}\left(\left(1-\frac{s}{n}\right)^n - e^{-s}\right)ds\right| + \left|\int_n^\infty e^{(z-1)s}ds\right|$$

$$\leq \int_0^n e^{(1-\epsilon)s}\left|\left(1-\frac{s}{n}\right)^n - e^{-s}\right|ds + \frac{e^{-\epsilon n}}{\epsilon} \to 0$$

となる．つまり積分は領域 $\{\mathrm{Re}\,z \leq 1-\epsilon\}$ で一様に

$$\int_0^n e^{zs}\left(1-\frac{s}{n}\right)^n ds \to \frac{1}{1-z} \tag{5}$$

に収束する．そこで

$$\varphi_n(z) = \frac{n+1}{n}\int_0^n e^{sz}\left(1-\frac{s}{n}\right)^n ds, \quad \zeta(z) = ze^{1-z}$$

とおくと

$$e^{-nz}p_n(nz) = 1 - \frac{n^{n+1}}{(n+1)!}e^{-n-1}e^z\zeta(z)^{n+1}\varphi_n(z)$$

となる．領域 $\{\mathrm{Re}\,z \leq 1-\epsilon\}$ で $\frac{1}{1-z} \neq 0$ であるから，(5)より $\epsilon > 0$ に対して十分大きな $N \geq 1$ をとると，すべての $n \geq N$ に対して $\log\varphi_n(z)$ を $\{\mathrm{Re}\,z \leq 1-\epsilon\}$ で正則関数として定義できる．したがって

$$w_n(z) = \left(\frac{n^{n+1}}{(n+1)!}e^{-n-1}\right)^{\frac{1}{n+1}} e^{\frac{z+\log\varphi_n(z)}{n+1}} w(z) \tag{6}$$

とおくと

$$z \in \left(\frac{1}{n}\mathcal{Z}_n\right) \cap \{\mathrm{Re}\,z \leq 1-\epsilon\} \iff w_n(z)^{n+1} = 1 \tag{7}$$

がわかる．Stirling の公式より

$$\left(\frac{n^{n+1}}{(n+1)!}e^{-n-1}\right)^{\frac{1}{n+1}} \to 1$$

第10章 ある多項式の零点分布について

であるから,$w_n(z)$ は領域 $\{\operatorname{Re} z \leq 1-\epsilon\}$ で広義一様に $w(z)$ に収束する.

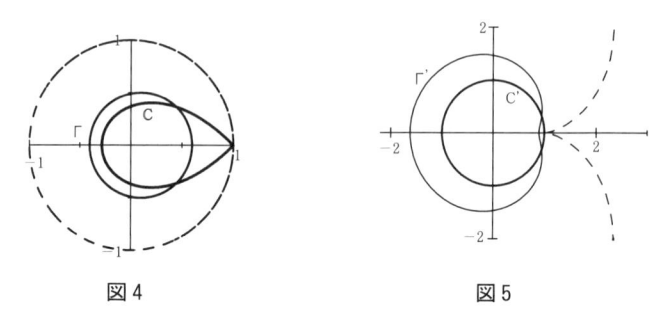

図4　　　　　　　　図5

w は図4の点線部内の単位閉円板を図5の点線部内の図形(全体は書ききれていない)に1対1に写す.特に図4の太線 C を図5の太線 C' (単位円)に1対1に写す.w_n は $z=1$ の近傍を除いて図4の単位円内で一様に w に収束している.補題1の D を図4の単位円内部,Γ を1の近傍を除いて曲線 C の大部分を含む D 内の Jordan 閉曲線とする.Γ の w による像が図5に Γ' で表してある.K を図5の曲線 Γ' で囲まれる領域に含まれる任意の閉領域(Γ' には触れないようにとる)とすると,補題1により $w \in K$ に対して,Γ で囲まれている領域(E)の点 z で $w_n(z)=w$ を満たすものが唯一存在する.それを $z_n(w)$ で表わす.特に,方程式

$$w_n(z) = e^{i\theta}$$

は,$\theta \in \mathbb{R}$ が $0 \pmod{2\pi}$ の近傍の外にある限り,図4の曲線 C の近傍で唯一の解 $z=z_n(e^{i\theta})$ をもつ.z_n は K 上一様に w^{-1} に収束する.このことと(7)より,$\frac{1}{n}\mathcal{Z}_n$ の点は $z=1$ の近傍を除いてある整数 k により $z_n\left(e^{i\frac{2\pi k}{n+1}}\right)$ と表わされることになる.まとめると

定理 1 (Szegö) 任意の $\epsilon>0$ に対して,ある $N_\epsilon^n \geq 1$ が存在して

$$\left(\frac{1}{n}\mathcal{Z}_n\right) \cap \{\operatorname{Re} z \leq 1-\epsilon\} = \left\{z_n\left(e^{i\frac{2\pi k}{n+1}}\right) ; N_\epsilon^n \leq k \leq n-N_\epsilon^n\right\}$$

となる.ここで z_n は1の $O(n^{-1})$-近傍を除く単位円周の近傍で正則な関数

— 262 —

であり，$n \to \infty$ で w^{-1} に一様収束する．また

$$\frac{N_\epsilon^n}{n} \to \theta(\epsilon), \quad \theta(\epsilon) = \epsilon^2 + o(\epsilon^2)$$

および

$$\frac{\alpha_n}{n} \to -\kappa, \quad \frac{\beta_n}{n} \to 1$$

が成り立つ．

この定理の系として容易に次のことがわかる．

系 単位円周の近傍で連続な関数 φ に対して

$$\frac{1}{n} \sum_{z \in \mathcal{Z}_n} \varphi\left(w\left(\frac{z}{n}\right)\right) \to \int_0^1 \varphi(e^{2\pi i \theta}) d\theta.$$

5　Riemann予想と p_n の零点

意外なことに p_n の零点は Riemann 予想と関係している．これを説明しよう．よく知られているように Riemann は**ゼータ関数**と呼ばれている複素関数

$$\zeta(s) = 1 + \frac{1}{2^s} + \frac{1}{3^s} + \cdots + \frac{1}{n^s} + \cdots$$

を考察し，素数分布と関連させた．$\zeta(s)$ は領域 $\{\operatorname{Re} s > 1\}$ で正則になるが，Riemann は全複素平面に解析接続することが可能であり，その結果

$$\zeta(s) - \frac{1}{s-1}$$

は整関数（全複素平面で正則な関数）になることを示した．このとき ζ は $s = -2, -4, \cdots$ に 1 位の零点をもつことが容易にわかる．また ζ の他の零点は全て領域 $\{0 < \operatorname{Re} s < 1\}$ に含まれていることが分かっている．**Riemann 予想**とは

第10章　ある多項式の零点分布について

「領域 $\{0<\operatorname{Re} s<1\}$ のすべての零点が直線 $\operatorname{Re} s=\dfrac{1}{2}$ にのっている」
という予想である．この予想が正しいと素数分布について現在知られていることよりさらに正確な結果がわかることになる．以来この予想を証明すべく多くの研究者が努力しているが，現在のところまだ解決していない．ここでは Levinson の結果を紹介しておこう．彼は領域 $\{0<\operatorname{Re} s<1\}$ にある零点の 1/3 以上が $\operatorname{Re} s=1/2$ 上にあることを証明した．Levinson の証明では ζ 関数の導関数 ζ' の零点で $\operatorname{Re} s<1/2$ にあるものの個数の評価が鍵になっている．したがって Riemann 予想にはゼータ関数の導関数の零点分布が関係していることが想像される．これに関して 1989 年に Conrey-Ghosh は次のことを指摘した．ゼータ関数の n 次の導関数 $\zeta^{(n)}(s)$ の零点全体を $\Xi^{(n)}$ とする．

$$\chi(s)=2(2\pi)^{s-1}\Gamma(1-s)\sin\left(\frac{\pi s}{2}\right),\quad \rho_n=n+1-\sum_{z\in \Xi_n}e^{-z}$$

とおく．このときもし Riemann 予想が正しいなら

$$\frac{1}{T}\sum_{\substack{z\in\Xi^{(n)}\\ 0<\operatorname{Im}z<T}}\chi(z)\longrightarrow \frac{\rho_n}{2\pi},\quad \text{as } T\to\infty$$

が成り立つことが分かっている．ρ_n については Conrey-Ghosh により，任意の $c\in(0,\,1-\log 2)$ に対して，十分大きい全ての n について評価

$$|\rho_n|\leq e^{-cn}$$

が示されている．

6　一般化

今までは指数関数 e^z の原点での n 次までの Taylor 展開を p_n としてきたが，これを $\sin z$ などを含んだより一般の整関数に拡張することを考える．そのために(2)より少し弱い主張になるが，一般化するときには有効になる方法を紹介しよう．p_n を指数関数の原点での n 次 Taylor 展開とする．補助

的に多項式
$$\tilde{p}_n(z) = n!\left(\frac{z}{n}\right)^n p_n\left(\frac{n}{z}\right)$$
を導入する．係数を
$$\begin{cases} a_{k,n} = \left(1-\frac{1}{n}\right)\left(1-\frac{2}{n}\right)\cdots\left(1-\frac{k-1}{n}\right), & k=1, 2, \cdots, n \\ a_{0,n} = 1 \end{cases}$$
で定義すると，$\tilde{p}_n$ は
$$\tilde{p}_n(z) = \sum_{k=0}^{n} a_{k,n} z^k$$
となる．$n \geq N \geq 1$ に対して
$$\left|\frac{1}{1-z} - \tilde{p}_n(z)\right| = \left|\sum_{k=1}^{n}(1-a_{k,n})z^k + \sum_{k=n+1}^{\infty} z^k\right|$$
$$\leq \sum_{k=1}^{n}|1-a_{k,n}||z|^k + \sum_{k=n+1}^{\infty}|z|^k$$
$$\leq \sum_{k=1}^{N}|1-a_{k,n}||z|^k + \sum_{k=N+1}^{\infty}|z|^k$$
となるので $n \to \infty$ とすると，$\tilde{p}_n(z)$ は $\{|z|<1\}$ 上で $(1-z)^{-1}$ に収束することがわかる．極限の $(1-z)^{-1}$ は $\{|z|<1\}$ には零点をもたないので，$\tilde{p}_n$ の絶対値が最小の零点 $\dfrac{n}{\beta_n}$ は
$$\liminf_{n\to\infty} \frac{n}{|\beta_n|} \geq 1$$
を満たす．したがって
$$\limsup_{n\to\infty} \frac{|\beta_n|}{n} \leq 1$$
がわかる．

さて対象とする整関数は
$$f(z) = \int_S e^{\lambda z} \sigma(d\lambda)$$

第10章 ある多項式の零点分布について

であり，その原点での Taylor 展開で定義される n 次の多項式は

$$p_n(z) = \sum_{k=0}^{n} \frac{z^k}{k!} \int_S \lambda^k \sigma(d\lambda) \left(= \sum_{k=0}^{n} \frac{f^{(k)}(0)}{k!} z^k \right)$$

である．ここで S は $\mathbb{C}$ 内の有界閉集合（コンパクト集合）であり，σ は S に台をもつ複素数値有界変動測度とする．

$$S = \{i, -i\},\ \sigma(d\lambda) = \frac{1}{2i} \{\delta_{\{i\}}(d\lambda) - \delta_{\{-i\}}(d\lambda)\}$$

のときは

$$f(z) = \sin z$$

である．$\cos z$ も適当に σ を定めれば上の形になる．この場合の e^z との違いは f 自身が零点をもつことである．これは当然 p_n の零点にも反映してくる．さて，スケールを適当に定めれば

$$S \subset \overline{\Delta} = \{|z| \leq 1\},\ S \cap \partial \overline{\Delta} \neq \phi$$

と仮定して一般性を失わない．まず考察の対象とするのは $\mathcal{Z}_n/n$ の集積点集合

$$\mathcal{Z}_{ac} = \left\{ z \in \mathbb{C} \cup \{\infty\};\ \text{ある部分列}\ n_k\ \text{があり},\ \frac{z_{n_k}}{n_k} \to z,\ z_{n_k} \in \mathcal{Z}_{n_k} \right\}$$

である．領域 $\{|z| > 1\}$ での $\mathcal{Z}_{ac}$ を調べるために，e^z の場合と同様に

$$\tilde{p}_n(z) = n! \left(\frac{z}{n}\right)^n p_n\left(\frac{n}{z}\right)$$

とおく．σ を単位円上 Lebesgue 分解して

$$\sigma|_{|\lambda|=1} = \varphi(\lambda) d\lambda|_{|\lambda|=1} + \sigma_s(d\lambda)$$

とすると，次の補題が基本的である．証明はこの節での e^z の場合の議論と，単位円上の Fourier 係数に関する Riemann-Lebesgue の定理を使えばよい．

補題 2 $n \to \infty$ とするとき，$\Delta = \{|z| < 1\}$ で広義一様に次の漸近式が成り

立つ．

$$\tilde{p}_n(z) = \int_{|\lambda|=1} \frac{\lambda_n}{1-\lambda^{-1}z} \sigma_s(d\lambda) + o(1)$$

$\{|z|>1\} \cap \mathcal{Z}_{ac}$ を述べるために

$$\begin{aligned}\Sigma_{ac} &= \{\lambda^n \sigma_s(d\lambda)\} \text{の集積点全体} \\ &= \{\nu; \text{ある部分列}\{n_k\}\text{があり } \lambda^{n_k}\sigma_s(d\lambda) \xrightarrow{weakly} \nu \text{ on } \partial\Delta\}\end{aligned}$$

とおく．Σ_{ac} は性質

$$\nu \in \Sigma_{ac} \Rightarrow \lambda\nu(d\lambda), \quad \lambda^{-1}\nu(d\lambda) \in \Sigma_{ac}$$

をもつ．さらに $\partial\Delta = \{|\lambda|=1\}$ 上の複素測度 ν に対して

$$R_\nu(z) = \int_{|\lambda|=1} \frac{\nu(d\lambda)}{1-\lambda z}$$

とおく．このとき，補題 2 と Rouché の定理（正確にはその系である Hurwitz の定理）を使うことにより，次の定理を示すことができる．

定理 2 もし σ_s が点測度成分をもつなら

$$\mathcal{Z}_{ac} \cap \{1<|z|<\infty\} = \bigcup_{\nu \in \Sigma_{ac}} \{1<|z|<\infty; R_\nu(z)=0\}$$

であり，もしある $\nu \in \Sigma_{ac}$ に対して $R_\nu(0)=0$ ならば $\infty \in \mathcal{Z}_{ac}$ である．

p 個の $m_k \in \mathbb{C}\setminus\{0\}$, $\theta_k \in \mathbb{R}$ に対して

$$\sigma_s(d\lambda) = \sum_{k=1}^p m_k \delta_{\{e^{2\pi i\theta_k}\}}(d\lambda)$$

と仮定しよう．Σ_{ac} を求めるには

$$\{n(\theta_1, \theta_2, \cdots, \theta_p) \in (\mathbb{R}/\mathbb{Z})^p\}_{n \in \mathbb{Z}}$$

の集積点を求めればよい．$\{\theta_1, \theta_2, \cdots, \theta_p\}$ が有理数体上 $mod\,1$ で 1 次独立

第10章　ある多項式の零点分布について

ならば，この集積点全体は $(\mathbb{R}/\mathbb{Z})^p$ に一致する．したがって，例えば $p=2$ とすると

$$\Sigma_{ac} = \{m_1\delta_{\{e^{2\pi i\theta_1}\}}(d\lambda) + m_2\delta_{\{e^{2\pi i\theta_2}\}}(d\lambda);\quad (\theta_1, \theta_2)\in(\mathbb{R}/\mathbb{Z})^2\}$$

となるので

$$\mathcal{Z}_{ac}\cap\{|z|>1\}$$
$$=\left\{1<|z|\leq\infty;\ \frac{m_1}{1-e^{2\pi i\theta_1}z^{-1}}+\frac{m_2}{1-e^{2\pi i\theta_2}z^{-1}}=0,\ (\theta_1,\theta_2)\in(\mathbb{R}/\mathbb{Z})^2\right\}$$

であるが，もし $m_1+m_2\neq 0$ ならば

$$=\left\{1<|z|\leq\infty;\ z=\frac{m_1e^{2\pi i\theta_1}+m_2e^{2\pi i\theta_2}}{m_1+m_2},\ (\theta_1,\theta_2)\in(\mathbb{R}/\mathbb{Z})^2\right\}$$

$$=\left\{1<|z|\leq\frac{|m_1|+|m_2|}{|m_1+m_2|}\right\}$$

となる．$f(z)=\sin z$ の場合には Σ_{ac} は

$$\Sigma_{ac}=\left\{\frac{\pm 1}{2}\{\delta_{\{i\}}(d\lambda)+\delta_{\{-i\}}(d\lambda)\},\ \frac{\pm 1}{2i}\{\delta_{\{i\}}(d\lambda)-\delta_{\{-i\}}(d\lambda)\}\right\}$$

の4点集合となる．したがって $\nu\in\Sigma_{ac}$ に対して R_ν の可能性は

$$\pm\frac{1}{1+z^2},\ \pm\frac{z}{1+z^2}$$

であり

$$\mathcal{Z}_{ac}\cap\{|z|>1\}=\{\infty\}$$

がわかる．これは，極限の $\sin z$ の零点の中で絶対値が n 以上のものが ∞ に集積したものと理解できる．

次に，$\mathcal{Z}_{ac}\cap\{|z|\leq 1\}$ を調べよう．主結果の証明にはいくつかの詳細な評価が必要であり，議論が複雑になるので，鍵となる補題を述べるにとどめる．まず S の凸包に関する用語をいくつか準備しておく．

$$\langle S \rangle = S \text{ の凸包つまり } S \text{ を含む最小の凸集合}$$

とする．$\langle S \rangle$ はコンパクト凸集合である．

$$\mathrm{ex}\langle S \rangle = \langle S \rangle \text{ の端点全体}$$

($\langle S \rangle$ が凸多角形ならば $\mathrm{ex}\langle S \rangle$ はその頂点全体である) とおくと

$$\mathrm{ex}\langle S \rangle \subset \partial S \quad (S \text{ の境界})$$

である．S に付随した関数 τ_S を

$$\tau_S(z) = \max\{\mathrm{Re}(\lambda z);\ \lambda \in S\}$$

で定めると

$$\tau_S(z) = \tau_{\langle S \rangle}(z) = \tau_{\mathrm{ex}\langle S \rangle}(z)$$

がわかる．また τ_S は $\mathbb{C}$ 上のセミノルムになる．つまり $t \geq 0$ に対して

$$\tau_S(tz) = t\tau_S(z), \quad \tau_S(z_1 + z_2) \leq \tau_S(z_1) + \tau_S(z_2)$$

を満たす．そこで

$$\widehat{S} = \{z \in \mathbb{C};\ \tau_S(z) < 1\}$$

とおくと，不等式 $\tau_S(z) \leq |z|$ より $\widehat{S}$ は単位円 Δ を含む開集合になる．(4) と同様の考え方で

$$\begin{aligned}
\int_S e^{\lambda nz}\sigma(d\lambda) - p_n(nz) &= \frac{1}{n!}\int_S e^{\lambda nz}\sigma(d\lambda)\int_0^{\lambda nz} e^{-x}x^n dx \\
&= \frac{n^n}{n!}z^{n+1}\int_S \lambda^n \sigma(d\lambda)\int_0^n e^{\lambda zt}\left(1 - \frac{t}{n}\right)^n dt \\
&= \frac{n^n}{n!}z^{n+1}\left(\int_{|\lambda|=1} \frac{\lambda^n}{1-\lambda z}\sigma_S(d\lambda) + \epsilon_n(z)\right)
\end{aligned}$$

第10章 ある多項式の零点分布について

と変形できるが，$z \in \widehat{S}$ ならば $n \to \infty$ のとき $\epsilon_n(z) \to 0$ がわかるので

補題3 $n \to \infty$ とすると，$\widehat{S}$ 上広義一様に以下が成り立つ．

$$\int_S e^{\lambda nz} \sigma(d\lambda) = p_n(nz) + \frac{n^n}{n!} z^{n+1} \left(\int_{|\lambda|=1} \frac{\lambda^n}{1-\lambda z} \sigma_S(d\lambda) + o(1) \right)$$

$f(z) = e^z$ の場合には上式の左辺の挙動がわかっているので，この補題より $p_n(nz)$ の Δ 内での情報が得られるが，一般の f の場合には σ に条件を仮定しなければ，左辺の挙動を知ることは困難である．そこで S について

$$\begin{gathered} \text{ex}\langle S \rangle = \{v_l;\ l=1,2,\cdots,p\} \text{ で } m_l = \sigma(\{v_l\}) \neq 0 \\ \text{各 } l \text{ に対して } \sigma \text{ は線分 }(v_{l-1}, v_l) \text{ 上絶対連続である} \end{gathered} \tag{8}$$

と仮定する．ここで $\mathbb{C}$ 上の2点 z_1, z_2 に対して，z_1, z_2 を結び端点 $\{z_1, z_2\}$ を含まない線分を (z_1, z_2) で表わす．$v_l \in \text{ex}\langle S \rangle$ に対して

$$\Theta_l = \{z \in \mathbb{C};\ \tau_S(z) = \text{Re}(v_l z)\}$$

とおく．$q \in \{1, \cdots, p\}$ を，$l=1, 2, \cdots, q$ に対しては $\Theta_l \supsetneq \{0\}$ で，$l=q+1, q+2, \cdots, p$ に対しては $\Theta_l = \{0\}$ となるものとして定める．このとき

$$\bigcup_{l=1}^{q} \Theta_l = \mathbb{C}$$

であり，各 Θ_l は原点を頂点とする角領域になる．$\{\Theta_l\}_{1 \leq l \leq q}$ は反時計まわりに番号づけられているとすると，$\Theta_l \cap \Theta_{l+1}$ は原点を端の点とする半直線になる．この半直線が定める方向（角度）を $\{\theta_1, \theta_2, \cdots, \theta_q\}$ とする（図6参照）．図6で細い実線で示した多角形は $\{v_1, v_2, \cdots, v_5\}$ を頂点とする多角形の複素共役を

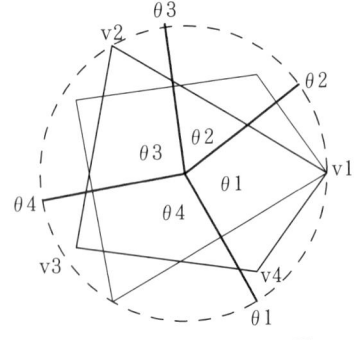

図6 $v_1 = 1,\ v_2 = -\dfrac{1}{2} + \dfrac{\sqrt{3}}{2}i$

とった多角形であり，$\{\theta_1, \theta_2, \cdots, \theta_5\}$ はこの多角形の辺に直交している．
ここで
$$\delta_l(z) = \int_{S \setminus \{v_{l-1}, v_l\}} e^{n\lambda z} \sigma(d\lambda)$$
とおくと
$$f(nz) = \int_S e^{n\lambda z} \sigma(d\lambda) = m_l e^{nv_l z} + m_{l-1} e^{nv_{l-1} z} + \delta_l(z)$$
であるが，このとき $f(nz)$ の挙動について次の補題が示せる．

補題 4 条件(8)の下で $n \to \infty$ とすると以下が成り立つ．
$$\begin{cases} e^{-nv_l z} \delta_l(z) \to 0 & \{\theta_l \leq \arg z < \theta_{l+1}\} \text{上広義一様} \\ e^{-nv_{l-1} z} \delta_l(z) \to 0 & \{\theta_{l-1} < \arg z \leq \theta_l\} \text{上広義一様} \end{cases}$$

この補題と Rouché の定理により最終的に次の定理を得る．結果を述べるために以下の曲線と領域を導入する．$l = 1, 2, \cdots, q$ に対して
$$\begin{cases} C_l = \{z \in \Theta_l; \ |z e^{1-v_l z}| = 1\} \\ D = \{z \in \mathbb{C}; \ \text{すべての} \ v_l \in \mathrm{ex}\langle S \rangle \text{に対して} \ |z e^{1-v_l z}| > 1\} \end{cases}$$
と定める．さらに C_l と C_{l-1} の交点と原点を結ぶ線分を L_l とする．図7は図6と同じ条件のもとでの $\{C_3, D, L_3\}$ を示している．

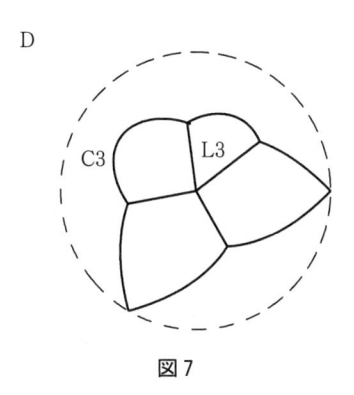

図7

第10章 ある多項式の零点分布について

定理 3 条件(8)の下で
$$\mathcal{Z}_{ac} \cap \mathbb{C} = \bigcup_{l=1}^{q}(C_l \cup L_l) \cup \bigcup_{\nu \in \Sigma_{ac}}\{z \in D;\ R_\nu(z) = 0\}$$
であり，もしある $\nu \in \Sigma_{ac}$ に対して $R_\nu(0) = 0$ ならば $\infty \in \mathcal{Z}_{ac}$ である．

また $p_n(nz)$ の零点の算術平均分布については次の定理が成り立つ．

定理 4 $\mathcal{H} = \bigcup_{l=1}^{q}(C_l \cup L_l)$ の近傍に台をもつ連続関数 φ に対して，条件(8)の下で
$$\frac{1}{n}\sum_{z \in \mathcal{Z}_n} \varphi\left(\frac{z}{n}\right) \to \int_{\mathcal{H}} r(z)\varphi(z)|dz|$$
となる．ここで $r(z)$ は $\mathcal{H}$ 上の確率密度で
$$r(z) = \begin{cases} \dfrac{|v_l - v_{l-1}|}{2\pi}, & z \in L_l \\ \dfrac{|\zeta_l'(z)|}{2\pi}, & z \in C_l \end{cases}$$
である．ただし $\zeta_l(z) = ze^{1-v_l z}$, $v_0 = v_q$ とする．

$f(z) = \sin z$ の場合には $\mathcal{Z}_{ac}$ を図示すると次のようになる．

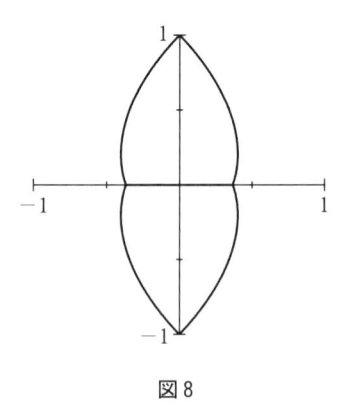

図 8

定理 3,4 については既に Bleher-Mallison によりほぼ同様の結果が示され

— 272 —

ている．しかし，彼らは条件(8)の他に

$$\sharp(\partial\Delta\cap \mathrm{ex}\langle S\rangle)=1$$

を仮定している．

　いままでは $f(z)$ として実質的に指数関数の和としてあらわされるものを対象としてきたので，f は整関数としての位数が1であった．位数が1以上の場合にも部分的な結果がある．Edrei-Saff-Varga は Mittag-Leffler 関数

$$E_{1/\lambda}(z)=\sum_{k=0}^{\infty}\frac{z^k}{\Gamma(1+k/\lambda)}$$

の場合を考察している．筆者はこの節の方法を整関数

$$f(z)=\int_0^\infty e^{\lambda z}\lambda^\beta e^{-c\lambda^\alpha}d\lambda \text{ ここで} \beta>-1,\ c>0,\ \alpha>1$$

に適用した．特に

$$\alpha=2,\ c=-\beta=\frac{1}{2}$$

の場合には

$$\frac{f^{(n)}(0)}{\sqrt{n!}}\to\frac{1}{2}\left(\frac{\pi}{2}\right)^{\frac{1}{4}}$$

となり，f は位数2の整関数になる．このとき $\mathcal{Z}_{ac}$ ($\mathcal{Z}_n/\sqrt{n}$ の集積点全体) は図9のようになる．

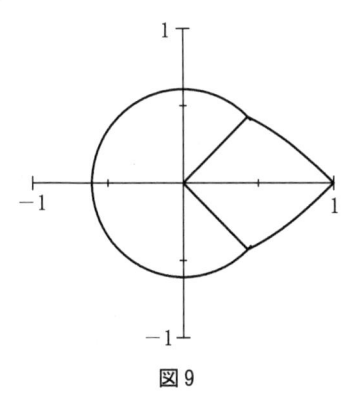

図9

第10章 ある多項式の零点分布について

7 極値的多項式の視点から

これまでは p_n は整関数 f の n 項までの Taylor 展開により定義される多項式であった．より一般の多項式についての零点の極限分布についても，多項式近似の観点から多くの研究があり，それらは 2 次元の対数ポテンシャル論と関係している．$p(z)$ を n 次の多項式，Ξ をその零点集合とする．

$$\nu_p(d\zeta) = \frac{1}{n} \sum_{z \in \Xi} \delta_{\{z\}}(d\zeta)$$

とおくと

$$|p(z)|^{\frac{1}{n}} = \exp\left\{-\int_{\mathbb{C}} \log|z-\zeta|^{-1} \nu_p(d\zeta)\right\} \tag{9}$$

が成り立っている．一般に $\mathbb{C}$ 上の台がコンパクトな確率測度 μ に対して

$$\Phi_\mu(z) = \int_{\mathbb{C}} \log|z-\zeta|^{-1} \mu(d\zeta) \in (-\infty, +\infty]$$

は μ の（**対数**）**ポテンシャル**と呼ばれている．等式(9)より左辺の情報が得られれば，ν_p について知ることができる．左辺の情報が得られる場合として極値的多項式がある．この節ではこれを解説する．E を $\mathbb{C}$ のコンパクト集合とする．E 上の連続関数 f に対して n 次多項式 p の中で距離

$$\|f-p\|_E = \max_{z \in E} |f(z)-p(z)|$$

を最小にする多項式（極値的多項式）が唯一存在することが Chebyshev により知られている．特に $f(z) = z^n$ とすると，$n-1$ 次多項式の中でこの距離を最小にするものがあるので，結局

$$\|T_n\|_E = \min\{\|Q\|_E;\ Q(z) = z^n + \text{lower order}\}$$

となる n 次多項式 T_n が唯一存在し，**Chebyshev 多項式**と呼ばれている．台がコンパクトな確率測度 μ の**エネルギー**を

$$\mathcal{E}(\mu) = \int_{\mathbb{C}} \Phi_\mu(z) \mu(dz) \in (-\infty, +\infty]$$

で定義する．台が E に含まれる確率測度全体を $\mathcal{P}_E$ で表わす．もしすべての $\mu \in \mathcal{P}_E$ に対して $\mathcal{E}(\mu) = \infty$ となるなら，E の容量は 0 であるとする．容量が 0 でないとき E の**容量**を

$$C(E) = \exp(-\min\{\mathcal{E}(\mu); \mu \in \mathcal{P}_E\})$$

で定める．線分 $I(\subset \mathbb{C})$ の容量は $\dfrac{I \text{の長さ}}{4}$ である．また直線上のコンパクト集合が Lebesgue 測度が正ならば容量も正である．しかし容量が正であるが，1 次元 Lebesgue 測度が 0 であるコンパクト集合が存在する．$C(E) > 0$ ならば

$$\min\{\mathcal{E}(\mu); \mu \in \mathcal{P}_E\} = \mathcal{E}(\mu_E)$$

となる $\mu_E \in \mathcal{P}_E$ が唯一存在し，これを E の**平衡分布**と呼ぶ．Szegö により $n \to \infty$ のとき

$$\|T_n\|_E^{\frac{1}{n}} \to C(E)$$

となることが示されている．そこで n 次の多項式 p_n の列が

$$p_n(z) = z^n + \text{lower order}, \quad \|p_n\|_E^{\frac{1}{n}} \to C(E) \tag{10}$$

を満たすとき $\{p_n\}$ を**漸近的極値多項式列**という．Blatt-Saff-Simkani は Szegö の結果の拡張として次のことを示した．コンパクト集合 E が $C(E) > 0$ であり，E が内点を含まないか，または開集合を囲まないならば，漸近的極値多項式列 $\{p_n\}$ に対して

$$\nu_{p_n} \overset{weakly}{\longrightarrow} \mu_E$$

が成り立つ．第 4 節で示した Szegö の定理もこの漸近的極値多項式列を用いて証明することができる．そのためにはこの概念を外場のある場合に拡張する必要がある．必ずしも必要がないが $E(\subset \mathbb{C})$ を容量が正のコンパクト集合とし，w を E 上の正の連続関数とする．**重み付きエネルギー**を

第10章　ある多項式の零点分布について

$$\mathcal{E}_w(\mu) = \int_{E \times E} \log(|z-\zeta| w(z) w(\zeta))^{-1} \mu(dz)\mu(d\zeta)$$

で定義する．上で導入したエネルギーは $w=1$ のときに相当する．

$$\min\{\mathcal{E}_w(\mu); \ \mu \in \mathcal{P}_E\} = \mathcal{E}_w(\mu_{E,w})$$

を満たす唯一の $\mathcal{P}_E$ の元 $\mu_{E,w}$ を**重み付き平衡分布**と呼ぶ．**重み付き容量**を

$$C_w(E) = \exp(-\min\{\mathcal{E}_w(\mu); \ \mu \in \mathcal{P}_E\}) \exp\left(\int_E \log w(z)^{-1} \mu_{E,w}(dz)\right)$$

$$\left(= C(E)\exp\left(-\int_E \log w(z)^{-1} \mu_E(dz)\right) となることが分かっている\right)$$

として定義する．

定理5（Mhaskar-Saff）　各 $n \geq 1$ に対して n 次多項式 p_n が次の2条件を満たすとする．$S = \mathrm{supp}\,\mu_{E,w}(\subset E)$ とする．
(1)　$p_n(z) = z^n + \mathrm{lower \ order}, \ \|w^n p_n\|_S^{\frac{1}{n}} \to C_w(E)$
(2)　$\mathbb{C} \setminus (\mathbb{C} \setminus S$ の非有界連結集合）に含まれる任意の閉集合 A に対して

$$\nu_{p_n}(A) \to 0$$

このとき

$$\nu_{p_n} \xrightarrow{weakly} \mu_{E,w}$$

この定理を

$$\begin{cases} p_n(z) = \dfrac{n!}{n^n}\left(1 + \dfrac{nz}{1!} + \dfrac{(nz)^2}{2!} + \cdots + \dfrac{(nz)^n}{n!}\right) \\ w(z) = |e^{-z}| \\ E = \{z \in \mathbb{C}; \ |ze^{1-z}| \leq 1\} \end{cases}$$

に適用すれば定理1を得る（Pritsker-Varga）．定理5の条件(2)は(3)よりわかる．

今までは距離を最大値ノルムで測ったが，ある測度 μ に関する L^2-ノルムで測り上の議論と並行して議論することが可能である．このとき極値的多項式は μ に関する直交多項式になる．この周辺に関する最近の話題については Simon を参照していただきたい．

参考文献

[1] P. Bleher and R. Mallison Jr.; *Zeros of Sections of Exponential Sums*, **IMRN** International Mathematics Research Notices, vol. 2006, Article ID 38937, 1-49.

[2] J. D. Buckholtz; *A characterization of the exponential series*, The American Mathematical Monthly 73 (1966), no.4, part II, 121-123.

[3] B. Conrey and A. Ghosh; *On the zeros of the Taylor polynomials associated with the exponential function*, The American Mathematical Monthly 95 (1988), no.6, 528-533.

[4] A. Edrei, E. B. Saff and R. S. Varga; Zeros of sections of power series, Lecture Notes in Mathematics, 1002. Springer-Verlag, Berlin, 1983.

[5] H. N. Mhaskar and E. B. Saff; *The Distribution of Zeros of Asymptotically Extremal Polynomials*, Journal of Approximation Theory 65 (1991), 279-300.

[6] D. J. Newman and T. J. Rivlin; *The zeros of the partial sums of the exponential function*, Journal of Approximation Theory 5 (1072), no.4, 405-412, *Correction*: Journal of Approximation Theory 16 (1976), 229-300.

[7] I. Pritsker and R. S. Varga; *The Szegö curve, zero distribution and weighted approximation*, Transactions of the American Mathematical Society, vol. 349, no.10, (1997), 4085-4105.

[8] G. Szegö; *Über die Nullstellen von Polynomen, die in einen Kreis gleichmäßig konvergieren*, Sitzungsber, Berliner Mathematische Gesellshaft 21 (1922), 59-64.

[9] G. Szegö; *Über eine Eigenshaften der Exponentialreihe*, Sitzungsber, Berliner Mathematische Gesellshaft 23 (1924), 500-564.

[10] B. Simon; *Equilibrium measures and capacities in spectral theory*, Inverse Problems and Imaging, vol.1, no.4 (2007), 713-772.

[11] H. Stahl and V. Totik; *General Orthogonal Polynomials*, in "Encyclopedia of Mathematics and its Applications,"43, Cambridge, 1992.

索　引

あ　行

RSA 暗号	5
ISP（Internet Service Provider）	
インターネット接続事業者	62
アフィン写像	164, 179
誤り訂正符号	49
アルゴリズム	11, 30, 89, 101, 150, 171, 188,
	189, 192, 203, 205, 206, 209
暗号	1, 15, 18, 27, 29
一様ノルム	236
一般化された2項係数	236
イデアル	94, 106
イデアル所属問題	99
イニシャルイデアル	94, 96
イニシャル単項式	94
因数定理	133
因数分解	133, 214
インターネット	61, 79, 84
AS（Autonomous System）自律システム	
	62
NA 点連結度	83
NA 辺連結度	83
n 次式	114
NP	197
NP 完全	199
NP 困難	200
エネルギー	274, 275
円錐曲線	165
円錐曲線の有理表現	166
エントロピー	38, 40
重み	75, 165, 166, 169, 193, 247
重み付きエネルギー	275
重み付き平衡分布	276
重み付き容量	276

か　行

鍵交換法	4
可逆符号化	43, 44
蝸牛線	139
拡大次数	136, 141, 144
拡大体	143
確率	72, 205, 272
掛谷-Enestrom の定理	255
カット	79, 80
完全グラフ	66
木	66, 191
key，鍵	2, 18, 28, 29
帰着可能	199
基底	144, 153
既約	131, 135
逆辞書式順序	93
既約代数曲線	135
既約分解	131
局所探索法	206
近似アルゴリズム	203
近似比	204
空間閾値モデル	77
組合せ最適化問題	190
クラスタ係数	70
グラフ	71, 90, 191
グラフ理論	65
グレブナー基底	89, 91, 96
群論暗号	15, 18
計算の複雑さ	189, 197
計算量理論	195
coNP	201
公開鍵暗号	2
光子	20
公約元	129
互除法	6

— 279 —

Conti-Traverso の定理	107

さ 行

最高次の係数	114
最小木問題	191
最大公約元	130
最適解	106, 190
最適化問題	85, 190
差積	115
作用素ノルム	238
閾値グラフ	77
閾値モデル	75
辞書式順序	93
次数	66, 114
次数相関	71
次数分布	67
実行可能解	106, 190
射影	23, 165
シャノン	34
終結式	116, 126
重心結合	162
修正 Bernstein 多項式	244
巡回セールスマン問題	193
準補間	239
商	6, 129
条件つきエントロピー	40
情報語	50
情報速度	51
情報量	36, 37
情報理論	33
剰余	129
剰余体	145
剰余の定理	128
Jordan 曲線	258
シングルステップの式変形	212
心臓形曲線	139
数式処理ソフト	212, 228
スケールフリー	68
ステファン−ボルツマンの関係	217
スプライン関数	239
スモールワールド	71
整関数	263

正規直交基底	26
制御多角形	150, 162, 169
制御点	150, 169
制御ネット	178, 181
整数計画問題	104
正方格子	66, 70
Szegö の定理	252, 260
セミノルム	269
漸近的極値多項式列	275
線型計画問題	104
線形補間	165
双一次補間	176
相互情報量	43
素数	3, 4, 5, 263
素数定理	8
素数の判定	11

た 行

体	91, 114, 138, 142, 143, 144, 145
対称式	122
代数学の基本定理	188, 251
代数曲線	135, 148
(対数) ポテンシャル	274
代入	224
互いに素	5, 100, 131
多項式時間	197
多項式パラメータ表示	136
単項式順序	92
単葉	258
Chebyshev 多項式	274
チャート式 maple 演習	230
直径	66
チルンハウゼン変換	119
通信路	33, 52
通信路容量	57
定義多項式	135
Dickson の補題	92
データ圧縮	43, 45
点カット	80
テンソル積ベジェ曲面	178
点独立	81
点連結度	81

ド・カステリョの図式	150
ド・カステリョのアルゴリズム	150, 171
等号の意味	212, 214
等差式	115
同伴	131
トーリックイデアル	106
凸包	162, 163, 172, 179, 269

な 行

内積	23, 24
2元消失通信路	52
2元対称通信路	52
二部グラフ	66
ネットワーク	62, 63, 64, 65, 67, 71, 79, 84, 191, 192, 208
ノルム	237

は 行

倍元	129
配置	82, 83, 105
ハミング符号	52
判別式	116, 125
P	11, 197
PTAS	204
非可逆符号化	43
非線形最小二乗法	222
ビット	27, 36, 37, 44
被約グレブナー基底	91
Hilbert の基底定理	98
Buchberger アルゴリズム	89, 101
Buchberger 判定法	101
Fermat の小定理	3
不確実さ	39
復号	1, 44, 51
復号誤り	51
復号誤り確率	51
複素ベクトル空間	25
符号	44, 49, 52
符号化	34, 44, 51
符号語	44
符号理論	50

プランクの法則	217
braid 群	15
分散計算	208
平均点間距離	66
平均符号長	46
平衡分布	275
並列コンピュータ	208
閉路	66, 191
べき乗則	67
ベクトル	23, 24, 30, 104, 144, 153, 223, 234
ベジエ多角形	150
ベジエ曲線	149, 150, 169
Bézier 曲線	233
ベジエ曲線のアフィン不変性	163, 172
ベジエ曲線の細分割	159
ベジエ曲線の次数上げ	156
ベジエ曲線の導関数	161
ベジエ曲線の凸包性	163, 172
ベジエ曲面	178
ベジエ点	150, 169
ベジエネット	178, 181
ベルンシュタイン多項式	151
Bernstein 多項式	239, 244
ベルンシュタイン表現	154
偏光	20
辺独立	81
辺連結度	79, 80, 83
ポアソン分布	72
補間条件	234
HOT モデル	78

ま 行

マルチステップの式変形	216, 228
路	66
Mittag-Leffler 関数	273
メタヒューリスティクス	207
メンガーの定理	81, 82
モニック	142
問題	189
問題例	189

や 行

約元	129
ユークリッドの互除法	129
有限次代数拡大体	144
優先的選択	73
有理式	137, 147, 173
有理ベジェ曲面	181
容量	275

ら 行

Lagrange 補間多項式	236
乱択アルゴリズム	206
ランダム・グラフ	71
Riemann 予想	263, 264
離散最適化問題	190
領域グラフ	83
量子暗号	27
量子計算	209
量子コンピュータ	30
量子論	20, 25
累乗	7
Rouché の定理	259
Lebesgue 定数	238
Runge の現象	237
連結	16, 66, 139, 191
連結度	79, 83

わ 行

Weierstrass の多項式近似定理	242
割り算アルゴリズム	98

編者・執筆者紹介

●編者―

宮西 正宜（みやにし まさよし）
大阪大学名誉教授・関西学院大学理工学部客員教授（理学博士）
　専門分野：代数幾何学

茨木 俊秀（いばらき としひで）
京都大学名誉教授（工学博士）
　専門分野：アルゴリズム，最適化，計算の複雑さ，それらの応用

●執筆者（執筆順）―

川中 宣明（かわなか のりあき）
関西学院大学理工学部数理科学科（理学博士）
　専門分野：代数学，表現論，ゲームとアルゴリズムの代数的理論

井坂 元彦（いさか もとひこ）
関西学院大学理工学部情報科学科（工学博士）
　専門分野：符号理論，情報理論

巳波 弘佳（みわ ひろよし）
関西学院大学理工学部情報科学科（情報学博士）
　専門分野：ネットワークの制御・設計・性能評価，グラフ理論，最適化理論，アルゴリズム

日比 孝之（ひび たかゆき）
大阪大学大学院情報科学研究科（理学博士，名古屋大学）
　専門分野：組合せ論と計算可換代数

宮西　正宜　⇒　編者

増田 佳代（ますだ かよ）
関西学院大学理工学部数理科学科（理学博士）
　専門分野：代数幾何学

坂根　由昌（さかね　ゆうすけ）　｜　大阪大学名誉教授　大阪大学大学院情報科学研究科特任教授
　　　　　　　　　　　　　　　　｜　学位：Ph. D.（ノートルダム大学　1974年）
　　　　　　　　　　　　　　　　｜　　専門分野：微分幾何

茨木　俊秀　⇒　編者

西谷　滋人（にしたに　しげと）　｜　関西学院大学理工学部情報科学科（工学博士，京都大学）
　　　　　　　　　　　　　　　　｜　　専門分野：計算材料学，初年次教育

影山　康夫（かげやま　やすお）　｜　神戸大学大学院　海事科学研究科講師（工学博士）
　　　　　　　　　　　　　　　　｜　　専門分野：数値解析，関数近似

小谷　眞一（こたに　しんいち）　｜　関西学院大学理工学部数理科学科（理学博士）
　　　　　　　　　　　　　　　　｜　　専門分野：確率論，スペクトル論

現代数理入門

2009年6月20日 初版第一刷発行

編　　著	宮西正宜　茨木俊秀
発 行 者	宮原浩二郎
発 行 所	関西学院大学出版会
所 在 地	〒662-0891　兵庫県西宮市上ケ原一番町1-155
電　　話	0798-53-7002
印　　刷	協和印刷株式会社

©2009 Masayoshi Miyanishi　Toshihide Ibaraki
Printed in Japan by Kwansei Gakuin University Press
ISBN 978-4-86283-041-8
乱丁・落丁本はお取り替えいたします。
本書の全部または一部を無断で複写・複製することを禁じます。
http://www.kwansei.ac.jp/press